高等学校计算机教材

Java EE 基础实用教程
（第 2 版）

郑阿奇　主编

电子工业出版社
Publishing House of Electronics Industry
北京·BEIJING

内 容 简 介

本书根据近年来的教学和开发实践,在第 1 版的基础上进行系统调整、修改和完善。主要包含实用教程、实验指导和综合应用实习三部分。教程系统介绍 Java EE 平台及开发基础、Java Web 开发基础、Struts 2 基础、Hibernate 基础、MVC 框架开发基础、Spring 基础及应用、Java EE 多框架整合开发实战、Ajax 初步。教程 11 个主要实例前后呼应,在比较中区分、强化,特别适合初学者学习。通过综合案例,对采用不同解决问题的方法进行比较,更有利于理解。通过实验进行系统训练,能够提高读者解决问题的能力。有些章节有小综合,在介绍三个重要框架之后有一个大综合,综合应用实习部分从模块开发的角度介绍网上购书系统。附录给出了实例所用数据库案例资料和 Java EE 开发的基本操作。

本书免费提供教学课件、教程 11 个主要实例程序源代码、配套的 Jar 包和其他辅助资源。

本书可作为大学本科和高职高专相关课程教材和教学参考书,也可供从事 Java EE 应用系统开发的用户学习和参考。

未经许可,不得以任何方式复制或抄袭本书之部分或全部内容。
版权所有,侵权必究。

图书在版编目(CIP)数据

Java EE 基础实用教程 / 郑阿奇主编. —2 版. —北京:电子工业出版社,2014.12
ISBN 978-7-121-25206-8

Ⅰ. ①J… Ⅱ. ①郑… Ⅲ. ①JAVA 语言—程序设计—教材 Ⅳ. ①TP312
中国版本图书馆 CIP 数据核字(2014)第 299357 号

策划编辑:袁　玺
责任编辑:底　波
印　　刷:涿州市京南印刷厂
装　　订:涿州市京南印刷厂
出版发行:电子工业出版社
　　　　　北京市海淀区万寿路 173 信箱　邮编:100036
开　　本:787×1092　1/16　印张:24.25　字数:627.2 千字
版　　次:2009 年 7 月第 1 版
　　　　　2014 年 12 月第 2 版
印　　次:2018 年 1 月第 4 次印刷
定　　价:49.00 元

凡所购买电子工业出版社图书有缺损问题,请向购买书店调换。若书店售缺,请与本社发行部联系,联系及邮购电话:(010)88254888。

质量投诉请发邮件至 zlts@phei.com.cn,盗版侵权举报请发邮件至 dbqq@phei.com.cn。
服务热线:(010)88258888。

前　言

经过多年的发展和 Web 开发技术竞争，Java EE 技术已经成为最佳电子商务解决方案，是 IT 企业招揽人才的主要测试内容。我国许多高校包括计算机专业及其相关专业都开设 Java 语言和 Java EE 课程，但目前介绍 Java EE 的教材仍然不多。市场上关于 Java EE 的图书多为面向企业开发的中高级应用而编写的，所讲知识大都比较难，不能适应学生学习的需要。2009 年为了满足市场的需要，我们编写了《Java EE 基础实用教程》，受到市场的广泛欢迎，已经重印 8 次。近年来，Java EE 开发技术不断提高，软件版本不断更新。我们根据近年教学及开发应用的实践，编写了本书。

本书根据近年来教学和开发实践，在第 1 版的基础上进行系统调整、修改和完善。主要包含实用教程、实验指导和综合应用实习三部分。

1. 教程

教程系统介绍 Java EE 平台及开发基础、Java Web 开发基础、Struts 2 基础、Hibernate 基础、MVC 框架开发基础、Spring 基础及应用、Java EE 多框架整合开发实战、Ajax 初步。

（1）【实例一】至【实例十一】：教程包含 11 个主要实例，前后呼应，在比较中区分、强化，特别适合初学者学习，而且通过实验进行系统训练，能够提高读者解决问题的能力。

（2）【综合案例】通过综合案例，对采用不同解决问题的方法进行比较，更有利于理解。

（3）大小综合实例。本书有些章节有小综合，在介绍三个重要框架之后有一个大综合。

（4）【例】：主要用于消化局部知识，并且把它们联系起来进行应用。

2. 实验

7 个实验先按照要求引导完成教程实例，然后按照"思考与练习"要求自己设计、扩展修改功能。

3. 综合应用实习

综合应用实习部分与教程中的大小综合实例不同，它从模块开发的角度介绍网上购书系统。

附录给出了实例所用数据库案例资料和 Java EE 开发的基本操作。

本书提供教学课件、教程主要实例程序源代码、配套的 Jar 包和其他辅助资源，需要者可从电子工业出版社华信教育资源网（www.hxedu.com.cn）免费注册下载。

本书可作为大学本科和高职高专相关课程教材和教学参考书，也可供从事 Java EE 应用系统开发的用户学习和参考。

本书由郑阿奇（南京师范大学）主编。参加本书编写的还有梁敬东、丁有和、曹弋、徐文胜、殷红先、张为民、姜乃松、钱晓军、彭作民、高茜、陈冬霞、徐斌、王志瑞、孙德荣、周怡明、刘博宇、郑进、刘毅、周何骏、陶卫冬、严大牛、邓拼博、俞琰、王守芳、周怡君、吴明祥、于金彬、陈瀚、马俊等。此外，还有许多同志对本书提供了很多帮助，在此一并表示感谢！

由于我们的水平有限，疏漏和错误在所难免，敬请广大师生、读者批评指正。

意见和建议可反馈至作者邮箱：easybooks@163.com。

编　者

目 录

第 1 部分 实 用 教 程

第 1 章 Java EE 平台及开发基础 ·················· 1
- 1.1 Java EE 的开发方式 ·················· 1
- 1.2 Java EE 开发环境搭建 ·················· 2
  - 1.2.1 软件的安装 ·················· 2
  - 1.2.2 整合开发环境 ·················· 9
- 1.3 Java EE 开发入门 ·················· 11
  - 1.3.1 MyEclipse 集成开发环境 ·················· 11
  - 1.3.2 一个简单的 Java EE 程序 ·················· 14
  - 1.3.3 Java EE 程序的调试 ·················· 23
  - 1.3.4 管理 Java EE 项目 ·················· 26
- 习题 1 ·················· 28

第 2 章 Java Web 开发基础 ·················· 29
- 2.1 HTML 语言 ·················· 29
  - 2.1.1 HTML 文件的基本结构 ·················· 29
  - 2.1.2 HTML 文件的语言标记 ·················· 30
  - 2.1.3 HTML 基本说明 ·················· 32
  - 2.1.4 表单与表格 ·················· 34
  - 2.1.5 多框架文档 ·················· 43
- 2.2 JSP 基础 ·················· 46
  - 2.2.1 JSP 语法 ·················· 46
  - 2.2.2 JSP 内置对象 ·················· 53
  - 2.2.3 JavaBean 及其应用 ·················· 58
  - 2.2.4 JSP 应用举例 ·················· 62
- 2.3 Servlet 技术 ·················· 66
  - 2.3.1 Servlet 的概念 ·················· 66
  - 2.3.2 Servlet 基本结构 ·················· 66
  - 2.3.3 Servlet 的编程方式 ·················· 67
  - 2.3.4 Servlet 生命周期 ·················· 69
  - 2.3.5 Servlet 应用举例 ·················· 69
- 2.4 Java Web 综合开发实战：网络留言系统 ·················· 72
- 习题 2 ·················· 83

第 3 章 Struts 2 基础 ·················· 84
- 3.1 使用 Struts 2 的动机 ·················· 84

	3.1.1 Model 2 模式的缺陷	84
	3.1.2 简单 Struts 2 应用	84
3.2	Struts 2 原理及工作流程	90
	3.2.1 Struts 2 基本原理	90
	3.2.2 Struts 2 框架工作流程	93
	3.2.3 Struts 2 配置文件及元素	94
3.3	Struts 2 数据验证	97
	3.3.1 实现 validate 校验	97
	3.3.2 使用校验框架	99
3.4	Struts 2 标签库	102
	3.4.1 Struts 2 的 OGNL 表达式	102
	3.4.2 数据标签	104
	3.4.3 控制标签	107
	3.4.4 表单标签	109
	3.4.5 非表单标签	111
3.5	Struts 2 拦截器	112
	3.5.1 拦截器配置	112
	3.5.2 拦截器实现类	113
	3.5.3 应用实例	113
3.6	Struts 2 国际化应用	114
3.7	Struts 2 文件上传	118
	3.7.1 上传单个文件	118
	3.7.2 多文件上传	121
3.8	Struts 2 综合开发实战	123
	3.8.1 Struts 2 综合开发实战：添加学生信息	123
	3.8.2 Struts 2 综合开发实战：网络留言系统（Struts 2 实现）	128
习题 3		132

第 4 章 Hibernate 基础 ... 133

4.1	使用 Hibernate 的动机	133
	4.1.1 Hibernate 概述	133
	4.1.2 简单 Hibernate 应用	134
4.2	Hibernate 应用基础	140
	4.2.1 Hibernate 应用开发步骤	140
	4.2.2 Hibernate 各种文件的作用	142
	4.2.3 Hibernate 核心接口	149
	4.2.4 HQL 查询	150
4.3	Hibernate 关系映射	153
	4.3.1 一对一关联	153
	4.3.2 多对一单向关联	159
	4.3.3 一对多双向关联	161

4.3.4 多对多关联	163
习题 4	166

第 5 章 MVC 框架开发基础 ... 167

- 5.1 MVC 基本思想 ... 167
- 5.2 MVC 关键技术 ... 167
  - 5.2.1 DAO 技术 ... 168
  - 5.2.2 整合 Hibernate 与 Struts 2 ... 171
- 5.3 MVC 综合开发实战 ... 174
  - 5.3.1 MVC 综合开发实战：学生选课系统（基于 SQL Server） ... 174
  - 5.3.2 MVC 综合开发实战：学生选课系统（基于 MySQL） ... 197
- 习题 5 ... 198

第 6 章 Spring 基础及应用 ... 199

- 6.1 使用 Spring 的动机 ... 199
  - 6.1.1 工厂模式 ... 199
  - 6.1.2 Spring 框架概述 ... 200
- 6.2 Spring 应用基础 ... 202
  - 6.2.1 依赖注入应用 ... 202
  - 6.2.2 注入的两种方式 ... 204
- 6.3 Spring 核心接口及配置 ... 206
  - 6.3.1 Spring 核心接口 ... 206
  - 6.3.2 Spring 基本配置 ... 208
- 6.4 Spring AOP ... 209
  - 6.4.1 代理机制初探 ... 209
  - 6.4.2 AOP 术语与概念 ... 212
  - 6.4.3 通知（Advice） ... 213
  - 6.4.4 切入点（Pointcut） ... 215
- 6.5 Spring 事务支持 ... 217
- 6.6 用 Spring 集成 Java EE 各框架 ... 217
  - 6.6.1 Spring/Hibernate 集成应用 ... 217
  - 6.6.2 Struts 2/Spring 集成应用 ... 223
  - 6.6.3 SSH2 多框架整合 ... 225
- 习题 6 ... 228

第 7 章 Java EE 多框架整合开发实战 ... 229

- 7.1 大型项目架构原理 ... 229
  - 7.1.1 业务层的引入 ... 229
  - 7.1.2 Java EE 系统分层架构 ... 236
- 7.2 SSH2＋Service：学生成绩管理系统 ... 238
  - 7.2.1 搭建项目总体框架 ... 238
  - 7.2.2 持久层开发 ... 239

  7.2.3 业务层开发 ... 249
  7.2.4 表示层开发 ... 254
 习题 7 ... 282

第 8 章 Ajax 初步 ... 283
 8.1 Ajax 概述 ... 283
 8.2 JavaScript 基础 ... 284
  8.2.1 JavaScript 语法基础 ... 284
  8.2.2 JavaScript 浏览器对象 ... 286
 8.3 Ajax 基础应用 ... 291
  8.3.1 Ajax 应用示例 ... 291
  8.3.2 XMLHttpRequest 对象 ... 294
  8.3.3 Ajax 技术适用场合 ... 296
 8.4 开源 Ajax 框架——DWR ... 297
 习题 8 ... 299

第 2 部分 实 验 指 导

实验 1 HTML 应用 ... 300
实验 2 JSP 应用 ... 302
实验 3 Struts 2 应用 ... 304
实验 4 Hibernate 与 MVC 应用 ... 305
实验 5 Spring 应用 ... 308
实验 6 多框架整合架构应用 ... 309
实验 7 Ajax 应用 ... 313

第 3 部分 综合应用实习

实习 模块化开发：网上购书系统 ... 314
 P.1 系统分析和设计 ... 314
 P.2 搭建系统框架 ... 317
 P.3 注册、登录和注销 ... 324
 P.4 图书分类展示 ... 338
 P.5 购书与结账 ... 352
 P.6 用 Ajax 为注册添加验证 ... 362

附录 A SQL Server 2008 / 2012 学生成绩管理系统数据库 ... 365
附录 B Java EE 开发的基本操作 ... 369

第1部分 实用教程

第1章 Java EE 平台及开发基础

Java 是原 Sun 公司（现已被 Oracle 公司收购）于 1995 年 5 月推出的一种纯面向对象的编程语言。根据应用领域的不同，Java 语言又可划分为以下 3 个版本。

① Java Platform Micro Edition，简称 Java ME，即 Java 平台微型版。主要用于开发掌上电脑、智能手机等移动设备使用的嵌入式系统。

② Java Platform Standard Edition，简称 Java SE，即 Java 平台标准版。主要用于开发一般桌面台式机应用程序。

③ Java Platform Enterprise Edition，简称 Java EE，即 Java 平台企业版。

Java EE 主要用于快速设计、开发、部署和管理企业级的大型软件系统。电信、电子商务、银行、金融、保险、证券等各行各业的企业信息化平台大多使用的是 Java EE。本书就来专门介绍 Java EE 的基础及实际应用开发的基本知识。

1.1 Java EE 的开发方式

经过多年的技术积淀，Java EE 已成长为目前开发 Web 应用最流行的三大平台之一（另两家竞争者是 ASP.NET 和 PHP）。用 Java EE 开发应用程序有两种主要方式——Java Web 开发和 Java 框架开发。

1. Java Web 开发

这是传统的开发方式，其核心技术是 JSP、Servlet 与 JavaBean。早期的 JSP 程序员都用这种方式开发 Web 应用，几乎所有功能都用 JSP 实现。缺点是：没有一套有效的开发规范来约束 JSP 程序员，不同程序员写出不同风格的 JSP 程序，整个应用系统的结构不清晰，项目规模越大，越难维护。

2. Java 框架开发

为克服传统 Java Web 开发方式的缺陷，人们相继研发出一些框架。在开发中使用现成的框架可减少代码量、大大降低编程难度，同时也使开发出来的应用系统结构清晰、易于维护。根据实际应用需要，框架开发又分为轻量级和经典企业级 Java EE。

（1）轻量级 Java EE

以 Spring 为核心，采用 SSH2（Struts2＋Spring＋Hibernate）整合框架的方式来架构系统，开发出的应用通常运行在 Tomcat 服务器上。

（2）经典企业级 Java EE

以 EJB 3＋JPA 为核心，适合开发大型企业项目，系统需要运行于专业 Java EE 服务器（如 WebLogic、WebSphere）之上，具有高度伸缩性、高度稳定性和安全性。

一般来说，初学 Java 开发最好选择轻量级 Java EE 框架，它在保留经典企业级 Java EE 基本应用架构、高度可扩展性、高度可维护性的基础上，安装配置过程相对简单、较容易入门。本书介绍的就是这种轻量级的平台，它是以 JDK 7 为底层运行时环境（JRE）、Tomcat 8 为应用容器（Web 服务器）、SQL Server 2008/2012 为后台数据库的 Java EE 开发平台，使用最新的 MyEclipse 2014 作为可视化集成开发环境（IDE）。同时，开发时需要配置相应版本的.jar 包，形成.jsp、.java、.xml 等文件。开发完成后，发布到 Web 服务器上，它们的关系如图 1.1 所示。

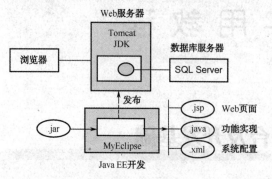

图 1.1　轻量级 Java EE 开发平台

这种轻量级的软件系统，无须专业的 Java EE 服务器，只需要简单的 Web 服务器就可以运行，大大降低了 Java EE 应用的开发、部署成本，即使在实际的商用领域，目前仍是大部分中小型企业应用的首选！读者在学习 Java EE 开发时，所有软件可以安装在一台计算机上，以便进行系统调试。开发完成后，再发布到真正的 Web 服务器上。

1.2　Java EE 开发环境搭建

1.2.1　软件的安装

Java EE 程序的开发、运行首先离不开 JDK 和服务器，而且一个功能强大的可视化 IDE（集成开发环境）和后台数据库也是必不可少的。

本书选择安装的软件如下。

① JDK 运行时：jdk1.7.0_60 和 jre7。
② Web 服务器：Tomcat 8.0.8。
③ IDE 工具：MyEclipse 2014。
④ 数据库：SQL Server 2008/2012。

1. 安装 JDK 7

Java EE 程序必须运行在 Java 运行时环境中，这个环境最基础的部分是 JDK，它是 Java SE Development Kit（Java 标准开发工具包）的简称。一个完整的 JDK 包括了 JRE（Java 运行时环境），是辅助开发 Java EE 软件的所有相关文档、范例和工具的集成。

如今 Oracle 公司已取代 Sun 公司，负责定期在其官网发布最新版的 JDK，并提供免费下载，网址：http://www.oracle.com/technetwork/java/javase/downloads/index.html。

本书安装的版本是 JDK 7 Update 60 版（Windows XP 支持的最终版本），安装可执行文件名为 jdk-7u60-windows-i586.exe，双击即可启动安装向导，如图 1.2 所示。

其安装过程非常简单（跟着向导步骤走），这里不再赘述，本书安装的目录是"C:\Program Files\Java\jdk1.7.0_60\"。

安装完成后通过设置系统环境变量，告诉 Windows 操作系统 JDK 的安装位置。下面介绍具体设置方法。

① 设置系统变量 JAVA_HOME。右击桌面"我的电脑"图标，选择【属性】→【高级】选项卡，单击【环境变量】按钮，弹出【环境变量】对话框，如图 1.3 所示。

② 在"系统变量"列表下单击【新建】按钮，弹出【新建系统变量】对话框，在"变量名"一栏输入"JAVA_HOME"，"变量值"栏输入 JDK 安装路径"C:\Program Files\Java\jdk1.7.0_60"，如图 1.4（a）所示，单击【确定】按钮完成配置。

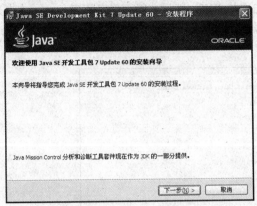

图 1.2　JDK 7 安装向导

图 1.3　【环境变量】对话框

③ 设置系统变量 Path。在"系统变量"列表中找到名为"Path"的变量，单击【编辑】按钮，在"变量值"字符串中加入路径"; C:\Program Files\Java\jdk1.7.0_60\bin"（或"%JAVA_HOME%\bin;"），如图 1.4（b）所示，单击【确定】按钮。

（a）新建 JAVA_HOME 变量

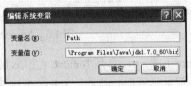

（b）编辑 Path 变量

图 1.4　新建和编辑环境变量

读者可以自己测试 JDK 是否安装成功。选择任务栏【开始】→【运行】，输入"cmd"并回车，进入 DOS 界面。在命令行输入"java -version"，如果配置成功就会出现 Java 的版本信息，如图 1.5 所示。

图 1.5　JDK 7 安装成功

至此，JDK 的安装与配置就完成了。

2. 安装 Tomcat 8

Tomcat 是著名的 Apache 软件基金会资助 Jakarta 的一个核心子项目，本质上它是一个 Java Servlet

容器。它技术先进、性能稳定，而且免费开源，因而深受广大 Java 爱好者的喜爱并得到部分软件开发商的认可，成为目前最为流行的 Web 服务器之一。作为一种小型、轻量级应用服务器，Tomcat 在中小型系统和并发访问用户不是很多的场合下被普遍采用，是开发和调试 Java EE 程序的首选。

Tomcat 的运行离不开 JDK 的支持，所以要先安装 JDK，然后才能正确安装 Tomcat。本书采用最新的 Tomcat 8.0 作为承载 Java EE 应用的 Web 服务器，可以在其官方网站：http://tomcat.apache.org/ 下载，如图 1.6 所示为 Tomcat 的下载发布页。

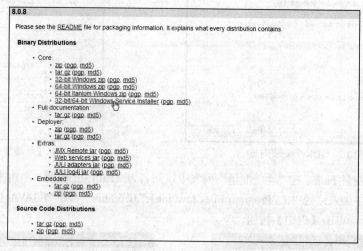

图 1.6　Apache 官网上的 Tomcat 发布页

其中 Core 下的 zip 项目是 Tomcat 绿色版，解压即可使用（用 bin\startup.bat 启动），而 Windows Service Installer（手形鼠标所指）则是一个安装版软件（建议 Java 初学者选择使用），下载获得的文件名为 apache-tomcat-8.0.8.exe，双击启动安装向导，如图 1.7 所示，安装过程均取默认选项，不再详细说明。

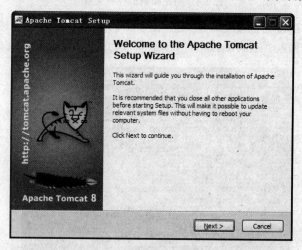

图 1.7　Tomcat 8 安装向导

安装完毕 Tomcat 会自行启动，可打开浏览器输入"http://localhost:8080"后回车测试，若无法呈现页面，说明 Tomcat 默认的端口（8080）被占用，需要修改。先关闭 Tomcat，打开 Tomcat 的配置文件 server.xml（位于 C:\Program Files\Apache Software Foundation\Tomcat 8.0\conf 下），如图 1.8 所示，改配置端口为 9080（或者改为其他亦可，只要不与系统程序已用的端口相冲突）。

第 1 章　Java EE 平台及开发基础

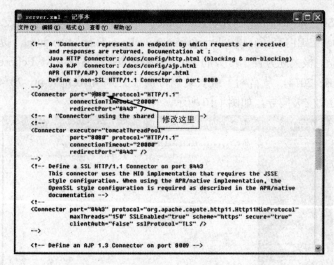

图 1.8　设置 Tomcat 8 所用端口

完成后，选择【开始】→【所有程序】→【Apache Tomcat 8.0 Tomcat8】→【Monitor Tomcat】重启 Tomcat。再次打开浏览器，输入"http://localhost:9080/"（要输自己设的端口号）后回车，若出现如图 1.9 所示的页面，表明安装成功。

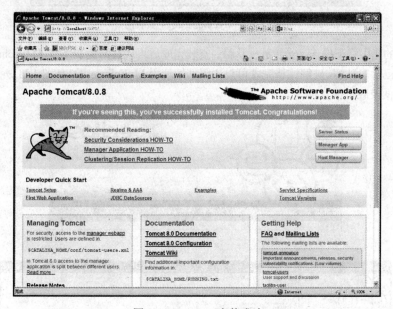

图 1.9　Tomcat 8 安装成功

3. 安装 MyEclipse 2014

MyEclipse 企业级工作平台（MyEclipse Enterprise Workbench，MyEclipse）是对原 Eclipse IDE（一种早期基于 Java 的可扩展开源编程工具）的扩展和集成产品，作为一个极其优秀的用于开发 Java 应用的 Eclipse 插件集合，其功能非常强大，支持也很广泛，尤其是对各种开源产品的支持非常好。利用它可以在数据库和 Java EE 应用的开发、发布以及应用程序服务器的整合方面极大地提高工作效率。它是功能丰富的 Java EE 集成开发环境（IDE），包括了完备的编码、调试、测试和发布功能，完整支持

HTML/CSS、JSP、JSF、JavaScript、SQL、Hibernate、Spring 等各种 Java 相关技术的标准和框架。

目前，MyEclipse 在国内有了官网：http://www.myeclipseide.cn/index.html，提供中文 Windows 版 MyEclipse 的注册破解，极大地方便了广大的 Java EE 初学者。本书使用 MyEclipse 在 Windows 下最新的稳定版本 MyEclipse 2014，从官网下载安装包可执行文件 myeclipse-pro-2014-GA-offline-installer-windows.exe，双击启动安装向导，如图 1.10 所示。

图 1.10　MyEclipse 2014 安装向导

按照向导的指引往下操作，安装过程从略。安装完成后再从官网免费下载《Myeclipse2014 激活教程》，请读者自己学习破解，破解注册完就可以无限期地使用 MyEclipse 了！如图 1.11 所示为 MyEclipse 2014 的启动画面及版本信息。

（a）启动画面

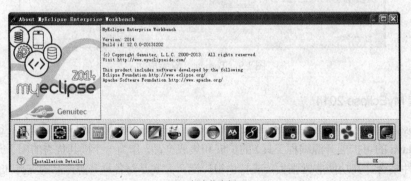

（b）版本信息框

图 1.11　MyEclipse 2014 版本及启动画面

4. 安装 SQL Server 2008

从网上下载 SQL Server 2008 中文企业版安装包 SQLFULL_CHS.iso（3.27GB），解压，双击文件夹中 setup.exe 启动安装程序。

因 SQL Server 2008 需要.NET Framework 3.5 的支持，安装程序启动后会检测系统是否已经安装了.NET Framework 3.5，如果没有安装，则弹出要求安装的对话框，单击【确定】按钮，等待一段时间后进入".NET Framework 3.5 许可协议"窗口，同意许可条款并单击【安装】按钮开始安装，此后可能会弹出需要安装 Windows XP 补丁的对话框，这是安装 SQL Server 2008 必须安装的补丁。安装完该补丁后重启计算机。

重启计算机后会重新启动安装程序，进入【SQL Server 安装中心】窗口，单击左边菜单栏中的"安装"选项卡，在窗口右边将列出可供选择的安装方式，单击"全新 SQL Server 独立安装或向现有安装添加功能"选项安装全新的 SQL Server 2008。在这之后就是按向导的指引去操作和配置……

需要特别提出，向导进入【数据库引擎配置】窗口后，在"账户设置"选项卡中选择身份验证模式为"混合模式"，并为内置的系统管理员账户"sa"设置密码，为了便于介绍，本书简单地设为"123456"，如图 1.12 所示。在实际应用中，密码要尽量复杂以提高安全性。

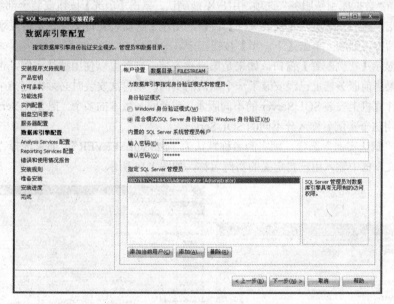

图 1.12　身份验证模式选择和密码设置

用户名 sa，密码 123456——请读者记住，后面在开发程序连接数据库时要用！

至于安装过程中其他步骤的配置，请参考 SQL Server 2008 相关书籍、网上的安装图解教程或微软官方安装文档，这里就不再详细讲解了。

5. 安装 SQL Server 2012

为了学习 SQL Server 2012，如果没有正版 SQL Server 2012，可在网上下载 SQL Server2012 映像文件（如 SQLServer2012SP1-FullSlipstream-x86-CHS），用解压工具解压，包含的文件如图 1.13 所示。

虽然开发版本支持 Windows Vista、Windows 7 等桌面操作系统，但 Web、Enterprise 和 BI 版本支持的操作系统版本只有 Windows Server 2008 和 Windows Server 2008 R2。其中 32 位软件可安装在 32 位和 64 位 Windows Server 上。

（1）运行"setup.exe"文件。系统显示"SQL Server 安装中心"，左边是大类，右边是对应该类的内容。系统首先显示"计划"类。

（2）选择"安装"类，系统检查安装基本条件，进入【安装程序支持规则】窗口。如果有检查未通过的规则，必须进行更正，否则安装将无法继续。如果全部通过，单击【确定】按钮进入下一步。

（3）系统显示【产品密钥】窗口，选择"输入产品密钥"选项，输入 SQL Server 对应版本的产品密钥，完成后单击【下一步】按钮。

（4）系统显示【许可条款】窗口，阅读并接受许可条款，单击【下一步】按钮。进入【SQL Server 产品更新】窗口，通过网络对安装内容最新文件，完成后单击【下一步】按钮。

（5）系统显示【安装安装程序文件】窗口，安装"安装 SQL Server 2012"程序，共 4 个。安装完成后，系统进入【安装安装程序规则】窗口，用户了解安装支持文件时是否发现问题。如有问题，解决问题后方可继续。

（6）系统显示【设置角色】窗口，选择"SQL Server 功能安装"选项，则安装用户的所有功能。选择"具有默认值的所有功能"选项，则安装用户的指定功能，单击【下一步】按钮确定。

（7）系统显示【功能选择】窗口，在"功能"区域中选择要安装的功能组件，用户如果仅仅需要基本功能，选择"数据库引擎服务"选项。用户不能确认，单击【全选】按钮安装全部组件。单击【下一步】按钮确定。此后系统进入【安装规则】窗口，用户了解安装支持文件时是否发现问题。如有问题，解决问题后方可继续。单击【下一步】按钮确定。

（8）系统显示【实例配置】窗口，如果是第一次安装，则既可以使用默认实例，也可以自行指定实例名称。如果当前服务器上已经安装了一个默认的实例，则再次安装时必须指定一个实例名称。系统允许在一台计算机上安装 SQL Server 的不同版本，或者同一版本的多个，把 SQL Server 看成是一个 DBMS 类，采用这个实例名称区分不同的 SQL Server。

如果选择"默认实例"选项，则实例名称默认为"MSSQLSERVER"。如果选择"命名实例"选项，在后面的文本框中输入用户自定义的实例名称，如图 1.14 所示。

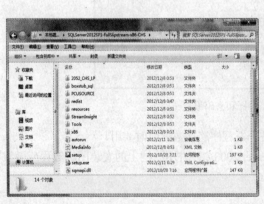

图 1.13　包含的文件

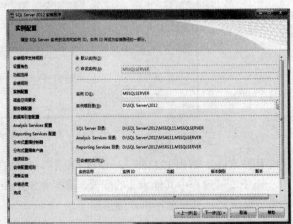

图 1.14　实例配置

（9）系统显示【磁盘空间要求】窗口，窗口中显示根据用户选择 SQL Server 2012 安装内容所需要的磁盘容量。单击【下一步】按钮。

（10）系统显示入【服务器配置】窗口。在"服务账户"选项卡中为每个 SQL Server 服务单独配置用户名和密码及启动类型。"账户名"可以在下拉框中进行选择。也可以单击【对所有 SQL Server 服务器使用相同的账户】按钮，为所有的服务分配一个相同的登录账户，单击【下一步】按钮。

(11) 系统显示【数据库引擎配置】窗口，包含如下 3 个选项卡。

① 在"服务器配置"选项卡中选择身份验证模式，与 SQL Server 2008 相同。

② 在"数据目录"选项卡中指定数据库的文件存放的位置，这里指定为 "d:\SQL Server\2012\"，系统把不同类型的数据文件安装在该目录对应的子目录下。

③ 在"FILESTREAM"选项卡中指定数据库中 T-SQL、文件 I/O 和允许远程用户访问 FILESTREAM。

单击【下一步】按钮，进入下一个窗口。

(12) 系统进入【完成】窗口，显示为了安装 SQL Server 2012 目前已经安装的程序的状态。单击【关闭】按钮后显示【错误报告】窗口。

(13) 系统进入【安装配置规则】窗口，用户了解安装支持文件时是否发现问题。如有问题，解决问题后方可继续。单击【下一步】按钮确定。

(14) 系统进入"准备安装"窗口，显示"已准备好安装"的内容，其中有的已经安装。选择"安装"选项，系统便开始安装。安装结束，系统重新启动计算机。

1.2.2 整合开发环境

1.2.1 节已经安装了 Java EE 环境所需的全部软件，本节进一步将它们整合起来，从而构成一个完整可用的 Java EE 开发环境。

1. 配置 MyEclipse 2014 所用的 JRE

在 MyEclipse 2014 中内嵌了 Java 编译器，但为了使用最新的 Java，这里指定 1.2.1 节中安装的 JDK 7，需要手动配置。

启动 MyEclipse 2014，选择主菜单【Window】→【Preferences】，出现如图 1.15 所示的窗口。

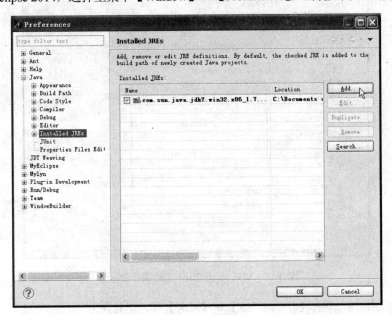

图 1.15 MyEclipse 2014 的 JRE 配置

选择左边项目树中【Java】→【Installed JREs】项，会发现 MyEclipse 已有默认的 JRE 选项（但本书不用此选项），单击右边【Add...】按钮，添加 1.2.1 节中安装的 JDK 并命名为 jdk7，如图 1.16 所示。

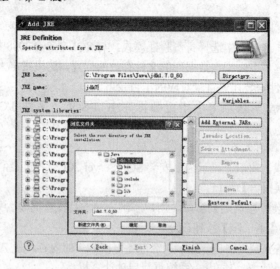

图 1.16 添加自己安装的 JRE

2. 集成 MyEclipse 2014 与 Tomcat 8

启动 MyEclipse 2014，选择主菜单【Window】→【Preferences】，单击左边项目树中【MyEclipse】→【Servers】→【Tomcat】→【Tomcat 8.x】项，在窗口右边选中"Enable"激活 Tomcat 8.x，设置 Tomcat 8 的安装路径，如图 1.17 所示。

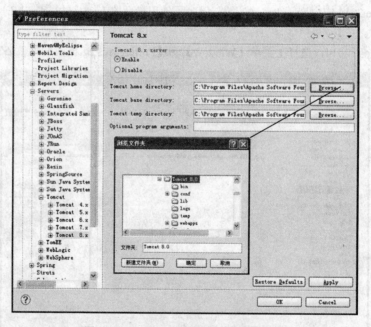

图 1.17 MyEclipse 2014 中的服务器配置

进一步展开项目树，选择【Tomcat 8.x】→【JDK】项，将其设为前面刚添加、配置的名为 jdk7 的 Installed JRE（从下拉列表中选择），如图 1.18 所示。

在 MyEclipse 2014 工具栏中单击【Run/Stop/Restart MyEclipse Servers】复合按钮 右边的下拉箭头，选择【Tomcat 8.x】→【Start】，如图 1.19 所示。

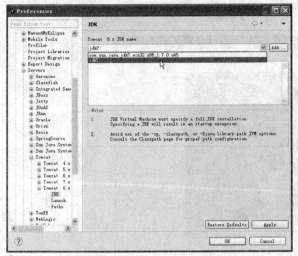

图 1.18 配置 Tomcat 8 使用的 JDK

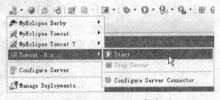

图 1.19 由 MyEclipse 2014 来启动 Tomcat 8

在 MyEclipse 2014 主界面下方控制台区会输出 Tomcat 的启动信息，如图 1.20 所示，说明服务器已经开启了。

图 1.20 Tomcat 的启动信息

打开浏览器，输入"http://localhost:9080"并回车，如果配置成功，将出现与图 1.9 所示的 Tomcat 8 首页，表示 MyEclipse 2014 已经与 Tomcat 8 紧密地集成了。

至此，一个以 MyEclipse 2014 为核心的 Java EE 应用开发环境终于搭建成功了！

1.3 Java EE 开发入门

1.3.1 MyEclipse 集成开发环境

1. 启动 MyEclipse 2014

在 Windows 下选择菜单 开始 →【所有程序】→【MyEclipse】→【MyEclipse 2014】→【MyEclipse Professional 2014】，启动 MyEclipse 2014 环境。初次启动会要求选择一个工作区（Workspace），如图 1.21 所示，就是用于存放用户项目（所开发程序）的地方，取默认项即可。

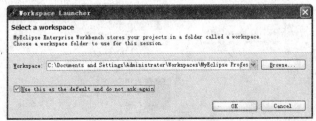

图 1.21 选择工作区

单击【OK】按钮，进入集成开发工作界面，如图 1.22 所示。

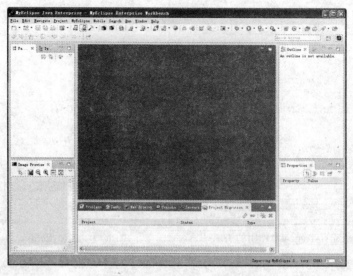

图 1.22　MyEclipse 2014 主界面

作为 Java EE 开发环境的核心，MyEclipse 2014 是一个功能十分强大的 IDE（Integrated Development Environment，集成开发环境）。

2．IDE 界面布局

和常见的 GUI 程序一样，MyEclipse 2014 也支持标准的界面和一些自定义概念。

（1）菜单栏

窗体顶部是菜单栏，包含主菜单（如 File）和其所属的菜单项（如【File】→【New】），菜单项下面还可以有子菜单，如图 1.23 所示。

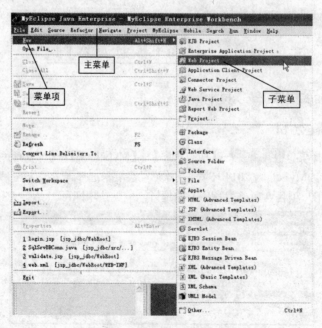

图 1.23　MyEclipse 2014 的菜单栏

（2）工具栏

位于菜单栏下面的是工具栏，如图 1.24 所示。

图 1.24　MyEclipse 2014 的工具栏

工具栏包含了最常用的功能。

（3）透视图切换器

位于工具栏最右侧的是 MyEclipse 特有的透视图切换器，如图 1.25 所示，它可以显示多个透视图以供切换。

什么是透视图？当前的界面布局就是一个透视图，通过给不同的布局起名字，便于用户在多种常用的功能模块下切换工作。总体来说，一个透视图相当于一个自定义的界面，它保存了当前的菜单栏、工具栏按钮以及透视的大小、位置、显示与否的所有状态，可以在下次切换时恢复原来的布局。

（4）视图

视图是显示在主界面中的一个小窗口，可以单独最大化、最小化，调整显示大小、位置或关闭。除了工具栏、菜单栏和状态栏之外，MyEclipse 的界面就是由这样的一个个小窗口组合起来的，像拼图一样构成了 MyEclipse 界面的主体。如图 1.26 所示为一个大纲视图。

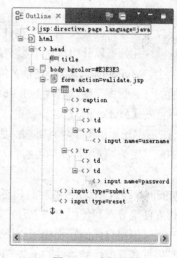

图 1.25　透视图切换器　　　　　　　　　图 1.26　大纲视图

（5）代码编辑器

在界面的中央会显示文件编辑器及其中的程序代码。这个编辑器与视图非常相似，也能最大化和最小化，若打开的是 JSP 源文件，还会在编辑器的上半部窗口中实时显示出页面的预览效果，如图 1.27 所示。

编辑器还具备完善的自动调试和排错功能，编程时代码区最左侧的蓝色竖条上会显示行号、警告、错误、断点等信息，方便用户及时地纠正代码中的错误。

3．组件化的功能

在结构上，MyEclipse 2014 的功能可分为 7 类。

① Java EE 模型。
② Web 开发工具。
③ EJB 开发工具。

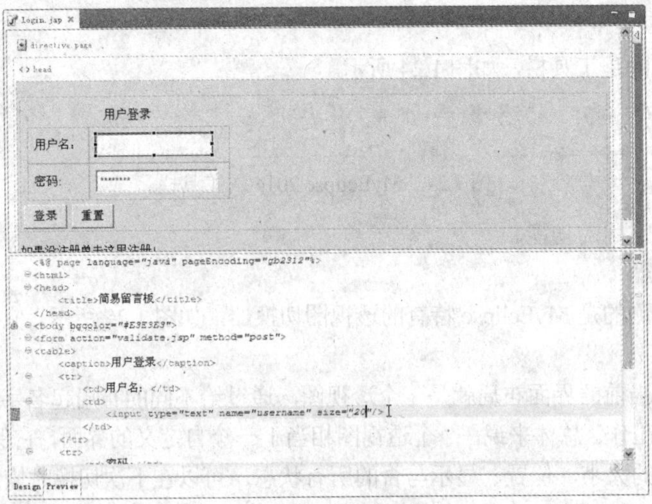

图 1.27　代码编辑器

④ 应用程序服务器的连接器。
⑤ Java EE 项目部署服务。
⑥ 数据库服务。
⑦ MyEclipse 整合帮助。

对于以上每一种功能类别，在 MyEclipse 2014 中都有相应的功能部件。MyEclipse 体系结构设计上的这种模块化，可以让用户在不影响其他模块的情况下，对任意一个模块进行单独的扩展和升级。

事实上，MyEclipse（6.0 版之前）原本只是作为 Eclipse 环境的一个插件而存在的，只不过后来随着它功能的日益强大，逐步取代 Eclipse 而成为独立的 Java EE 集成开发工具，但在其界面的主菜单里至今仍保留着【MyEclipse】这一菜单，如图 1.28 所示。

图 1.28 中还标示出了项目部署、服务启动按钮，这是今后开发中最常用的，使用该功能可将项目部署到指定的软件服务器上。

图 1.28　MyEclipse 2014 的原始印记

MyEclipse 2014 的这种功能组件化的集成定制特性，使得它可以很方便地导入和使用第三方开发好的现成框架，如 Struts、Struts2、Hibernate、Spring 和 Ajax 等，用户可以根据自己的需要和应用场合的不同，灵活地添加或去除功能组件，开发出适应性强、具备良好扩展性和高度可伸缩性的 Java EE 应用系统。

Genuitec 总裁 Maher Masri 曾说："今天，MyEclipse 已经提供了意料之外的价值。其中的每个功能在市场上单独的价格都比 MyEclipse 要高。"

1.3.2　一个简单的 Java EE 程序

1. 简单 Java EE 程序的结构

在网站规模不大时，可以全部采用 JSP 来编写 Java EE 程序，JSP 文件负责处理应用的业务逻辑、控制网页流程和创建 HTML 页面，JSP 通过 JDBC 操作后台数据库，系统结构十分简单，如图 1.29 所示。

可见，JSP 能自主完成所有任务，它集控制和显示于一体，是整个系统的核心。这种以 JSP 为中心的开发模式能够快速开发出很多小型的 Web 项目，是 Web 发展早期普遍使用的开发方式，曾经应用得十分广泛。

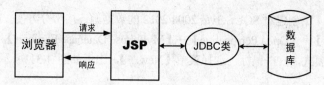

图 1.29　以 JSP 为核心的简单 Java EE 系统

初次接触 Java EE 的读者,以此作为入门学习也比较容易。

2. 举例

【实例一】 采用 JSP+JDBC 方式开发一个 Web 登录程序。

要求: 数据库中建一个"用户名-密码"表,用户由页面上输入用户名和密码,单击【登录】按钮提交,程序通过 JDBC 访问数据库中的表来验证用户,验证通过转到主页并回显欢迎信息,否则跳转至出错页。

(1) 建立数据库与表

在 SQL Server 2008/2012 中创建数据库,命名为 TEST,其中建立一个用户表 userTable,表结构如表 1.1 所示。

表 1.1　userTable 表

字段名称	数据类型	主　键	自　增	允许为空	描　述
id	int	是	增1		ID 号
username	varchar(20)				用户名
password	varchar(20)				密码

字段包括: id、username 和 password。其中 id 设为自动增长的 int 型,并设为主键。username 和 password 都设为 varchar 型。表建好后,向其中录入两条数据记录。最后建好的数据库、表及其中数据在 SQL Server 2008/2012 的 SQL Server Management Studio 中显示的效果,如图 1.30 所示。

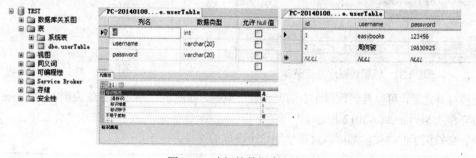

图 1.30　建好的数据库和表

有关创建数据库、表及录入数据的具体操作过程,请读者参考 SQL Server 2008/2012 相关的图书,这里不展开讲述。

(2) 创建数据库连接

Java 应用的底层代码都是通过 JDBC 接口访问数据库的,每种数据库 DBMS 针对这个标准接口都有与其自身相适配的 JDBC 驱动程序。SQL Server 2008/2012 的 JDBC 驱动程序包是 sqljdbc4.jar,读者可上网下载获得,将它保存在一个特定的目录下待用。本书中,笔者将它保存在 MyEclipse 2014 默认工作区 "C:\Documents and Settings\Administrator\Workspaces\MyEclipse Professional 2014" 下。在使用这个驱动之前,要先建立与数据源的连接。

在 MyEclipse 2014 中创建对 SQL Server 2008/2012 的数据源连接十分方便。启动 MyEclipse 2014，选择主菜单【Window】→【Open Perspective】→【MyEclipse Database Explorer】，打开 MyEclipse 2014 的"数据库浏览器"模式，右击鼠标，选择菜单【New…】，出现如图 1.31 所示的窗口，在其中编辑数据库连接驱动。

在"Driver name"栏填写要建立连接的名称，这里命名为 sqlsrv；在"Connection URL"栏输入要连接数据库的 URL 为"jdbc:sqlserver://localhost:1433"；在"User name"栏输入数据库的用户名，在"Password"栏输入连接数据库的密码(用户名和密码在 1.2.1 节安装 SQL Server 2008/2012 时均已指定)。在"Driver JARs"栏右侧单击【Add JARs】按钮，找到数据库驱动（即先前的存盘路径 C:\Documents and Settings\Administrator\Workspaces\MyEclipse Professional 2014）。编辑完以后，可单击【Test Driver】按钮测试连接。

在 DB Browser 中右击刚才创建的 sqlsrv 连接，如图 1.32 所示，选择菜单【Open connection…】，打开这个连接。

图 1.31　编辑数据库连接驱动　　　　　　图 1.32　打开数据库连接

连接打开之后，可以看到数据库中的表和表中数据，如图 1.33 所示，这就说明 MyEclipse 2014 已经成功与 SQL Server 2008/2012 相连了！

今后在做例子的时候，都可以直接使用这个现成的连接。

> 👀 **注意：**
> 　　Java EE 程序连接 SQL Server 数据库，需要使用微软官方提供的驱动程序，目前通用的是 4.0 版本（Microsoft JDBC Driver 4.0 for SQL Server），它能够支持连接 SQL Server 2005、SQL Server 2008、SQL Server 2008 R2 以及 SQL Server 2012，微软官方及其他很多网站都有下载，驱动包文件名为 sqljdbc4.jar。
> 　　微软于 2014 年 11 月 12 日又发布了 SQL Server 驱动更新的 4.1 版本（预览版），并将它与 4.0 及更早先的旧版本一起打包提供下载。SQL Server 驱动 4.1 版本驱动不再支持 SQL Server 2005，最低兼容从 SQL Server 2008 开始，可支持连接 SQL Server 2008、SQL Server 2008 R2、SQL Server 2012 直至最新的 SQL Server 2014，并已经在 Windows 8、Windows 8.1 平台通过测试，其对应驱动包文件名为 sqljdbc41.jar，使用时只要替换驱动包即可，其他的连接设置、程序代码等与用 4.0 版本完全一样。

（3）创建 Java EE 项目

在 MyEclipse 2014 中，选择主菜单【File】→【New】→【Web Project】，出现如图 1.34 所示的【New Web Project】窗口，填写"Project Name"栏（为项目起名）为"jsp_jdbc"。在"Java EE version"下拉列表中选择"JavaEE 7 - Web 3.1"，"Java version"下拉列表中选择"1.7"。

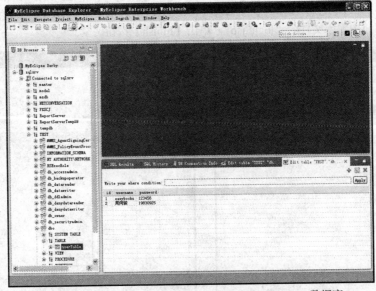

图 1.33　从 MyEclipse 2014 访问 SQL Server 2008/2012 数据库

单击【Next】按钮后，在"Web Module"页勾选"Generate web.xml deployment descriptor"（自动生成项目的 web.xml 配置文件），如图 1.35 所示。

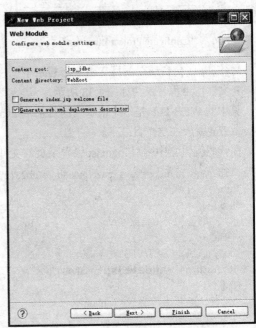

图 1.34　创建 Java EE 项目　　　　　　　图 1.35　"Web Module"页

单击【Next】按钮后，在"Configure Project Libraries"页勾选"JavaEE 7.0 Generic Library"，同时

取消选择"JSTL 1.2.2 Library",如图 1.36 所示,如此选择目的是为了只加载项目开发需要的库,除去不必要的类库,使项目的结构清晰、避免臃肿。

设置完成后,单击【Finish】按钮,MyEclipse 会自动生成一个 Java EE 项目。

(4)编写 JSP

展开项目的工程目录树,右击"WebRoot"项,从弹出的菜单中选择【New】→【File】,在如图 1.37 所示的窗口中输入文件名"login.jsp",单击【Finish】按钮。

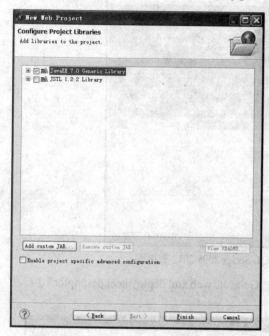

图 1.36 "Configure Project Libraries"页

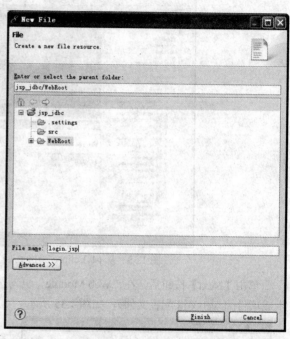

图 1.37 创建 JSP 文件

MyEclipse 会自动在项目 WebRoot 目录下创建一个名为 login.jsp 的 JSP 文件,工程目录树如图 1.38 所示。

其中的 WEB-INF 是一个很重要的目录,Java EE 项目的配置文件 web.xml 就放在这个目录下。

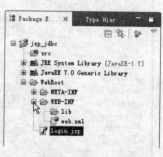

图 1.38 工程目录树

在代码编辑器中编写 login.jsp(登录页)文件,代码如下:

```
<%@ page language="java" pageEncoding="gb2312"%>
<html>
<head>
    <title>简易留言板</title>
</head>
<body bgcolor="#E3E3E3">
<form action="validate.jsp" method="post">
<table>
    <caption>用户登录</caption>
    <tr>
        <td>用户名:</td>
        <td>
            <input type="text" name="username" size="20"/>
        </td>
```

```html
            </tr>
            <tr>
                <td>密码:</td>
                <td>
                    <input type="password" name="password" size="21"/>
                </td>
            </tr>
        </table>
        <input type="submit" value="登录"/>
        <input type="reset" value="重置"/>
    </form>
    如果没注册单击<a href="">这里</a>注册!
    </body>
</html>
```

此页面用于显示登录首页,其中表单"action= "validate.jsp""表示用户在单击【登录】按钮后,页面提交给一个名为 validate.jsp 的页(验证页)作进一步处理。

用同样的方法,在 WebRoot 下创建 validate.jsp 文件,编写代码如下:

```jsp
<%@ page language="java" pageEncoding="gb2312" import="java.sql.*"%>
<jsp:useBean id="SqlSrvDB" scope="page" class="org.easybooks.test.jdbc.SqlSrvDBConn" />
<html>
    <head>
        <meta http-equiv="Content-Type" content="text/html;charset=gb2312">
    </head>
    <body>
        <%
            request.setCharacterEncoding("gb2312");            //设置请求编码
            String usr=request.getParameter("username");       //获取提交的用户名
            String pwd=request.getParameter("password");       //获取提交的密码
            boolean validated=false;                           //验证成功标识
            //查询 userTable 表中的记录
            String sql="select * from userTable";
            ResultSet rs=SqlSrvDB.executeQuery(sql);           //取得结果集
            while(rs.next())
            {
                if((rs.getString("username").trim().compareTo(usr)==0
                        &&(rs.getString("password").compareTo(pwd)==0)))
                {
                    validated=true;                            //标识为 true 表示验证成功通过
                }
            }
            rs.close();
            SqlSrvDB.closeStmt();                              //关闭语句
            SqlSrvDB.closeConn();                              //关闭连接
            if(validated)
            {
                //验证成功跳转到 main.jsp
        %>
                <jsp:forward page="main.jsp"/>
        <%
```

```
                }
                else
                {
                    //验证失败跳转到 error.jsp
        %>
                    <jsp:forward page="error.jsp"/>
        <%
                }
        %>
    </body>
</html>
```

本页面实际上是一个 JSP 程序，执行用户验证功能。其中<jsp:useBean>、<jsp:forward>都是 JSP 动作元素。

<jsp:useBean>的功能是初始化一个 class 属性所指定的 Java 类的实体，并将该实体命名为 id 属性所指定的值。简而言之，也就是给已创建好的 JDBC 类（位于项目 org.easybooks.test.jdbc 包下的 SqlSrvDBConn 类）指定一个别名 SqlSrvDB，之后就可以在 JSP 页的源码中直接引用这个别名来调用该 JDBC 类的方法了，如 executeQuery()、closeStmt()和 closeConn()等方法。

<jsp:forward>动作把用户的请求转到另外的页面进行处理，在本例中用于实现页面间跳转，根据验证处理的结果不同：若验证成功，转到主页面（main.jsp）；若失败，转到出错页（error.jsp）。

接下来，在项目 WebRoot 目录下再创建两个 JSP 文件：主页（main.jsp）和出错页（error.jsp）。
main.jsp 的代码如下：

```
<%@ page language="java" pageEncoding="gb2312"%>
<html>
<head>
    <title>留言板信息</title>
</head>
<body>
    <%out.print(request.getParameter("username"));%>，您好！欢迎登录留言板。
</body>
</html>
```

主页面上使用 JSP 内嵌的 Java 代码 "out.print(request.getParameter("username"));" 从请求中获取用户名以回显。

error.jsp 的代码如下：

```
<%@ page language="java" pageEncoding="gb2312"%>
<html>
<head>
    <title>出错</title>
</head>
<body>
    登录失败！单击<a href="login.jsp">这里</a>返回
</body>
</html>
```

从以上编写的 4 个 JSP 源文件代码可以看出，整个程序的页面跳转控制功能全都是由 JSP 承担的。

（5）创建 JDBC 类

下面来编写前面 JSP 页中使用到的 JDBC 类，创建之前先要建一个包用于存放 JDBC 类。

右击项目 src 文件夹，选择菜单【New】→【Package】，如图 1.39 所示，在【New Java Package】窗口中输入包名"org.easybooks.test.jdbc"，单击【Finish】按钮。

右击 src，选择菜单【New】→【Class】，出现如图 1.40 所示的【New Java Class】窗口。

图 1.39　创建包　　　　　　　　　　图 1.40　创建 JDBC 类

单击"Package"栏后的【Browse...】按钮，指定类存放的包为"org.easybooks.test.jdbc"，输入类名"SqlSrvDBConn"，单击【Finish】按钮。

SqlSrvDBConn.java 代码如下：

```
package org.easybooks.test.jdbc;
import java.sql.*;
public class SqlSrvDBConn {
    private Statement stmt;           // Statement 对象（语句）
    private Connection conn;          // Connection 对象（连接）
    ResultSet rs;                     // ResultSet 对象（结果集）
    //在构造方法中创建数据库连接
    public SqlSrvDBConn(){
        stmt=null;
        try{
            /**加载并注册 SQLServer 2008/2012 的 JDBC 驱动*/
            Class.forName("com.microsoft.sqlserver.jdbc.SQLServerDriver");
            /**编写连接字符串，获取创建连接*/
            conn=DriverManager.getConnection(
            "jdbc:sqlserver://localhost:1433;databaseName=TEST","sa","123456");
        }catch(Exception e){
            e.printStackTrace();
        }
        rs=null;
    }
    //执行查询类的 SQL 语句，有返回集
    public ResultSet executeQuery(String sql)
    {
        try
        {
```

```
                stmt=conn.createStatement(ResultSet.TYPE_SCROLL_SENSITIVE
                                                    ,ResultSet.CONCUR_UPDATABLE);
                rs=stmt.executeQuery(sql);        //执行查询语句
            }catch(SQLException e){
                System.err.println("Data.executeQuery: " + e.getMessage());
            }
            return rs;                            //返回结果集
    }
    //关闭对象
    public void closeStmt()
    {
        try
        {
            stmt.close();                         //关闭 Statement 对象
        }catch(SQLException e){
            System.err.println("Data.executeQuery: " + e.getMessage());
        }
    }
    public void closeConn()
    {
        try
        {
            conn.close();                         //关闭连接
        }catch(SQLException e){
            System.err.println("Data.executeQuery: " + e.getMessage());
        }
    }
}
```

在程序中利用 Class.forName()方法加载指定的驱动程序，这样将显式地加载驱动程序。"jdbc:sqlserver://localhost:1433;databaseName=TEST","sa","123456"是 SQL Server 2008/2012 的连接字符串，对于不同的 DBMS，连接字符串是不一样的。

（6）添加 **JDBC 驱动包**

编码完成后，还需要将 JDBC 驱动包 sqljdbc4.jar 复制到项目的"\WebRoot\WEB-INF\lib"目录下。在项目的工程目录视图中刷新（快捷菜单→【Refresh】），最后的目录树如图 1.41 所示。

（7）部署 **Java EE 项目**

项目开发完成，要部署到服务器上方能运行。项目中一共 4 个 JSP 文件，我们希望这个系统的启动页是 login.jsp，需要修改 web.xml 文件：

```
<?xml version="1.0" encoding="UTF-8"?>
<web-app  xmlns:xsi="http://www.w3.org/2001/XMLSchema-instance"  xmlns="http://xmlns.jcp.org/xml/ns/javaee"
xsi:schemaLocation="http://xmlns.jcp.org/xml/ns/javaee  http://xmlns.jcp.org/xml/ns/javaee/web-app_3_1.xsd"  id="WebApp_ID" version="3.1">
    <display-name>jsp_jdbc</display-name>
    <welcome-file-list>
        <welcome-file>login.jsp</welcome-file>
    </welcome-file-list>
</web-app>
```

修改<welcome-file>元素内容为 login.jsp（原为 index.jsp）即可。

单击工具栏 (Deploy MyEclipse J2EE Project to Server…)按钮，弹出如图 1.42 所示的【Project Deployments】对话框，将新建的 Java EE 项目部署到 Tomcat 中。

第 1 章　Java EE 平台及开发基础

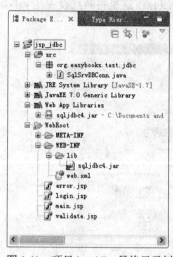

图 1.41　项目 jsp_jdbc 最终目录树

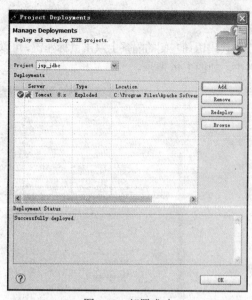

图 1.42　部署成功

选择项目为 jsp_jdbc，单击【Add】按钮，选择 Tomcat 8.x 作为服务器，单击【OK】按钮，部署成功。

（8）运行浏览

启动 Tomcat 8.x，在浏览器中输入"http://localhost:9080/jsp_jdbc/"并回车，将显示如图 1.43 所示的登录页。输入用户名、密码（必须是数据库 userTable 表中已有的）。

单击【登录】按钮提交表单，转到如图 1.44 所示的主页面并回显欢迎信息。

当然，也可以尝试在登录页上输入错误的密码，或者输入一个数据库 userTable 表中不存在的用户名和密码，提交后就会跳转到如图 1.45 所示的出错页。

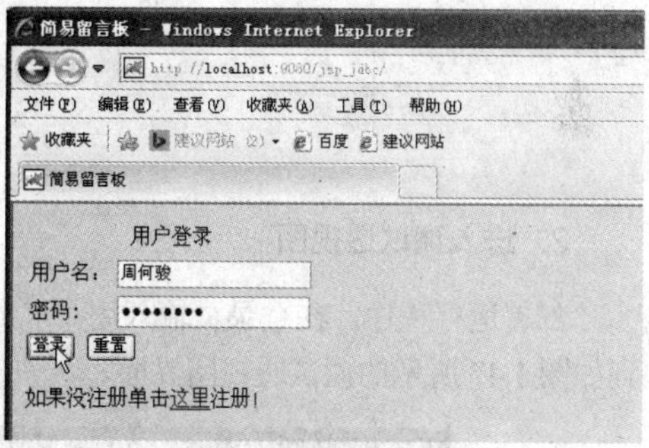

图 1.43　登录页面

图 1.44　成功登录到主页 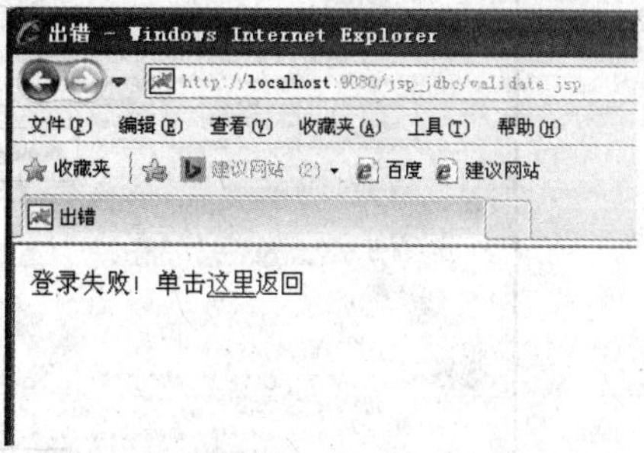　　　　　　图 1.45　出错页

单击"这里"链接返回登录页面重新登录。

1.3.3　Java EE 程序的调试

编写完成的 Java EE 程序难免会隐含各种错误，程序员必须学会调试程序，才能有效地查出并排除代码中的错误。这里以【实例一】刚刚写好的程序为例，简单介绍一下如何利用 MyEclipse 集成调试器的强大功能调试 Java EE 程序。

1. 设置断点

在源代码语句左侧的隔条上双击鼠标左键,可以在当前行设置断点。这里将断点设置在 validate.jsp 源文件中,如图 1.46 所示。

图 1.46　设置断点

2. 进入调试透视图

部署运行程序,在登录页输入用户名、密码后单击【登录】按钮提交表单,此时系统会自动切换到如图 1.47 所示的调试透视图界面。

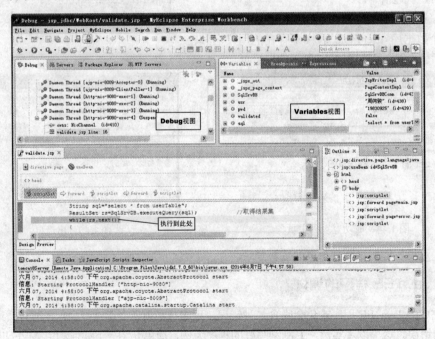

图 1.47　调试透视图界面

调试透视图由 Debug 视图、Variables 视图等众多子视图组成，在界面中间左部编辑器中以绿色高亮条显示当前执行代码的位置。

3．变量查看

右上部的 Variables 视图显示了此刻程序中各个变量的取值，如图 1.48 所示。

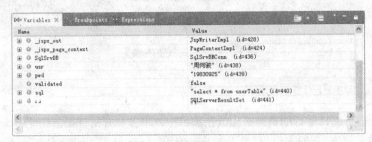

图 1.48　各变量的取值

可见，usr、pwd、validated 和 sql 已经有了值，那是因为刚刚执行了如下语句：

```
String usr=request.getParameter("username");    //获取提交的用户名
String pwd=request.getParameter("password");    //获取提交的密码
boolean validated=false;                        //验证成功标识
//查询 user 表中的记录
String sql="select * from userTable";
```

其中，usr 和 pwd 的值来自从页面提交的表单，由 request.getParameter("username")和 request.getParameter("password")方法分别从表单文本控件获取，此时 usr 值为"周何骏"，pwd 值为"19830925"——与之前在页面输入的内容完全一样！这说明表单数据已成功传给了 JSP 验证页。

但由于此时尚未开始执行验证过程，所以 validated 变量仍保持着初始的 false 值。

4．变量跟踪

接下来，从断点处往下一步一步（单步）执行程序，同时跟踪各变量的动态变化，如图 1.49 所示，单击 Debug 视图右上方工具栏的【Step Over】按钮，每单击一下，程序就往下执行一步。

图 1.49　单步执行

……

在进入到 while 循环执行两步以后，系统验证出了正确的用户名密码，高亮条指示如图 1.50 所示的语句。

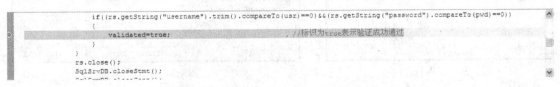

图 1.50　验证通过后要执行的语句

再次单击【Step Over】按钮，执行这句代码，将 validated 值置为 true，如图 1.51 所示，在 Variables 视图中能够清楚地看到变量值的改变。

读者还可以依此继续单步执行下去，看看程序执行的每一步，各变量都有哪些改变，是否如期望的那样去改变。若在某一步，变量并没有像预料的那样获得期望的值，则说明在这一步程序代码出错了，如此就很方便地定位到了错误之处！

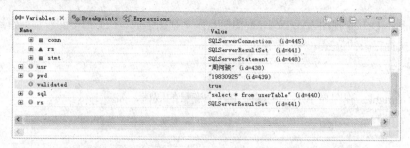

图 1.51 查看变量值的改变

1.3.4 管理 Java EE 项目

MyEclipse 所有可编译运行的资源必须放在项目中，单独打开文件很多功能不可用。项目表示了一系列相关的文件和设置，一般来说，目录下的.project 和.classpath 这两个文件描述了当前项目的信息。

从事 Java EE 开发的程序员，经常要将手头正在做的项目从 MyEclipse 工作区移走，存盘备份或部署到其他机器上，开发过程中也常常需要借鉴他人已做好的现成案例的源代码，这就需要学会项目的导出、移除和导入操作。

1. 导出项目

右击项目名 jsp_jdbc，选择菜单【Export…】，在弹出的【Export】窗口中展开项目树，选择【General】→【File System】（表示导出的项目存盘在本地文件系统），如图 1.52 所示，单击【Next】按钮继续。

单击【Browse…】按钮选择存盘路径，如图 1.53 所示。

单击【Finish】按钮完成导出，用户可以在这个路径下找到刚刚导出的项目。

图 1.52 将项目存盘

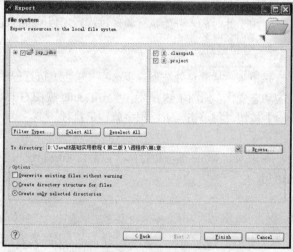

图 1.53 指定存盘路径

2. 移除项目

右击项目名 jsp_jdbc，选择菜单【Delete】，弹出【Delete Resources】窗口，如图 1.54 所示，单击【OK】按钮，操作之后发现工程目录中对应项目 jsp_jdbc 的整个目录树都不见了，这说明项目已经移除了。

移除之后的项目，其全部的资源文件仍然存在于工作区，若想彻底删除，只需在图 1.54 中勾选"Delete project contents on disk（cannot be undone）"复选项后再单击【OK】按钮，MyEclipse 就会将工作区该项目的源文件一并删除，不过在这么做之前，请确保项目已另外存盘，不然删除后将无法恢复！

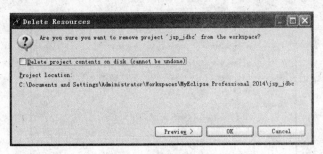

图 1.54　确认移除项目

3. 导入项目

下面再将刚刚移除的项目 jsp_jdbc 重新导入工作区,在 MyEclipse 主菜单选【File】→【Import...】,在【Import】窗口中展开项目树,选择【General】→【Existing Projects into Workspace】,如图 1.55 所示,单击【Next】按钮。

选择要导入的项目,如图 1.56 所示,这里选刚刚存盘的 jsp_jdbc,单击【确定】按钮。

图 1.55　导入已存在的项目

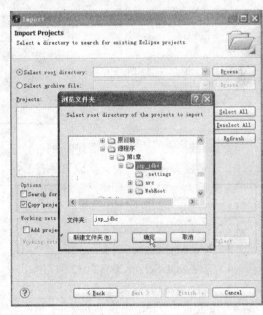

图 1.56　导入已存盘的项目

最后单击【Finish】按钮将其导入,如图 1.57 所示。

导入完成后,可从左边的工程目录中再次看到项目 jsp_jdbc,并且它依旧是可以编辑代码和运行的,只不过在重新运行之前要用前面介绍的方法将它再次部署到 Tomcat 8.x 服务器上。

> 👀 注意:
>
> 　　在本书后面的学习中,建议读者及时移除(不是删除)暂时不运行的项目。由于 Tomcat 在每次启动时都会默认加载工作区中所有已部署项目的 .jar 库,这可能导致某些大项目的类库与其他项目库相冲突、发生内存溢出等异常,使程序无法正常运行。故初学 Java EE 就应当养成对自己做的项目"导入一个,就运行这一个,运行完及时移除,需要时再次导入"的良好习惯。

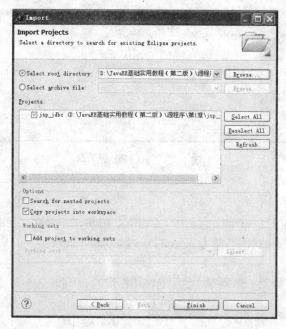

图 1.57　完成导入

项目的导出、移除和导入是管理 Java EE 项目的最基本技能，请务必熟练掌握。

习　题　1

1．Java EE 应用的开发主要有哪两种方式？试简述其特点。

2．轻量级 Java EE 平台的构成组件有哪些？

3．熟悉 Java EE 开发环境，了解各组件的安装过程、次序及用途。

（1）下载并安装 JDK 7。

（2）下载并安装 Tomcat 8。

（3）安装 MyEclipse 2014。

（4）安装 SQL Server 2008/2012 数据库。

（5）整合 Java EE 开发环境。

4．按照书上指导，完成【实例一】（1.3.2 节）的登录程序，并对照源代码理解简单 Java EE 程序的结构。

5．熟悉 MyEclipse 2014 集成开发环境，要求：能熟练地创建、导出、移除和导入 Java EE 项目，学会调试简单的 Java EE 程序。

第 2 章 Java Web 开发基础

Java Web 是原 Sun 公司（已被 Oracle 公司收购）在 Java Servlet 规范中提出的通用技术，指的是仅用 HTML/JSP、JavaBean 和 Servlet 等开发互联网 Web 应用的一系列技术的总和。Java Web 是 Java EE 程序的传统开发方式，也是 Java EE 的基础。只有学好了 Java Web，才能理解 Java EE 领域各类框架（Struts 2/Hibernate/Spring 等）的真实用途！

2.1 HTML 语言

Java 开发的 Web 网页是由 HTML、JSP 和 Java 程序片组成的。下面先来看看 HTML 文件的基本构成及用法。

2.1.1 HTML 文件的基本结构

HTML 文件的基本结构如图 2.1 所示。

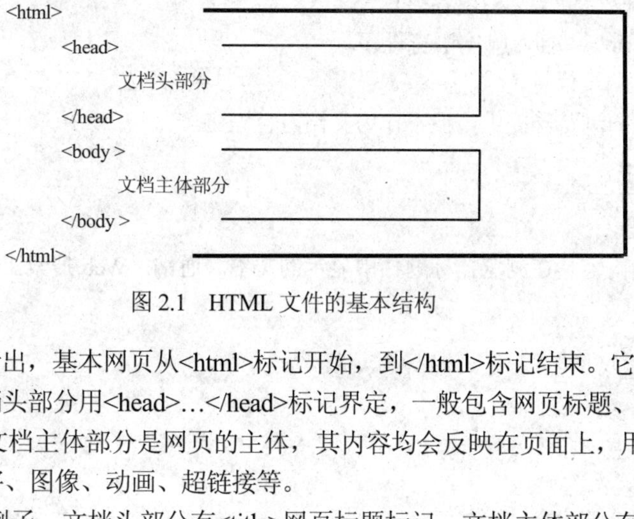

```
<html>
    <head>
            文档头部分
    </head>
    <body>
            文档主体部分
    </body>
</html>
```

图 2.1 HTML 文件的基本结构

从图 2.1 所示可以看出，基本网页从<html>标记开始，到</html>标记结束。它们之间是文档头部分和文档主体部分。文档头部分用<head>…</head>标记界定，一般包含网页标题、文档属性参数等不在页面上显示的元素。文档主体部分是网页的主体，其内容均会反映在页面上，用<body>…</body>标记界定，主要包括文字、图像、动画、超链接等。

读者可以看下面的例子，文档头部分有<title>网页标题标记，文档主体部分有<img>图片标记、<a>…</a>超链接标记及一些文字。把这段代码命名为 a.html，保存在想要保存的路径。双击该文件就可以运行了。只要该路径下有 b.html 文件，单击超链接就可以跳转到 b.html。

【例 2.1】第一个网页。

```html
<html>
<head>
    <title>第一个 html 网页</title>
</head>
<body>
    <img src="image\njnu.jpg">
    <br>
```

```
        <a href="b.html">超链接</a>
        <hr align=center>
        这是我的第一个网页
</body>
</html>
```

2.1.2 HTML 文件的语言标记

从上面简单的 HTML 文件中可以看出，HTML 文件是由很多标记组成的，下面介绍几个重要的标记。

1. HTML 标记

`<html>…</html>`

HTML 标记表示文档内容的开始和结束。<html>是开始标记，</html>是结束标记，其他所有的 HTML 代码都位于这两个标记之间。浏览器将该标记中的内容视为一个 Web 文档，按照 HTML 语言规则对文档内的标记进行解释。<html>…</html>标记是可选的，但是最好不要省略这两个标记，以保持 Web 文档结构的完整性。

2. 首部标记

`<head>…</head>`

首部标记中提供与网页有关的各种信息。在首部标记中，一般使用下列标记。

<title>...</title>：制定网页的标题。
<style>...</style>：定义文档内容样式表。
<script>... </script>：插入脚本语言程序。
<meta>：描述网页信息。
这些信息首先向浏览器提供，但不作为文档内容提交。

3. 标题栏标记

`<title>…</title>`

标题栏标记的内容是在浏览器标题栏中显示的文本。通常，Web 搜索工具用它作为索引。

4. 描述标记

`<meta 属性="值"...>`

描述文档属性参数。

5. 正文标记

正文标记的格式如下：

`<body 属性="值"...事件="执行的程序"...>…</body>`

正文标记中包含文档的内容。其常用属性如下。

- background：文档背景图像的 URL 地址。
- bgcolor：文档的背景颜色。
- text：文档中文本的颜色。
- link：文档中链接的颜色。
- vlink：文档中已被访问过的链接的颜色。
- alink：文档中正被选中的链接的颜色。

此外，HTML 文件还有很多用来设置文本格式的标记，下面举几个常用的标记。

6. 分段标记

`<p 属性="值"...></p>`

段落是文档的基本信息单位。利用分段标记，可以忽略文档中原有的回车和换行。定义一个新段落，就是换行并插入一个空行。

单独使用`<p>`标记时会空一行，使后续内容隔一行显示。同时使用`<p></p>`，则将段落包围起来，表示一个分段的块。其最常用的属性为align，其值如下。

left：左对齐（默认值）
center：居中对齐
right：右对齐
justify：两边对齐

下面介绍的属性也遵循这一规则。

7. 换行标记

`<br>`

该标记强行中断当前行，使后续内容在下一行显示，这个标记很简单，也很常用。

8. 标题标记

标题标记的格式如下：

`<h1 属性="值"...>...</h1>`
`<h2 属性="值"...>...</h2>`
`<h3 属性="值"...>...</h3>`
`<h4 属性="值"...>...</h4>`
`<h5 属性="值"...>...</h5>`
`<h6 属性="值"...>...</h6>`

其常用属性也是align。

9. 对中标记

`<center>...</center>`

该标记中间的内容全部居中。

10. 块标记

`<div 属性="值"...>...</div>`

块标记的作用是定义文档块。其常用属性也是align。

11. 水平线标记

`<hr 属性="值"...>`

在`<hr>`标记位置画一条线。常用属性如下。

- align：段落的水平对齐方式，其值如下。

left：左对齐（默认值）
center：居中对齐
right：右对齐

- color：线的颜色。
- size：线的宽度（以像素为单位）。

- width：线的长度（像素或占页面宽度的百分数）。
- noshade：显示一条无阴影的实线。

12. 字体标记

`<font 属性="值"...>...</font>`

字体标记用来设置文本的字符格式，主要包括字体、字号和颜色等。常用属性如下。
- face：字体名表。
- size：字号值。
- color：颜色值。设置字体的颜色。

13. 图像标记

`<img 属性="值"...>`

图像标记的常用属性如下。
- src：图像文件的 URL 地址。
- alt：图像的简单文本说明，在浏览器下不能显示图像或图像加载时间过长时显示该文本。
- height：显示图像的高度（像素或百分比）。
- width：显示图像的宽度（像素或百分比）。
- align：图像大小小于显示区域大小时的对齐方式。

使用 align 属性设置图像与文本在垂直方向的对齐方式，此时 align 属性的取值如下。

```
top：图像与文本顶部对齐
middle：图像与文本中央对齐
bottom：图像与文本底部对齐
```

当图像在左右绕排文本时，align 属性的取值如下。

```
left：图像居左，文本居右
right：图像居右，文本居左
```

14. 超链接标记

`<a 属性："值"...>超链接内容</a>`

超链接的常用属性如下。
- href：目标端点的 URL 地址（可以包含一个或多个参数）。

如前面的例子中：

`<a href="b.html">超链接</a>`

单击此超链接，就会跳转到名为 b.html 的页面。该属性是必选项。
- target：窗口或框架的名称。

target 属性的取值既可以是窗口或框架的名称，也可以是如下保留字。

```
_blank：未命名的新浏览器窗口
_parent：父框架页或窗口，如果包含链接的框架不是嵌套的，则链接的目标文件加载到整个浏览器窗口中
_self：所在的同一框架或窗口
_top：整个浏览器的窗口，并删除所有框架
```

2.1.3 HTML 基本说明

HTML 中常用下列描述。

1. 颜色

许多标记也用到了颜色属性,颜色值一般用颜色名称或十六进制数值来表示。

① 使用颜色名称来表示。例如,红色、绿色和蓝色分别用 red、green 和 blue 表示。

② 使用十六进制格式数值#RRGGBB 来表示,RR、GG 和 BB 分别表示颜色中的红、绿、蓝三原色的两位十六进制数据。例如,红色、绿色和蓝色分别用#FF0000、#00FF00 和#0000FF 表示。表 2.1 列出了 16 种标准颜色及其十六进制数值。

表 2.1　16 种标准颜色的名称及其十六进制数值

颜　色	名　称	十六进制数值	颜　色	名　称	十六进制数值
淡蓝	aqua(cyan)	#00FFFF	海蓝	navy	#000080
黑	black	#000000	橄榄色	olive	#808000
蓝	blue	#0000FF	紫	purple	#800080
紫红	fuchsia(magenta)	#FF00FF	红	red	#FF0000
灰	gray	#808080	银色	silver	#C0C0C0
绿	green	#008000	淡青	teal	#008080
橙	lime	#00FF00	白	white	#FFFFFF
褐红	maroon	#800000	黄	yellow	#FFFF00

2. 字符实体

有些字符在 HTML 里有特别的含义,比如小于号<就表示 HTML Tag 的开始,这个小于号不显示在网页中。如果我们希望在网页中显示一个小于号,就要讲到 HTML 字符实体。

一个字符实体以&符号打头后跟实体名字或者是#加上实体编号,最后是一个分号。最常用的字符实体如表 2.2 所示。

表 2.2　最常用的字符实体

显示结果	说　　明	实体名	实体号
	显示一个空格		
<	小于	&lt;	&#60;
>	大于	&gt;	&#62;
&	&符号	&amp;	&#38;
"	双引号	&quot;	&#34;
©	版权	&copy;	&#169;
®	注册商标	&reg;	&#174;
×	乘号	&times;	&#215;
÷	除号	&divide;	&#247;

> **注意:**
> 并不是所有的浏览器都支持最新的字符实体名字。而字符实体编号,各种浏览器都能处理。字符实体是区分大小写的。更多字符实体请参见 ISO Latin-1 字符集。

3. 常用属性

有些属性在 HTML 许多标记中出现。

① 类名:class。

② 唯一标识:id。

③ 内样式:style。

④ 提示信息:title。

4. 常用事件

事件处理描述是一个或一系列以分号隔开的 JavaScript 表达式、方法和函数调用，并用引号引起来。当事件发生时，浏览器会执行这些代码。

事件包括窗口事件、表单及其元素事件、键盘事件、鼠标事件。

2.1.4 表单与表格

在代码中看到这样的标记：<form action="" method="">…</form>，这就是表单。HTML 文件中使用表单是很常见的。表格主要用来组织和显示信息，也用来安排页面布局。下面分别介绍表单与表格。

1. 表单

表单用来从用户（站点访问者）处收集信息，然后将这些信息提交给服务器进行处理。表单中可以包含允许用户进行交互的各种控件，例如，文本框、列表框、复选框和单选按钮等。用户在表单中输入或选择数据后提交，该数据就会提交到相应的表单处理程序，以各种不同的方式进行处理。表单结构如下：

```
<form 定义>
    [<input 定义>]
    [<textarea 定义>]
    [<select 定义>]
    [<button 定义>]
</form>
```

form 标记的属性如下。

- name：表单的名称。
- method：表单数据传输到服务器的方法。其属性值如下：

post：在 HTTP 请求中嵌入表单数据
get：将表单数据附加到请求该页的 URL 中

- action：接收表单数据的服务器端程序或动态网页的 URL 地址。
- target：目标窗口，其属性值如下。

_blank：在未命名的新窗口中打开目标文档
_parent：在显示当前文档的窗口的父窗口中打开目标文档
_self：在提交表单所使用的窗口中打开目标文档
_top：在当前窗口内打开目标文档，确保目标文档占用整个窗口

form 标记有以下事件。

- onsubmit：提交表单时调用的时间处理程序。
- onreset：重置表单时调用的处理程序。

下面具体介绍表单中的控件。

2. 表单：输入控件

```
<input 属性="值" … 事件="代码"…>
```

（1）单行文本框。

创建单行文本框方法如下：

```
<input type="text" 属性="值" … 事件="代码"…>
```

单行文本框的属性如下。
- name：单行文本框的名称，通过它可以在脚本中引用该文本框控件。
- value：文本框的值。
- default value：文本框的初始值。
- size：文本框的宽度（字符数）。
- maxlength：允许在文本框内输入的最大字符数。
- form：所属的表单（只读）。

单行文本框的方法如下。
- click()：单击该文本框。
- focus()：得到焦点。
- blur()：失去焦点。
- select()：选择文本框的内容。

单行文本框的事件如下。
- onclick：单击该文本框时执行的代码。
- onblur：失去焦点时执行的代码。
- onchange：内容变化时执行的代码。
- onfocus：得到焦点时执行的代码。
- onselect：选择内容时执行的代码。

（2）密码文本框。

创建密码文本框方法如下：

```
<input type="password" 属性 = "值"…事件="代码"…>
```

密码文本框的属性、方法和事件与单行文本框的设置基本相同，只是密码文本框没有 onclick 事件。

（3）隐藏域。

创建隐藏域方法如下：

```
<input type="hidden" 属性= "值" …>
```

隐藏域的属性、方法和事件与单行文本框的设置基本相同，只是没有 default value 属性。

（4）复选框。

创建复选框方法如下：

```
<input type="checkbox" 属性 = "值"… 事件="代码" …>选项文本
```

复选框的属性如下。
- name：复选框的名称。
- value：选中时提交的值。
- checked：当第一次打开表时该复选框处于选中状态。
- defaultchecked：判断复选框是否定义了 checked 属性。

复选框的方法如下。
- focus()：得到焦点。
- blur()：失去焦点。
- click()：单击该复选框。

复选框的事件如下。

- onfocus：得到焦点时执行的代码。
- onblur：失去焦点时执行的代码。
- onclick：单击该文本框时执行的代码。

例如，要创建以下复选框：

☑苹果 □香蕉 □橘子

应在 body 体内设置代码如下：

```
<input name="fruit" type="checkbox" checked>苹果
<input name="fruit" type="checkbox">香蕉
<input name="fruit" type="checkbox">橘子
```

（5）单选按钮。

创建单选按钮方法如下：

```
<input type="radio" 属性 = "值"…事件="代码"…>选项文本
```

单选按钮的属性如下。

- name：单选按钮的名称，若干个名称相同的单选按钮构成一个控件组，在该组中只能选中一个选项。
- value：提交时的值。
- checked：当第一次打开表单时该单选按钮处于选中状态。该属性是可选的。

例如，创建以下单选按钮：

性别： ◉男 ○女

应在 body 中设置代码如下：

```
性别： <input name="sex" type="radio" checked>男
       <input name="sex" type="radio">女
```

（6）按钮。

使用 input 标记可以在表单中添加 3 种类型的按钮：提交按钮、重置按钮和自定义按钮。创建按钮的方法如下：

```
<input 属性="值"…onclick="代码">
```

按钮的属性如下。

- type：按钮种类，具体如下。
  - submit：创建一个提交按钮。
  - reset：创建一个重置按钮。
  - button：创建一个自定义按钮。
- name：按钮的名称。
- value：显示在按钮上的标题文本。

按钮的事件如下。

- onclick：单击按钮执行的脚本代码。

（7）文件域。

创建文件域的方法如下：

```
<input type ="file" 属性 ="值"…>
```

其中，"属性="值""部分可以进行如下设置。

- name：文件域的名称。

- value：初始文件名。
- size：文件名输入框的宽度。

3．表单：滚动文本框

```
<textarea 属性="值"…事件="代码"…>初始值</textarea>
```

其属性如下。
- name：滚动文本框控件的名称。
- rows：控件的高度。
- cols：控件的宽度。
- readonly：表示文本框中的内容是只读的，不能被修改。

该标记的其他属性、方法和相关事件与单行文本框基本相同。

4．表单：选项选单

创建选项选单方法如下：

```
<select name= "值" size="值" [multiple]>
    <option[selected] value="值">选项 1</option>
    <option[selected] value="值">选项 2</option>
    …
</select>
```

其属性如下。
- name：选项选单控件的名称。
- size：在列表中一次可以看到的选项数目，默认值为 1。
- multiple：允许做多项选择。
- selected：该选项的初始状态为选中。

下面就用这些控件做一个综合的例子来简单体验这些控件的用法，界面如图 2.2 所示。

【例 2.2】表单控件的使用。

将下面的文件命名为 all.html，保存到磁盘上。

```
<html>
    <head>
        <title>综合实例</title>
    </head>
    <body bgcolor="#E3E3E3">
        <h2 align="left">综合展现 HTML 标记</h2>
        <hr align="left" size="2" width="200">
        <font size="4">下面展示表单的应用</font>
        <form action="" method="post">
            姓名： <input type="text" name="username" maxlength="10"><br>
            密码： <input type="password" name="pwd"><br>
            <input type="hidden" name="action" value="隐藏的">
            性别： <input name="sex" type="radio" checked>男
            <input name="sex" type="radio">女<br>
            水果： <input name="fruit" type="checkbox" checked>苹果
            <input name="fruit" type="checkbox">香蕉
```

```
                <input name="fruit" type="checkbox">橘子<br>
            备注：<textarea rows="3" cols="25">滚动文本框</textarea><br>
            专业：<select name="zy" size="1">
                    <option value="计算机">计算机</option>
                    <option value="英语">英语</option>
                    <option value="数学">数学</option>
                </select><br>
            课程：<select name="kc" size="3" multiple>
                    <option value="计算机导论">计算机导论</option>
                    <option value="数据结构">数据结构</option>
                    <option value="软件工程">软件工程</option>
                    <option value="高等数学">高等数学</option>
                    <option value="离散数学">离散数学</option>
                </select><br>
            <input type="submit" value="提交"/>
            <input type="reset" value="重置"/>
        </form>
    </body>
</html>
```

双击 all.html 文件，在页面上就会出现如图 2.2 所示的界面。读者也可以做一些相关的实验，把其他属性都演示一遍。可以看出，上面所做的页面，功能是达到了，但是整体的外观效果不是很好，没有统一地规划。如果把它们都放在表格中，问题就解决了，下面来具体介绍表格的使用。

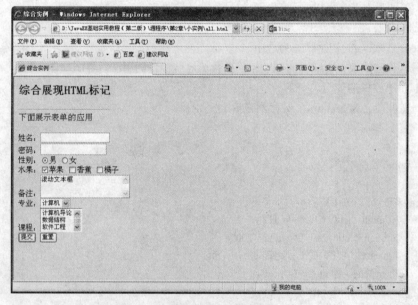

图 2.2　综合展现 HTML 表单标记实例

5. 表格

表格由表头、行和单元格组成，常用于组织和显示信息，还可以用于安排页面布局。表格的表头、行和单元格分别用不同的标记来定义。可以用 table 标记定义表格；表格中的每一行用 tr 标记来表示；

行中的单元格用 td 或 th 标记定义。其中 th 标记定义表格的列标题单元格,表格的标题说明则用 caption 标记来定义。定义表格的格式图解,如图 2.3 所示。

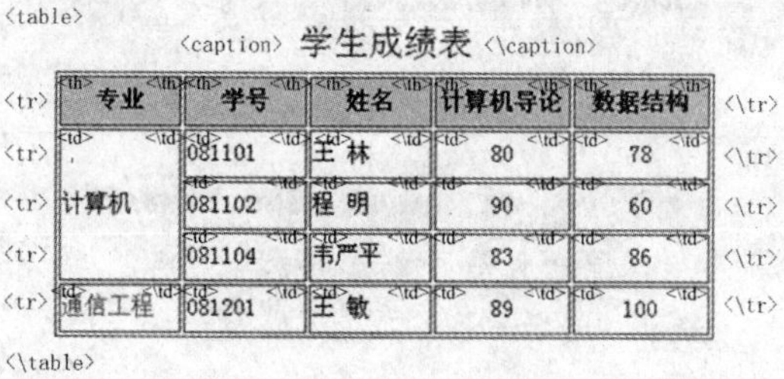

图 2.3 表格的格式图解

【例 2.3】表格的使用。

```
<html>
<head>
        <title>学生成绩显示</title>
</head>
<body>
        <center>
        <table border="1" width="500" bgcolor="#E3E3E3">
        <caption>学生成绩表</caption>
                <tr bgcolor="silver">
                        <th>专业</th><th>学号</th><th>姓名</th><th>计算机导论</th>
                        <th>数据结构</th><th>数据库原理</th>
                </tr>
                <tr>
                        <td rowspan="3">计算机</td>
                        <td>051101</td><td>王  林</td>
                        <td align="center">80</td><td align="center">78</td>
                        <td align="center">90</td>
                </tr>
                <tr>
                        <td>051102</td><td>程  明</td>
                        <td align="center">85</td><td align="center">78</td>
                        <td align="center">91</td>
                </tr>
                <tr>
                        <td>051103</td><td>韦延平</td>
                        <td align="center">84</td><td align="center">88</td>
                        <td align="center">96</td>
                </tr>
                <tr>
                        <td>通信工程</td>
                        <td>051104</td><td>王  敏</td>
                        <td align="center">83</td><td align="center">81</td>
                        <td align="center">80</td>
                </tr>
        </table>
        </center>
</body>
</html>
```

把这段代码保存，命名为 table.html，双击该文件会看到如图 2.4 所示的界面。

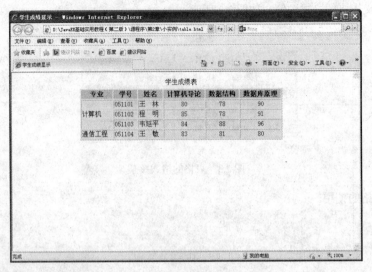

图 2.4　表格展示

（1）设置表格的属性

用 table 标记创建表格时，可以设置以下属性。

- align：表格的对齐方式，其属性值如下。

left：左对齐（默认值）
center：居中对齐
right：右对齐

- background：表格背景图片的 URL 地址。
- bgcolor：表格的背景颜色。
- border：表格边框的宽度（像素），默认值为 0。
- bordercolor：表格边框的颜色，border≠0 时起作用。
- bordercolordark：三维边框的阴影颜色，border≠0 时起作用。
- bordercolorlight：三维边框的高亮显示颜色，border≠0 时起作用。
- cellpandding：单元格内数据与单元格边框之间的间距（像素）。
- width：表格的宽度（像素或百分比）。

（2）设置行的属性

表格中的每一行是用 tr 标记来定义的，可以设置下列属性。

- align：行中单元格的水平对齐方式，其属性值如下。

left：左对齐（默认值）
center：居中对齐
right：右对齐

- background：行的背景图片的 URL 地址。
- bgcolor：行的背景颜色。
- bordercolor：行的边框颜色，只有当 table 标记的 border≠0 时起作用。
- bordercolordark：行的三维边框的阴影颜色，只有当 table 标记的 border≠0 时起作用。
- bordercolorlight：行的三维边框的高亮显示颜色，只有当 table 标记的 border≠0 时起作用。

- valign：行中单元格内容的垂直对齐方式，其属性值如下。

top：顶端对齐
middle：居中对齐
bottom：底端对齐
baseline：基线对齐

（3）设置单元格的属性

td 标记和 th 标记的属性如下。

- align：行中单元格的水平对齐方式，其属性值如下。

left：左对齐（默认值）
center：居中对齐
right：右对齐

- background：单元格的背景图片的 URL 地址。
- bgcolor：单元格的背景颜色。
- bordercolor：单元格的边框颜色，只有当 table 标记的 border≠0 时起作用。
- bordercolordark：单元格的三维边框的阴影颜色，只有当 table 标记的 border≠0 时起作用。
- bordercolorlight：单元格的三维边框的高亮显示颜色，只有当 table 标记的 border≠0 时起作用。
- colspan：合并单元格时一个单元格跨越的表格列数。
- rowspan：合并单元格时一个单元格跨越的表格行数。
- valign：单元格中文本的垂直对齐方式，其属性值如下。

top：顶端对齐
middle：居中对齐
bottom：底端对齐
baseline：基线对齐

- nowrap：若指定该属性，则要避免 Web 浏览器将单元格里的文本换行。

下面再来看看【例 2.2】中 all.html 文件使用表格后的情况，布局后的界面，如图 2.5 所示。可以看出，效果非常明显，布局明显比之前美观。

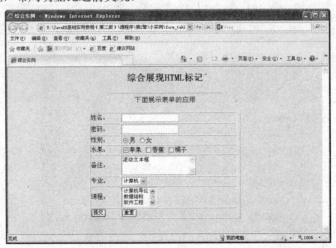

图 2.5 使用表格后的表单

【例 2.4】用表格呈现表单。

将下面的文件命名为 form_table.html，保存到磁盘上：

```html
<html>
<head>
    <title>综合实例</title>
</head>
<body bgcolor="#E3E3E3">
    <h2 align="center">综合展现 HTML 标记</h2>
        <hr align="center" size ="2" width ="300" >
        <center>
        <font size="4">下面展示表单的应用</font>
        <form action="" method="post">
        <table border="1" width="400" cellpadding="1" cellspacing="1">
            <tr>
            <td>姓名：</td><td><input type="text" name="username"
                    maxlength ="10" size="20"></td>
            </tr>
            <tr>
            <td>密码：</td><td><input type="password" name="pwd" size="21"></td>
            </tr>
            <tr>
            <td>性别：</td><td><input name="sex" type="radio" checked>男
            <input name="sex" type="radio">女</td>
            </tr>
            <tr>
            <td>水果：</td><td><input name="fruit" type="checkbox" checked>苹果
            <input name="fruit" type="checkbox">香蕉
            <input name="fruit" type="checkbox">橘子<td>
            </tr>
            <tr>
            <td>备注：</td><td><textarea rows="3" cols="25">滚动文本框</textarea></td>
            </tr>
            <tr>
            <td>专业：</td><td><select name="zy" size="1">
                    <option value="计算机">计算机</option>
                    <option value="英语">英语</option>
                    <option value="数学">数学</option>
                </select></td>
            </tr>
            <tr>
            <td>课程：</td>
                <td><select name="kc" size="3" multiple>
                    <option value= "计算机导论">计算机导论</option>
                    <option value="数据结构">数据结构</option>
                    <option value="软件工程">软件工程</option>
                    <option value="高等数学">高等数学</option>
                    <option value="离散数学">离散数学</option>
                </select></td>
            </tr>
            <tr>
            <td><input type= "submit" value ="提交"/></td>
            <td><input type="reset" value ="重置"/></td>
            </tr>
```

```
            </table>
        </form>
    </center>
</body>
</html>
```

2.1.5 多框架文档

框架可以将浏览器窗口划分为若干窗格,在每个窗格中都可以显示一个网页,从而可以取得在同一个浏览器窗口中同时显示不同网页的效果。框架可以嵌套。

框架网页通过一个 frameset(框架集)标记和多个 frame(框架)标记来定义。在框架网页中,将 frameset 标记置于 head 之后,以取代 body 的位置,还可以使用 noframes 标记生成不能被浏览器显示时的替换内容。框架网页的基本结构如下:

```
<html>
<head>
    <title>框架网页的基本结构</title>
</head>
<frameset 属性="值"...>
    <frame 属性="值"...>
    <frame 属性="值"...>
    <frame 属性="值"...>
    …
</frameset>
</html>
```

1. 框架集

```
<frameset 属性="值"...>
    …
</frameset>
```

可以使用 frameset 标记的下列属性对框架的结构进行设置。

- cols:创建纵向分隔框架时指定各个框架的列宽。取值有 3 种形式,即像素、百分比(%)和相对尺寸(*)。
  - cols="*,*,*":表示将窗口划分成 3 个等宽的框架;
  - cols="30%,200,*":表示将浏览器窗口划分为 3 个框架,其中第 1 个占窗口宽度的 30%,第 2 个为 200 像素,第 3 个为窗口的剩余部分;
  - cols="*,3*,2*":表示左边的框架占窗口宽度的 1/6,中间的框架占窗口宽度的 1/2,右边的框架占窗口宽度的 1/3。
- rows:横向分隔框架时各个框架的行高。
- frameborder:框架周围是否显示三维边框。
- framespacing:框架之间的间隔(以像素为单位,默认值为 0)。

例如,创建一个嵌套框架集。

```
<html>
<head>
    <title>创建框架网页</title>
</head>
    <frameset rows="20%,400,* ">        //把框架分为 3 个部分(行分),分别是 20%、400 及剩余部分
        <frame
```

```
                    <frameset cols="300,*">    //将第一行部分分为 2 列，300 及剩余部分
                        <frame>
                        <frame>
                    </frameset>
                </frame>
        <noframes>
        <body>
        <p>此网页使用了框架，但您的浏览器不支持框架。</p>
        </body>
        </noframes>
        </frameset>
</html>
```

2. 框架

<frame 属性="值"...>

frame 标记具有下列属性。

- name：框架的名称。
- frameboder：框架周围是否显示三维边框。
- marginheight：框架的高度（以像素为单位）。
- marginwidth：框架的宽度（以像素为单位）。
- noresize：不能调整框架的大小。
- scrolling：指定框架是否可以滚动，其属性值如下。

yes：框架可以滚动
no：框架不能滚动
auto：框架在需要时添加滚动条

- src：在框架中显示的 HTML 文件。

下面结合表格及表单的特性综合展现它们的应用。

【例 2.5】学生信息管理系统。

首先看实现主界面，如图 2.6 所示。

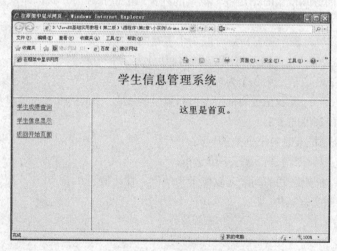

图 2.6 "学生信息管理系统"主界面

单击【学生成绩查询】超链接，出现如图 2.7 所示的界面。

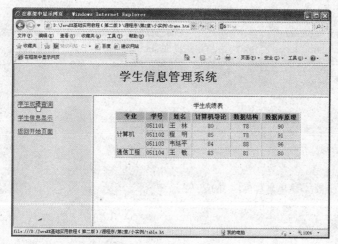

图2.7 学生成绩查询界面

单击【学生信息显示】超链接，出现如图2.8所示的界面。
代码实现如下。

（1）head.html

```html
<html>
<head>
</head>
<body bgcolor="#E3E3E3">
        <center><h1>学生信息管理系统</h1></center>
</body>
</html>
```

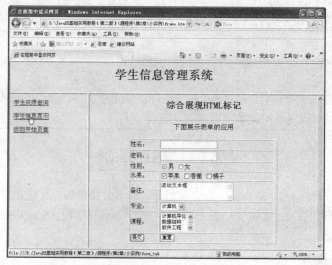

图2.8 学生信息显示界面

（2）left.html

```html
<html>
<head>
</head>
<body bgcolor="#e3e3e3">
```

```
            <a href="table.html" target="right">学生成绩查询<br><br>
            <a href="form_table.html" target="right">学生信息显示<br><br>
            <a href="right.html" target="right">返回开始页面<br><br>
</body>
</html>
```

（3）right.html

```
<html>
<head>
</head>
<body bgcolor="#e3e3e3">
        <h2 align="center">这里是首页。</h2>
</body>
</html>
```

（4）frame.html

```
<html>
<head><title>在框架中显示网页</title></head>
        <frameset rows="80,*">
            <frame src ="head.html" name ="head">
            <frameset cols ="25%,*">
                <frame src ="left.html" name ="left">
                <frame src ="right.html" name ="right">
            </frameset>
        <noframes>
        <body>
        此网页使用了框架，但您的浏览器不支持框架
        </body>
        </noframes>
        </frameset>
</html>
```

> 说明：
> 该例中用到了前面例子中的 table.html 和 form_table.html 文件，故需要放在同一文件夹下，双击 frame.html 文件就可以进行测试了。

2.2 JSP 基础

JSP（Java Server Pages）是由原 Sun 公司倡导、许多公司参与一起建立的一种动态网页技术标准。它是在传统的网页 HTML 文件（*.htm,*.html）中插入Java程序段（Scriptlet）和 JSP 标记（tag），从而形成 JSP 文件（*.jsp）。

2.2.1 JSP 语法

1．JSP 数据定义

在 JSP 中可以用<%! 和%>定义一个或多个变量。在其中定义的变量为该页面级别的共享变量，可以被访问此页面的所有用户访问。其语法格式如下：

<%! 变量声明 %>

如下面的代码片段：

```
<%!
    String name="liu";
    int i=0;
%>
```

此外，这种声明方式还可以定义一个方法或类，定义方法的格式如下：

```
<%!
    返回值数据类型 函数名(数据类型, 参数, ...){
        语句;
        return (返回值);
    }
%>
```

定义一个类，如下面的代码片段：

```
<%!
    puiblic class A{...}
%>
```

2. JSP 程序块

来看下面这段 JSP 代码，命名为 circle.jsp：

```
<%@ page language="java" pageEncoding="ISO-8859-1"%>
<html>
<body>
    <%  double r=10.0, s;
        s=3.14 * r * r;
        out.print(s);
    %>
</body>
</html>
```

创建项目，名称为 Practice（具体操作见第 1 章），在项目中创建该.jsp 文件，部署、启动 Tomcat，在浏览器中输入 "http://localhost:9080/Practice/circle.jsp"，将在窗口中显示圆面积的值 "314.0"。今后运行书中的小程序皆用这个 Practice 项目，在其中创建源文件部署执行即可。

从上面的这段代码中可以发现，在<%与%>之间是一个 Java 片段代码。这就是在 HTML 脚本中嵌入 Java 片段的方法，而其中还可以定义数据类型，也就是说在<%与%>之间可以是任意的操作 Java 代码，这样为编写 JSP 文件带来了很大的方便。

3. JSP 表达式

从上面的例子中可以发现，要输出面积 s 的值，先计算 s 的值，然后输出结果。JSP 中提供了一种表达式，可以很方便地输出运算结果，其格式如下：

```
<%=Java 表达式 %>
```

于是，circle.jsp 文件的代码可以修改如下：

```
<%@ page language="java" pageEncoding="ISO-8859-1"%>
<html>
<body>
        <%double r=10.0,s;
        %>
```

```
            <%=3.14*r*r %>
</body>
</html>
```

可以输出同样的运算结果。

4．JSP 指令

JSP 指令主要用来提供整个 JSP 页面的相关信息和设定 JSP 页面的相关属性，如设定网页的编码方式、脚本语言及导入需要用到的包等。其语法格式如下：

```
<%@ 指令名 属性名="属性值"%>
```

常用的有 3 条指令：page、include 和 taglib。

（1）page 指令

page 指令主要用来设定整个 JSP 文件的属性和相关功能，如：

```
<%@ page contentType="text/html, charset=gb2312"%>
```

一般用到的 page 指令还有导入需要的包，用法如下：

```
<%@ page import="java.util.List" %>
```

（2）include 指令

include 指令用来解决这个问题，其用来导入包含静态的文件，如 JSP 网页文件、HTML 网页文件，但不能包含用<%=和%>表示的代表表达式的文件。其语法格式如下：

```
<%@ include file="被包含文件 url" %>
```

如有 head.jsp 文件，其内容如下：

```
<%@page language="java" contentType="text/html;charset=gb2312"%>
<%@page import="java.sql.ResultSet"%>
```

现在在另一个文件中调用它：

```
<%@include file="head.jsp"%>
<html>
<head><title>输出页面</title></head>
<body>这句话是我想输出的</body>
</html>
```

（3）taglib 指令

taglib 指令语法格式如下：

```
<%@ taglib uri="tagLibraryURI" prefix="tagPrefix" %>
```

其中 uri=" tagLibraryURI " 指明标签库文件的存放位置。而 prefix=" tagPrefix " 则表示该标签使用时的前缀。例如，在 Struts 2 中用到标签：

```
<%@ taglib uri="/struts-tags" prefix="s"%>
```

这就需要导入这段代码，将在 Struts 2 中具体讲解。

5．JSP 动作

（1）<jsp:param>

<jsp:param>的语法规则如下：

```
<jsp:param name="paramName" value="paramValue"/>
```

例如：

`<jsp:param name="username" value ="liu"/>`

`<jsp:param>`通常与`<jsp:include>`、`<jsp:forward>`或`<jsp:plugin>`等一起使用。在独立于其他操作使用时，`<jsp:param>`动作没有作用。

（2）`<jsp:include>`

`<jsp:include>`的语法规则如下：

`<jsp:include page=" { relativeurl | <%= expression %> } " flush="true" />`

或者为：

```
<jsp:include page=" { relativeurl | <%= expression %> } " flush="true" >
    <jsp:param name="paramName" value="{ paramValue | <%= expression %>}" />
</jsp:include>
```

`<jsp:include>`可以向一个对象提出请求，并可以将结果包含在一个 JSP 文件中。

`<jsp:include>`可以将静态的 HTML、服务器程序的输出结果及来自其他 JSP 的输出结果包括到当前页面中。使用的是相对的 URL 来调用资源。

例如，包含普通的 HTML 文件：

`<jsp:include page=" hello.html " />`

使用相对路径：

`<jsp:include page=" /index.html " />`

包含动态 JSP 文件：

`<jsp:include page=" scripts/login.jsp " />`

向被包含的程序传递参数：

```
<jsp:include page=" scripts/login.jsp ".>
    <jsp:param name="usename" value="zheng" />
</jsp:include>
```

`<jsp:include>`操作指令允许包含动态文件和静态文件，这两种包含文件的结果是不同的。如果是静态文件，那么这种包含仅仅是把包含文件的内容加到 JSP 文件中；而如果是动态文件，那么被包含文件会被 JSP 编译器执行。一般不能从文件名上判断一个文件是动态的还是静态的，例如，hello.jsp 有可能只包含一些静态的 HTML 标记而已，而不需要执行某些 Java 脚本。

（3）`<jsp:useBean>`

`<jsp:useBean>`的语法规则如下：

`<jsp:useBean id="name" class="classname" scope="page | request | session | application" typeSpec />`

语法参数说明如下。

- id：设置 JavaBean 的名称，利用此 id，可以识别在同一个 JSP 程序中使用不同的 JavaBean 组件实例。
- class：指定 JavaBean 对应的 Java 类名查找该 JavaBean 的路径。
- scope：指定 JavaBean 对象的作用域。scope 的值可能是 page、request、session 和 application。
- typeSpec：可能是如下的 4 种形式之一。

```
class="className"                              //仅指明应用的类名
class="className" type="typeName"              //指明应用的类名及类型
beanName="beanName" type="typeName"            //指明应用的其他 Bean 的名称及类型
type="typeName"                                //仅指明类型
```

<jsp:useBean>的功能首先是创建一个 class 属性所指定的 Bean 类的对象,并将该对象命名为 id 属性所指定的值。但是,如果系统中已经存在相同的 id 和 scope 属性的 Bean 对象,则该动作将不再创建新的对象,而是直接使用已经存在的 Bean 对象。

　　通过<jsp:useBean>动作指令在 JSP 页面中声明了 Bean 类的对象后,即可使用<jsp:getProperty>或<jsp:setProperty>指令读取或设置 Bean 类的属性。同时,也可以使用 JSP 脚本程序或者表达式直接调用 Bean 对象的公有方法。

【例 2.6】useBean 动作元素的应用。

在项目 Practice 的 WebRoot 文件夹下创建 JSP 文件,命名为 bean.jsp,其代码如下:

```jsp
<%@ page contentType="text/html;charset=GB2312" %>
<html>
<head>
<title>useBean 动作元素的应用</title>
</head>
<body>
<jsp:useBean id="test" scope="page" class="test.TestBean" />
<%
    test.setString("南京师范大学");
    String str=test.getStringValue();
    out.print(str);
%>
</body>
</html>
```

在 src 文件夹下创建包 test,在包 test 下创建 TestBean.java,其代码如下:

```java
package test;
public class TestBean{
    private String str=null;
    public TestBean(){ }
    public void setString(String value){
        str=value;
    }
    public String getStringValue(){
        return str;
    }
}
```

部署运行项目,在浏览器中输入"http://localhost:9080/Practice/bean.jsp",页面就会输出"南京师范大学"。

（4）<jsp:setProperty>

<jsp:setProperty>的语法规则如下:

```
<jsp:setProperty
    name= "BeanName "      //某个 Bean 的名称
    {   property= " * " |    //应用的 Bean 对应类中的属性名
        property= "propertyName " [ param= "parameterName "] |
        property= "propertyName " value= "propertyValue "
    }
/>
```

语法参数说明如下。

- name:指定目标 Bean 对象。
- property:指定要设置 Bean 的属性名。
- value:指定 Bean 属性的值。

<jsp:setProperty>将字符串类型转换为其他类型的方法如下:

```
boolean（或 Boolean）：java.lang.Boolean.valueOf(String);
byte（或 Byte）：java.lang.Byte.valueOf(String);
char（或 Character）：java.lang.Character.valueOf(String);
double（或 Double）：java.lang.Double.valueOf(String);
float（或 Float）：java.lang.Float.valueOf(String);
int（或 Integer）：java.lang.Integer.valueOf(String);
long（或 Long）：java.lang.Long.valueOf(String);
```

- param:指定从 request 对象的某一参数取值以设置 Bean 的同名属性,即要将其值赋给一个 Bean 属性的 HTTP 请求的参数名称。

根据 JSP 规范,如下代码都是合法的。

```
<jsp:setProperty name="TestBean" property="*" />
<jsp:setProperty name="TestBean" property="usename" />
<jsp:setProperty name="TestBean" property="usename" value="jack" />
```

（5）**<jsp:getProperty>**

<jsp:getProperty>的语法规则如下:

```
<jsp:getProperty name="BeanName" property="PropertyName" />
```

其中属性 name 是 JavaBean 实例的名称,property 是要显示的属性的名称。

根据语法规则,如下代码是合法的。

```
<jsp:useBean id="test" scope="page" class="test.TestBean" />
<h1>Get of string :<jsp:getProperty name="test" property="StringValue" /></h1>
```

<jsp:getProperty>可以获取 Bean 的属性值。

（6）**<jsp:forward>**

<jsp:forward>的语法规则如下:

```
<jsp:forward page=" { relativeurl | <%= expression %> } " />
```

或者为:

```
<jsp:forward page=" { relativeurl | <%= expression %> } ">
    <jsp:param name="paramName" value="{ paramValue | <%= expression %>}" />
</jsp:forward>
```

<jsp:forward>标记只有一个属性 page。page 属性指定要转发资源的相对 URL。page 的值既可以直接给出,也可以在请求时动态计算。例如:

```
<jsp:forward page="/utils/errorReporter.jsp" />
<jsp:forward page="<%=someJavaExpression %>" />
```

（7）**<jsp:plugin>**

<jsp:plugin>的语法规则如下:

```
<jsp:plugin
    type="bean | applet"
    code="classFileName"
    codebase="classFileDirectoryName"
    [ name="instanceName" ]
```

```
        [ archive="URIToArchive ,…" ]
        [ align="bottom | top | middle | left | right" ]
        [ height="displayPixels" ]
        [ width="displayPixels" ]
        [ hspace="leftRightPixels" ]
        [ vspace="topBottomPixels" ]
        [ jreversion="JREVersionNumber | 1.2 " ]
        [ nspluginurl ="url ToPlugin" ]
        [ iepluginurl   ="url ToPlugin" ]>
        [<jsp:params>
        [<jsp:params name="paramName" value="{ parameterValue | <%= expression %>}" />]+
        </jsp:params>]
        [ <jsp:fallback> text message for user </jsp:fallback> ]
</jsp:plugin>
```

语法参数说明如下。

- type：指定被执行的 Java 程序的类型是 JavaBean 还是 Java Applet。
- code：指定会被 JVM 执行的 Java Class 的名字，必须以.class 结尾命名。
- codebase：指定会被执行的 Java Class 文件所在的目录或路径，默认值为调用</jsp:plugin>指令的 JSP 文件的目录。
- name：确定这个 JavaBean 或者 Java Applet 程序的名字，它可以在 JSP 程序的其他地方被调用。
- archive：表示包含对象 Java 类的.jar 文件。
- align：对图形、对象、Applet 等进行定位，可以选择的值为 bottom、top、middle、left 和 right 五种。
- height：JavaBean 或者 Java Applet 将要显示出来的高度、宽度的值，此值为数字，单位为像素。
- hspace 和 vspace：JavaBean 或者 Java Applet 显示时在浏览器显示区左、右、上、下所需留下的空间，单位为像素。
- jreversion：JavaBean 或者 Java Applet 被正确运行所需要的 Java 运行时环境的版本，默认值是 1.2。
- nspluginurl：可以为 Netscape Navigator 用户下载 JRE 插件的地址。此值为一个标准的 URL，如 http://www.njnu.edu.cn。
- iepluginurl：IE 用户下载 JRE 的地址。此值为一个标准的 URL，如 http://www. njnu.edu.cn。
- <jsp:params>和</jsp:params>：使用<jsp:params>操作指令，可以向 JavaBean 或者 Java Applet 传送参数和参数值。
- <jsp:fallback>和</jsp:fallback>：该指令中间的一段文字用于 Java 插件不能启动时显示给用户；如果插件能够正确启动，而 JavaBean 或者 Java Applet 的程序代码不能找到并被执行，那么浏览器将会显示这个出错信息。例如：

```
<jsp:plugin
    type="applet"
    code="Test.class"
    codebase="/example/jsp/applet "
    height="180"
    width="160"
    jreversion="1.2">
    <jsp:params>
    <jsp:params name="test" value="TsetPlugin" />
    </jsp:params>
```

```
            <jsp:fallback>
                <p> To load apple is unsuccessful </p>
            </jsp:fallback>
</jsp:plugin>
```

6. JSP 注释

JSP 注释包括两种形式：一种是输出注释；另一种是隐藏注释。

（1）输出注释

输出注释的语法规则如下：

```
<!-- 注释内容[<%=表达式%>]-->
```

这种注释和 HTML 文件中的注释很相似，唯一不同的是，前者可以在这个注释中用表达式，以便动态生成不同内容的注释。这些注释的内容在客户端是可见的，也就是可以在 HTML 文件的源代码中看到。如下面一段注释：

```
<!-- 现在时间是：<%=(new java.util.Date()).toLocaleString() %> -->
```

把上面代码放在一个 JSP 文件的 body 体中运行后，可以在其源代码中看到：

```
<!-- 现在时间是：2014-6-17 10:03:56 -->
```

（2）隐藏注释

隐藏注释的语法规则如下：

```
<%-- 注释内容--%>
```

隐藏注释与输出注释不同的是，这个注释虽然写在 JSP 程序中，但是不会发送给用户。JSP 引擎会忽略隐藏注释的内容，不做任何处理，因此客户端也无法通过源文件看到隐藏注释的内容。

2.2.2　JSP 内置对象

JSP 规范要求 JSP 脚本语言支持一组常见的、不需要在使用之前声明的对象，这些对象叫作内置对象。一共包括 9 个内置对象，下面分别进行介绍。

1. page 对象

page 对象代表 JSP 页面本身，是 this 引用的一个代名词。对 JSP 页面创建者通常不可访问，所以一般很少用到该对象。

2. config 对象

config 对象是 ServletConfig 类的一个对象，存放着一些 Servlet 初始化信息，且只有在 JSP 页面范围内才有效。其常用方法如下。

- getInitParameter(name)：取得指定名字的 Servlet 初始化参数值。
- getInitParameterNames()：取得 Servlet 初始化参数列表，返回一个枚举实例。
- getServletContext()：取得 Servlet 上下文（ServletContext）。
- getServletName()：取得生成的 Servlet 的名字。

3. out 对象

JSP 页面的主要目的是动态产生客户端需要的 HTML 结果，前面已经用过 out.print()和 out.println()来输出结果。此外，out 对象还提供了一些其他方法来控制管理输出缓冲区和输出流。例如，要获得当前缓存区大小，可以用下面的语句：

```
out.getBufferSize();
```
要获得剩余缓存区大小应为：
```
out.getRemaining();
```

4．response 对象

response 对象用于将服务器端数据发送到客户端，可通过在客户端浏览器显示、用户浏览页面的重定向以及在客户端创建 Cookies 等实现。

response 对象实现 HttpServletResponse 接口，可以对客户的请求做出动态的响应，向客户端发送数据，如 Cookies、HTTP 文件的头信息等，一般是 HttpServletResponse 类或其子类的一个对象。以下是 response 对象的主要方法。

- addHeader(String name,String value)：添加 HTTP 头文件，该头文件将会传到客户端去，如果有同名的头文件存在，那么原来的头文件会被覆盖。
- setHeader(String name,String value)：设定指定名字的 HTTP 文件头的值，如果该值存在，那么它将会被新的值覆盖。
- containsHeader(String name)：判断指定名字的 HTTP 文件头是否存在，并返回布尔值。
- flushBuffer()：强制将当前缓冲区的内容发送到客户端。
- addCookie(Cookie cookie)：添加一个 Cookie 对象，用来保存客户端的用户信息，可以用 request 对象的 getCookies()方法获得这个 Cookie。
- sendError(int sc)：向客户端发送错误信息。例如，"505"指示服务器内部错误，"404"指示网页找不到的错误。
- setRedirect(url)：把响应发送到另一个指定的页面（URL）进行处理。

5．request 对象

request 对象可以对在客户请求中给出的信息进行访问，该对象包含了所有有关当前浏览器请求的信息，它实现了 javax.servlet.http.HttpServletRequest 接口。request 对象包括很多方法，下面介绍其主要的方法。

- getParameter(String name)：以字符串的形式返回客户端传来的某一个请求参数的值，该参数由 name 指定。
- getParameterValue(String name)：以字符串数组的形式返回指定参数所有值。
- getParameterNames()：返回客户端传送给服务器端所有的参数名，结果集是一个 Enumeration（枚举）类的实例。
- getAttribute(String name)：返回 name 指定的属性值，若不存在指定的属性，则返回 null。
- setAttribute(String name,java.lang.Object obj)：设置名字为 name 的 request 参数的值为 obj。
- getCookies()：返回客户端的 Cookie 对象，结果是一个 Cookie 数组。
- getHeader(String name)：获得 HTTP 协议定义的传送文件头信息，例如，request.getHeader("User-Agent")含义为返回客户端浏览器的版本号、类型。
- getDateHeader()：返回一个 Long 类型的数据，表示客户端发送到服务器的头信息中的时间信息。
- getHeaderName()：返回所有 request Header 的名字，结果集是一个 Enumeration（枚举）类的实例。得到名称后就可以使用 getHeader、getDateHeader 等得到具体的头信息。
- getServerPort()：获得服务器的端口号。
- getServerName()：获得服务器的名称。

- getRemoteAddr()：获得客户端的 IP 地址。
- getRemoteHost()：获得客户端的主机名，如果该方法失败，则返回客户端的 IP 地址。
- getProtocol()：获得客户端向服务器端传送数据所依据的协议名称。
- getMethod()：获得客户端向服务器端传送数据的方法。
- getServletPath()：获得客户端所请求的脚本文件的文件路径。
- getCharacterEncoding ()：获得请求中的字符编码方式。
- getSession(Boolean create)：返回和当前客户端请求相关联的 HttpSession 对象。
- getQuertString()：返回查询字符串，该字符串由客户端以 get 方法向服务器端传送。
- getRequestURI()：获得发出请求字符串的客户端地址。
- getContentType()：获取客户端请求的 MIME 类型。如果无法得到该请求的 MIME 类型，则返回-1。

6. session 对象

session 对象是一种服务器单独处理和记录用户端使用者信息的技术。当使用者与服务器连机时，服务器可以给每个上网的使用者一个 session，并设定其中的内容。这些 session 都是独立的，服务器端可以借此来辨别使用者的信息，进而提供独立的服务。

session 对象引用 javax.servlet.http.HttpSession 对象，它封装了属于客户会话的所有信息。当用户首次访问服务器上的一个 JSP 页面时，JSP 引擎产生一个 session 对象，同时分配一个 String 类型的 ID 号，JSP 引擎同时将这个 ID 号发送到用户端，存放在 Cookie 中，这样 session 对象和用户之间就建立起一一对应的关系。当用户再次访问并连接该服务器的其他页面时，就不再分配给用户新的 session 对象。直到关闭浏览器后，服务器端的用户 session 对象才取消，并且和用户的对应关系也取消。如果重新打开浏览器再连接到该服务器时，服务器为用户再创建一个新的 session 对象。

session 对象的主要方法如下。

- getAttribute(String name)：获得指定名字的属性，如果该属性不存在，将会返回 null。
- getAttributeNames()：返回 session 对象存储的每一个属性对象，结果集是一个 Enumeration 类的实例。
- getCreationTime()：返回 session 对象被创建的时间，单位为毫秒。
- getId()：返回 session 对象在服务器端的编号。
- getLastAccessedTime()：返回当前 session 对象最后一次被操作的时间，单位为毫秒。
- getMaxInactiveInterval ()：获取 sessionn 对象的生存时间，单位为秒。
- setMaxInactiveInterval (int interval)：设置 session 对象的有效时间（超时时间），单位为秒。在网站的实际应用中，30 分钟的有效时间对某些网站来说有些太短，但对有些网站来说又有些太长。

例如，设置有效时间为 200s。

<%session.setMaxInactiveInterval (200);%>

- removeAttribute(String name)：删除指定属性的属性名和属性值。
- setAttribute(String name,Java.lang.Object value)：设定指定名字的属性，并且把它存储在 session 对象中。
- invalidate()：注销当前的 session 对象。

7. application 对象

application 对象为多个应用程序保存信息，与 session 对象不同的是，所有用户都共同使用一个

application 对象。在 JSP 服务器运行时刻，仅有一个 application 对象，它由服务器创建，也由服务器自动清除，不能被用户创建和删除。

application 对象的主要方法如下。
- getAttribute(String name)：返回由 name 指定名字的 application 对象的属性值。
- getAttributeNames()：返回所有 application 对象属性的名字，结果集是一个 Enumeration 类型的实例。
- getInitParameter(String name)：返回由 name 指定名字的 application 对象的某个属性的初始值，如果没有参数，就返回 null。
- getServerInfo()：返回 Servlet 编译器当前版本信息。
- setAttribute(String name, Object obj)：将参数 Object 指定的对象 obj 添加到 application 对象中，并为添加的对象指定一个属性。
- removeAttribute(String name)：删除一个指定的属性。

下面用实例说明它们三者之间的区别。

【例 2.7】request 对象、session 对象与 application 对象区别与联系。

首先，建立一个 JSP 页面 first.jsp，用于这三个对象保存数据。

```
<%@ page language="java" pageEncoding="gb2312"%>
<html>
<body>
    <%
        request.setAttribute("request","保存在 Request 中的内容");
        session.setAttribute("session","保存在 Session 中的内容");
        application.setAttribute("application","保存在 Application 中的内容");
    %>
     <jsp:forward page="second.jsp"></jsp:forward>
</body>
</html>
```

然后，再建立另一个 JSP 页面 second.jsp，用于获取这三个对象保存的值。

```
<%@ page language="java" pageEncoding="gb2312"%>
<html>
<head>
</head>
<body>
    <%
        out.println("request:"+(String)request.getAttribute("request")+"<br>");
        out.println("session:"+(String)session.getAttribute("session")+"<br>");
        out.print("application:"+(String)application.getAttribute("application")+"<br>");
    %>
</body>
</html>
```

部署运行，打开 IE，输入 "http://localhost:9080/Practice/first.jsp"，会发现这三个对象保存的内容都能取出，如图 2.9 所示。

由于在 first.jsp 中运用了 <jsp:forward page="second.jsp"></jsp:forward>，页面跳转到 second.jsp，但是在浏览器中的地址也就是请求并没有改变，属于同一请求。这时这三个对象保存的内容都可以取到，也就是说在同一请求范围内，该三个对象都有效，在该 IE 浏览器中输入 "http://localhost:9080/Practice/second.jsp"，结果如图 2.10 所示。

第 2 章　Java Web 开发基础

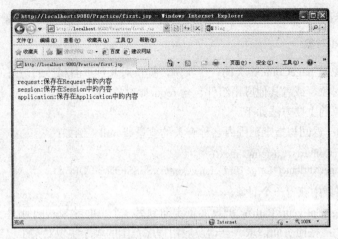

图 2.9　运行界面 1

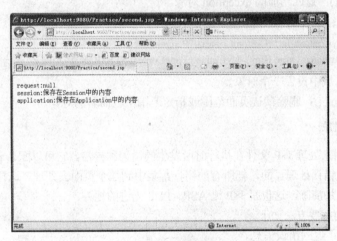

图 2.10　运行界面 2

在不同请求中，request 对象就失效了，但是由于用的是同一个 IE，也就是同一会话，session 对象和 application 对象仍然有效。如果再重新打开一个 IE，然后直接输入"http://localhost:9080/Practice/second.jsp"，结果如图 2.11 所示。

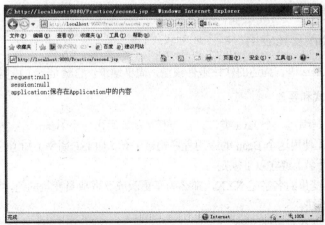

图 2.11　运行界面 3

由于不是同一会话，request 对象和 session 对象都失效了，而 application 对象仍然有效。

8. pageContext 对象

pageContext 对象是 pageContext 类的一个实例，提供对几种页面属性的访问，并且允许向其他应用组件转发 request 对象，或者其他应用组件包含 request 对象。

pageContext 对象的主要方法如下。

- getAttribute()：返回与指定范围内名称有关的变量或 null。例如：

```
CustomContext MyContext=(CustomContext)
    pageContext.getAttribute("Large Bird", PageContext.SESSION_SCOPE);
```

这段代码在作用域中获得一个对象。

- forward(String relativeurl Path)：把页面重定向到另一个页面或 Servlet 组件上。
- findAttribute()：按照页面请求、会话及应用程序范围的顺序实现对某个已经命名属性的搜索。
- getException()：返回当前的 exception 对象。
- setAttribute()：设置默认页面的范围或指定范围中的已命名对象。例如：

```
CustomContext MyContext=new CustomContext("Penguin");
pageContext.setAttribute("Large Bird", MyContext.PageContext.SESSION_SCOPE);
```

这段代码在作用域中设置一个对象。

- removeAttribute()：删除默认页面范围或指定范围中已命名的对象。

9. exception 对象

exception 对象用来处理 JSP 文件在执行时所发生的错误和异常。它可以配合 page 指令一起使用，通过指定某一页面为错误处理页面，把所有的错误都集中到那个页面去处理。这样使得整个系统更加健壮，程序的流程更加清晰，这也是 JSP 比 ASP、PHP 先进的地方。

exception 对象的主要方法如下。

- getMessage()：返回错误信息。
- printStackTrace()：以标准错误的形式输出一个错误和错误堆栈。
- toString()：以字符串的形式返回一个对异常的描述。

> **注意：**
> 必须在 isErrorPage=true 的情况下才可以使用 exception 对象。

2.2.3 JavaBean 及其应用

JavaBean 是使用 Java 语言描述的软件组件模型，简单地说，它就是一个可以重复使用的 Java 类。

1. JavaBean 形式和要素

编写 JavaBean 就是编写一个 Java 类，只要会写类就能写出一个 Bean，这个类创建的一个对象称为一个 Bean。为了能让使用这个 Bean 的应用程序构建工具（如 JSP 引擎）知道这个 Bean 的属性和方法，只需在类的方法命名上遵守以下规则。

① 如果类的成员变量的名字是 XXX，那么为了更改或获取成员变量的值，即更改或获取属性，在类中可以使用两种方法。

- getXXX()：用来获取属性 XXX。
- setXXX()：用来修改属性 XXX。

② 对于 boolean 类型的成员变量，即布尔逻辑类型的属性，允许使用 is 代替上面的 get 和 set。
③ 类中方法的访问属性都必须是 public 的。
④ 类中如果有构造方法，那么这个构造方法也是 public 的并且无参数。
下面通过一个简单的实例来说明 JavaBean 的形式与要素。

【例 2.8】 一个典型的 JavaBean 类。

```java
import java.io.Serializable;
public class JavaBeanDemo implements Serializable{        //实现了 Serializable 接口
    JavaBeanDemo(){}                                       //无参的构造方法
    private int id;                                        //私有属性 id
    private String name;                                   //私有属性 name
    private int age;                                       //私有属性 age
    private String sex;                                    //私有属性 sex
    private String address;                                //私有属性 address
    public String getAddress(){                            //get()方法
        return address;
    }
    public void setAddress (String address){               //set()方法
        this.address=address;
    }
    public int getAge(){
        return age;
    }
    public void setAge(int age){
        this.age=age;
    }
    public int getId(){
        return Id;
    }
    public void setId(int id){                             //set()方法
        Id = id;
    }
    public String getName(){                               //get()方法
        return name;
    }
    public void setName (String name){
        this.name = name;
    }
    public String getSex(){
        return sex;
    }
    public void setSex(String sex){
        this.sex = sex;
    }
}
```

该程序具备了 JavaBean 的所有要素及形式。声明了 5 个私有属性并且为这 5 个属性分别提供了 setXXX() 与 getXXX() 方法。

2. JavaBean 属性

JavaBean 属性用于描述 JavaBean 的状态，如颜色、大小等，与普通的 Java 程序中的属性在概念上非常相似。在 JavaBean 设计中，按照属性的不同作用又可以细分为四类，分别是简单（Simple）属性、索引（Indexed）属性、束缚（Bound）属性、限制（Constrained）属性。

（1）Simple 属性

一个 Simple 属性表示一个伴随有一对 get/set 方法的变量。属性名与该属性相关的 get/set 方法名对应。例如，如果有 setX()和 getX()方法，则暗指有一个名为"X"的属性。如果有一个方法名为 isX，则通常暗指"X"是一个布尔属性（即 X 的值为 true 或 false）。

（2）Indexed 属性

Indexed 属性表示一个数组值，使用与该属性对应的 set/get 方法可以取得数组中的数值。该属性也可一次设置或取得整个数组的值。对于 Indexed 属性，必须提供两对相匹配的 getXXX()与 setXXX()方法，一对用来设置整个数组，另一对用来获得或设定数组中的某个元素。使用 Indexed 属性除了表示数组之外，还可以表示集合类。

（3）Bound 属性

Bound 属性是指当该属性的值发生变化时，要通知其他的对象。每次属性值改变时，这种属性就触发一个 PropertyChange 事件（在 Java 程序中，事件也是一个对象）。事件中封装了属性名、属性的原值、属性变化后的新值。这种事件传递到其他的 Bean，至于接收事件的 Bean 应该做什么动作由自己定义。也就是说，Bound 属性提供了一种机制，即通知监听器一个 JavaBean 组件的属性发生了改变。监听器实现了 PropertyChangeListener 接口并接受由 JavaBean 组件产生的 PropertyChangeEvent 对象，PropertyChangeEvent 对象包括一个属性名字：旧的属性值及每个监听器可能访问的新属性值。

（4）Constrained 属性

Constrained 属性是指当这个属性的值要发生变化时，与这个属性已建立了某种连接的其他 Java 对象可否决属性值的改变。

监听器实现了 VectorChangeListener 接口，并接受由 JavaBean 组件产生的 PropertyChangeEvent 对象，JavaBean 组件可以使用 VetoableChangeSupport 辅助程序类激发由监听器接受的实际事件。

使用 JavaBean 组件实例的引用来构造 VetoableChangeSupport 对象，JavaBean 实现了用 addVetoableChangeListener() 方法和 removeVetoableChangeListener() 方法来加入或删除监听器。VetoableChangeSupport.fireVetoableChange()方法可以用来传递属性的名字、旧属性值和新属性值等信息。

Constrained 属性有两种监听者：属性变化监听者和否决属性改变监听者。Constrained 属性的监听者通过抛出 PropertyVetoException 来阻止该属性值的改变。否决属性改变监听者在自己的对象代码中有相应的控制语句，在监听到有 Constrained 属性要发生变化时，在控制语句中判断是否应否决这个属性值的改变。总之，某个 Bean 的 Constrained 属性值可否改变取决于其他的 Bean 或 Java 对象是否允许这种改变。允许与否的条件由其他的 Bean 或 Java 对象在自己的类中进行定义。Constrained 属性在 JSP 中并不多见。

3. JavaBean 方法和事件

（1）JavaBean 的方法

JavaBean 处理数据的方法提供了改变 Bean 状态并由此采取行动的方式。如同普通的 Java 类一样，Bean 能够拥有不同访问类型的方法。例如，私有方法只有在 Bean 内部才可以访问，而保护方法在 Bean 的内部和由它派生的 Bean 中都可以访问。最具访问能力的方法是公共方法，它在 Bean 的内部从派生的 Bean 或者从诸如应用程序和其他组件等外界部分都可以访问。可以访问意味着应用程序能够调用组件中的任意公共方法。公共方法对于 Bean 来说具有独特的重要性，因为它们形成了 Bean 与外部环境通信的主要途径。

不论从外部看起来 Bean 有多么复杂，对内部来说，它只是数据与方法的组合。

JavaBean 的方法是从其他组件容器或批命令环境调用的操作。JavaBean 的方法可以变成 Public 进行输出，这样就可以使用 Java 内置的工具浏览 JavaBean 的方法，用于启动或捕捉事件。

（2）JavaBean 的事件

事件是 JavaBean 之间和 JavaBean 与容器之间通信的机制。JavaBean 通过事件进行信息的传递，事件从源听众注册或发表，并通过方法调用传递到一个或几个目标听众。事件有许多不同的用途，如在 Windows 系统中常要处理的鼠标事件、窗口边界改变事件、键盘事件等。在 JavaBean 中定义了一个一般的、可扩充的事件机制，这种机制能够实现以下功能。

- 对事件类型和传递模型的定义和扩充提供一个公共框架，并适于广泛的应用；能完成 JavaBean 事件模型与相关的其他组件体系结构事件模型的中立映射。
- 事件能被扫描环境捕获和激活；能够发现指定的对象类可以观察监听到的事件。
- 能使其他构造工具采用某种技术在设计时直接控制事件，以及事件源和事件监听者之间的联系；提供一个常规的注册机制，允许动态操纵事件源与事件监听之间的关系；事件源与监听者之间可以进行高效的事件传递。
- 与 Java 语言和环境有较高的集成度；事件机制本身不依赖于复杂的开发工具；不需要其他的虚拟机和语言即可实现。

JavaBean 事件是用对象进行传递的，用户应弄清楚以下事件的内容。

① 事件状态对象。
② 事件监听者接口。
③ 事件监听者的注册与注销。

4．JavaBean 作用域

使用<jsp:useBean>标签中的 scope 关键字可以设置 JavaBean 的 scope 属性，scope 属性决定了 JavaBean 对象的生存周期和使用范围。scope 的可选值包括 page、request、session 和 application，默认值为 page。JavaBean 的作用域和 JSP 页面的范围名称相同，意义也相同。下面分别介绍 JavaBean 的作用域。

（1）page 作用域

当 scope 为 page 时，它的作用域在四种类型中范围最小，客户端每次请求访问时都会创建一个 JavaBean 对象。JavaBean 对象的有效范围是客户端请求访问的当前页面文件，当客户端执行完当前的页面文件后，JavaBean 对象结束生命。在 page 范围内，每次访问页面文件时都会生成新的 JavaBean 对象，原有的 JavaBean 对象已经结束了生命周期。

（2）request 作用域

当 scope 为 request 时，JavaBean 对象被创建后，它将存在于整个 request 的生命周期内，request 对象是一个内建对象,使用它的 getParameter 方法可以获取表单中的数据信息。request 范围的 JavaBean 与 request 对象有着很大的关系，它的存取范围除了 page 外，还包括使用动作元素<jsp:include>和<jsp:forward>包含的网页,所有通过这两个操作指令连接在一起的JSP 程序都可以共享同一个 JavaBean 对象。

（3）session 作用域

当 scope 为 session 时，JavaBean 对象被创建后，它将存在于整个 session 的生命周期内，session

对象是一个内建对象,当用户使用浏览器访问某个网页时,就创建了一个代表该链接的 session 对象,同一个 session 中的文件共享这个 JavaBean 对象。客户端对应的 session 生命周期结束时,JavaBean 对象的生命也结束了。在同一个浏览器内,JavaBean 对象就存在于一个 session 中。当重新打开新的浏览器时,就会开始一个新的 session,每个 session 中拥有各自的 JavaBean 对象。

(4) application 作用域

当 scope 为 application 时,JavaBean 对象被创建后,它将存在于整个主机或虚拟主机的生命周期内,application 范围是 JavaBean 的生命周期中最长的。同一个主机或虚拟主机中的所有文件共享这个 JavaBean 对象。如果服务器不重新启动,scope 为 application 的 JavaBean 对象会一直存放在内存中,随时处理客户端的请求,直到服务器关闭,它在内存中占用的资源才会被释放。在此期间,服务器并不会创建新的 JavaBean 组件,而是创建源对象的一个同步复制,任何复制对象发生改变都会使源对象随之改变,不过这个改变不会影响其他已经存在的复制对象。

2.2.4 JSP 应用举例

1. Model1 开发模式

早期的 Java EE 项目全部采用 JSP 编写,JSP 文件既要负责创建 HTML 页面,又要控制网页流程,同时还要负责处理业务逻辑。这给 Java EE 的开发带来一系列问题,如代码耦合性强、系统控制流程复杂、难以维护等,为了解决这些问题,原 Sun 公司制定了 Model1 模式作为 Java EE 程序员开发的参考性规范。遵循 Model1 模式开发出的 Java EE 项目,其系统结构如图 2.12 所示。

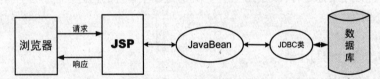

图 2.12 遵循 Model1 模式开发的 Java EE 系统

那么,什么是 Model1 模式呢?

在 Java EE 程序开发中,通常用 JSP 负责动态生成 Web 网页,而业务逻辑则由其他可重用的组件(如 JavaBean)来实现。JSP 可通过 Java 程序片段来访问这些组件,于是就有了 JSP+JavaBean 这样一种通行的程序结构,也就是 Model1 模式。

基于 Model1 架构的 Java EE 程序,其工作流程都是按如下 4 步进行的。

① 浏览器发出请求,该请求由 JSP 页面接收。
② JavaBean 用于实现业务逻辑,JSP 根据请求的需要与不同的 JavaBean 进行交互。
③ JavaBean 执行业务处理,通过 JDBC 操作数据库。
④ JSP 将程序运行的结果信息生成动态 Web 网页发回浏览器。

在实践中,JavaBean 多用于构造 POJO 类(简单 Java 对象),一个 POJO 类就对应数据库中的一张表,如此可实现数据库操作的对象化,以完全面向对象的风格来编写 Java EE 程序。关于这一点,在下面这个实例中体现得淋漓尽致。

2. 举例

【实例二】采用 JSP+JavaBean+JDBC 方式开发一个 Web 登录程序。

要求:在【实例一】(1.3.2 节)基础上修改而成,建立 userTable 表对应的 JavaBean,实现对数据库的面向对象操作。

第2章　Java Web 开发基础

（1）创建 Java EE 项目

新建 Java EE 项目，项目命名为 jsp_javabean_jdbc，具体操作方法见【实例一】。

（2）构造 JavaBean

在项目 src 文件夹下建立包 org.easybooks.test.model.vo，其中创建名为 UserTable 的 Java 类，严格按照 2.2.3 节所讲的一个 JavaBean 的通行结构、形式和要素，为数据库 userTable 表构造一个 JavaBean，代码如下：

```java
package org.easybooks.test.model.vo;
public class UserTable {
    //属性
    private Integer id;
    private String username;
    private String password;

    //属性 id 的 get/set 方法
    public Integer getId(){
        return this.id;
    }
    public void setId(Integer id){
        this.id=id;
    }
    //属性 username 的 get/set 方法
    public String getUsername(){
        return this.username;
    }
    public void setUsername(String username){
        this.username=username;
    }
    //属性 password 的 get/set 方法
    public String getPassword(){
        return this.password;
    }
    public void setPassword(String password){
        this.password=password;
    }
}
```

（3）创建 JDBC

在项目 src 文件夹下建立包 org.easybooks.test.jdbc，在包下创建 SqlSrvDBConn 类，其代码同【实例一】，完成后也要往项目中添加 JDBC 驱动包，操作方法一样。

（4）编写 JSP

同【实例一】一样，本例也要编写 login.jsp（登录页）、validate.jsp（验证页）、main.jsp（主页）和 error.jsp（出错页）这 4 个 JSP 文件，其中 login.jsp 和 error.jsp 的代码与【实例一】的完全相同，另外两个文件的源码修改如下。

validate.jsp 代码：

```jsp
<%@ page language="java" pageEncoding="gb2312" import="java.sql.*,org.easybooks.test.model.vo.UserTable"%>
<jsp:useBean id="SqlSrvDB" scope="page" class="org.easybooks.test.jdbc.SqlSrvDBConn" />
<html>
    <head>
        <meta http-equiv="Content-Type" content="text/html;charset=gb2312">
```

```
</head>
<body>
    <%
        request.setCharacterEncoding("gb2312");              //设置请求编码
        String usr=request.getParameter("username");         //获取提交的用户名
          String pwd=request.getParameter("password");       //获取提交的密码
          boolean validated=false;                           //验证成功标识
    UserTable user=null;
    //先获得 UserTable 对象，如果是第一次访问该页，用户对象肯定为空，但如果是第二次甚至是第
    //三次，就直接登录主页而无须再次重复验证该用户的信息
    user=(UserTable)session.getAttribute("user");
    //如果用户是第一次进入，会话中尚未存储 user 持久化对象，故为 null
    if(user==null){
            //查询 userTable 表中的记录
            String sql="select * from userTable";
            ResultSet rs=SqlSrvDB.executeQuery(sql);         //取得结果集
            while(rs.next())
            {
                if((rs.getString("username").trim().compareTo(usr)==0)&&(rs.getString("password").compareTo
                    (pwd)==0)){
                    user=new UserTable();                    //创建持久化的 JavaBean 对象 user
                    user.setId(rs.getInt(1));
                    user.setUsername(rs.getString(2));
                    user.setPassword(rs.getString(3));
                    session.setAttribute("user", user);      //把 user 对象存储在会话中
                    validated=true;                          //标识为 true 表示验证成功通过
                }
            }
            rs.close();
            SqlSrvDB.closeStmt();
            SqlSrvDB.closeConn();
    }
    else{
        validated=true;      //该用户在之前已登录过并成功验证，故标识为 true 表示无须再验了
    }
    if(validated)
    {
        //验证成功跳转到 main.jsp
    %>
            <jsp:forward page="main.jsp"/>
    <%
    }
    else
    {
        //验证失败跳转到 error.jsp
    %>
            <jsp:forward page="error.jsp"/>
    <%
    }
    %>
</body>
</html>
```

从以上代码的加黑部分可见,本例针对数据库 userTable 表创建了一个 user 对象,用它接受用户名密码信息,并将它存储于 JSP 内置的 session 对象中,这种操作又叫作 Java 对象的持久化。将数据库表中的记录作为一个对象整体加以处理,有诸多好处,稍后读者就会看到这么做的优势。

main.jsp 代码:

```jsp
<%@ page language="java" pageEncoding="gb2312" import="org.easybooks.test.model.vo.UserTable"%>
<html>
<head>
    <title>留言板信息</title>
</head>
<body>
    <%
        UserTable user=(UserTable)session.getAttribute("user");
        String usr=user.getUsername();
    %>
    <%=usr%>,您好!欢迎登录留言板。
</body>
</html>
```

与【实例一】不同的是,这里不再是通过 request 请求输出用户名,而是从会话 session 中取出之前存入的持久化的 JavaBean 对象 user,从中获取用户名信息。

(5)运行程序

部署项目、启动 Tomcat 8.x,打开 IE 输入 "http://localhost:9080/jsp_javabean_jdbc/" 并运行程序。先以用户名 "周何骏" 登录,出现欢迎主页面,然后单击浏览器工具栏上的后退按钮返回登录首页,单击【重置】按钮清空用户名和密码。

在不输入用户名密码的情况下,直接单击【登录】按钮,会发现页面又一次成功转到欢迎主页了,如图 2.13 所示。

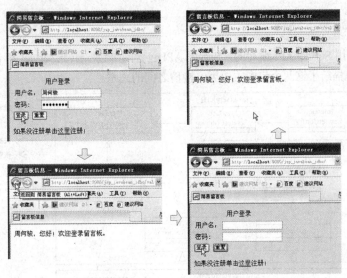

图 2.13 用会话保存用户信息

这是因为在前次登录时刚验证过,用户信息已经被写入了 JavaBean 持久化对象并保存于会话中,故系统能自动 "识别" 该用户,无须再次重复验证。这一技术在现今的网站设计中应用极为广泛,读者一定要掌握好。

2.3 Servlet 技术

Servlet 是 Java 语言处理 Web 请求的一种机制，2.2 节所讲内容 JSP 其实就是建立在 Servlet 之上的。因而 Servlet 是 Java Web 技术的核心基础，掌握 Servlet 技术原理是成为一名合格的 Java Web 开发人员的基本要求，也是进一步学习 Java EE 系统架构的前提。

2.3.1 Servlet 的概念

Servlet 是一种服务器端的 Java 程序，具有独立于平台和协议的特性，可以生成动态的 Web 页面。Servlet 由 Web 服务器进行加载，而该 Web 服务器必须包含支持 Servlet 的 JVM（Java 虚拟机）。

Servlet 是位于 Web 服务器内部的服务器端的 Java 应用程序，它担当客户（Web 浏览器）请求与服务器（Web 服务器上的应用程序）响应的中间层，基于这种"请求/响应"模型，Servlet 模块的运行模式如图 2.14 所示。

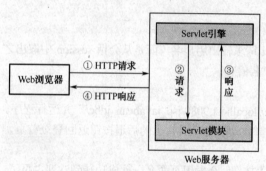

从图中可以看出，整个处理流程如下。

① HTTP 请求。Web 浏览器将客户请求发送给 Web 服务器上的 Servlet 引擎。

② 请求。Servlet 引擎将请求转发给处理请求的 Servlet 模块。

③ 响应。Servlet 模块接受请求后，调用相应的服务（service()）对请求进行处理，然后将处理结果返回给 Servlet 引擎。

④ HTTP 响应。Servlet 引擎将结果发送给客户端。

图 2.14　Servlet 运行模式

2.3.2 Servlet 基本结构

Servlet 模块是用 Servlet API 编写的，Servlet API 包含两个包：javax.servlet 和 javax.servlet.http。图 2.15 清晰地描绘了这两个包中主要类、接口之间的关系。

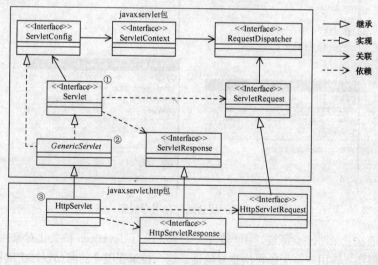

图 2.15　Servlet API 的类框图

其中，javax.servlet 包中的类与 HTTP 协议无关；javax.servlet.http 包中的类与 HTTP 协议相关，该包中的部分类继承了 javax.servlet 包中的部分类和接口。

2.3.3 Servlet 的编程方式

Servlet 有如下四种编程方式。

1. 实现 Servlet 接口

这种情况 Servlet 不是独立的应用程序，没有 main()方法，而是生存在容器中，由容器来管理。编程时需要实现 javax.servlet.Servlet 接口（见图 2.15 中的①）的 5 个方法。

2. 继承 GenericServlet 类

由 javax.servlet 包提供一个抽象类 GenericServlet（见图 2.15 中的②）。它给出了 Servlet 接口中除 service()方法外的其他 4 个方法的简单实现，并且还实现了 ServletConfig 接口，编程时直接继承这个类，代码会简化很多。

3. 继承 HttpServlet、覆盖 doXXX()方法

在大部分网络中，都是客户端通过 HTTP 协议来访问服务器端的资源。为了快速开发应用于 HTTP 协议的 Servlet 类，在 javax.servlet.http 包中提供了一个抽象类 HttpServlet（见图 2.15 中的③），它继承了 GenericServlet 类。编写一个 Servlet 类继承 HttpServlet，只需要覆盖相应的 doXXX()方法即可。通常情况下，都是覆盖其 doGet()和 doPost()方法，然后在其中的一个方法里调用另一个方法，做到合二为一。

4. 继承 HttpServlet、重写 service()方法

其本质就是扩展 HttpServlet 类，用户只需重写 service()方法，Servlet 模块执行 service()方法时，会自动调用 doPost()和 doGet()这两个方法，实现 Servlet 的逻辑处理功能。

其中，最常用的是第 3 种方式，下面举例说明。

【例 2.9】用继承 HttpServlet、覆盖 doGet()和 doPost()方法的方式编写一个 Servlet 程序，实现在页面上输出 "Hello World!" 的功能。

（1）创建包

在项目 Practice 的 src 目录下创建名为 servlet 的包。

（2）编写自己的 Servlet 类

在 servlet 包下创建一个 Servlet 类（类名_2_3hello），编写代码如下：

```
package servlet;
import java.io.*;
import javax.servlet.*;
import javax.servlet.http.*;
public class _2_3hello extends HttpServlet{
    protected void doGet(HttpServletRequest request, HttpServletResponse response)
                throws ServletException, IOException {
        PrintWriter out=response.getWriter();
        out.println("<html><body>");
        out.println("<font size=6 color=red>Hello World!</font>");
        out.println("</body></html>");
    }
    protected void doPost(HttpServletRequest request, HttpServletResponse response)
                throws ServletException, IOException {
        doGet(request,response);
    }
}
```

(3) 部署 Servlet

打开项目的 web.xml 文件,将光标移到文件末尾,在</web-app>标记前插入以下(加黑部分)代码:

```xml
<?xml version="1.0" encoding="UTF-8"?>
<web-app xmlns:xsi="http://www.w3.org/2001/XMLSchema-instance" xmlns="http://xmlns.jcp.org/xml/ns/javaee" xsi:schemaLocation="http://xmlns.jcp.org/xml/ns/javaee http://xmlns.jcp.org/xml/ns/javaee/web-app_3_1.xsd" id="WebApp_ID" version="3.1">
    <display-name>Practice</display-name>
    <welcome-file-list>
        …
    </welcome-file-list>
    <servlet>
        <servlet-name>hello_3</servlet-name>
        <servlet-class>servlet._2_3hello</servlet-class>
    </servlet>
    <servlet-mapping>
        <servlet-name>hello_3</servlet-name>
        <url-pattern>/myserv3</url-pattern>
    </servlet-mapping>
</web-app>
```

下面介绍一下这段 web.xml 的配置信息。

第一行是对 xml 文件的声明,然后是 xml 的根元素<web-app>,其属性中声明了版本等信息,这是固定的头文件,项目早已生成好了,读者无须改动。

接着(上述代码中加黑)的部分才是需要配置的内容。

<servlet>与</servlet>之间配置的是<servlet-name>和<servlet-class>。其中<servlet-name>的值 hello_3 是程序员自己为 servlet 起的一个名字(起名需要符合 Java 的命名规则);而<servlet-class>的值则是前面编写的 Servlet 类的类名,这个必须配置正确,如果有包,还要在前面加上包名,如本例为 servlet._2_3hello(注意,这里的类名不带.java)。

<servlet-mapping>与</servlet-mapping>之间配置的是<servlet-name>与<url-pattern>。其中<servlet-name>的值就是上面刚刚配置的<servlet-name>的值,而<url-pattern>的值也可以随便起名,但其前面必须加"/",如本例写为/myserv3,是该 Servlet 运行的路径名。

(4) 运行 Servlet

启动 Tomcat 8.x,在浏览器中输入"http://localhost:9080/Practice/myserv3",就会在页面中显示"Hello World!",如图 2.16 所示。

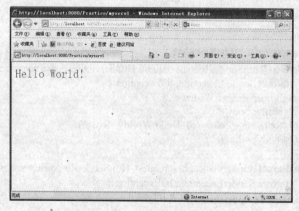

图 2.16 【例 2.9】运行界面

此处"http://localhost:9080/Practice/"是服务器 URI，后面紧跟的"myserv3"就是在 web.xml 文件中配置的<url-pattern>的值。

2.3.4 Servlet 生命周期

当服务器调用 Servlet 类时，Servlet 对象被创建。从服务器创建 Servlet 对象到该对象被消灭这段时间称为 Servlet 的生命周期。

当 Servlet 被装载到容器后，生命周期开始。首先调用 init()方法进行初始化，初始化后，调用 service()方法，根据请求的不同调用不同的 doXXX()方法处理客户请求，并将处理结果封装到 HttpServletResponse 中返给客户端。当 Servlet 对象从容器中移除时调用其 destroy()方法，这就是 Servlet 运行的整个过程，可以据此画出 Servlet 对象的执行流程图，如图 2.17 所示。

2.3.5 Servlet 应用举例

1. Model2 开发模式

开发模式 Model1 引入 JavaBean 来实现对数据库表的对象化操作，初步体现了 Java 面向对象的精神。但是在 Model1 中，JSP 仍然要同时承担页面的显示、控制程序流程和业务逻辑处理等多项任务。为了从根本上克服 Model1 模式的缺陷，原 Sun 公司对 Model1 进行改造，发展出 Model2 模式。

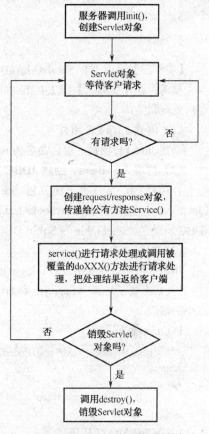

图 2.17 Servlet 生命周期流程图

Model2 模式的工作原理如图 2.18 所示，其工作流程按如下 5 个步骤进行。
① Servlet 接收浏览器发出的请求。
② Servlet 根据不同的请求调用相应的 JavaBean。
③ JavaBean 按自己的业务逻辑，通过 JDBC 操作数据库。
④ Servlet 将结果传递给 JSP。
⑤ JSP 将后台处理的结果呈现给浏览器。

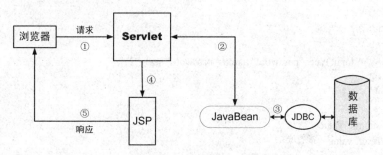

图 2.18 Model2 模式的工作原理

把图 2.18 与图 2.12 的 Model1 架构相比较，会发现，Model2 引入了 Servlet 组件，并将控制功能交由 Servlet 去实现，而 JSP 只要负责页面的显示。通过引入 Servlet，能够实现控制逻辑与显示逻辑的分离，从而提高程序的可维护性。可见 Servlet 技术在 Java EE 开发中重要的基础性作用。下面通过一个实例让读者加深理解。

2. 举例

【实例三】采用 JSP+Servlet+JavaBean+JDBC 方式开发一个 Web 登录程序。

要求：在【实例二】（2.2.4 节）的基础上修改而成，用 Servlet 分离原 JSP 代码中流程控制和业务逻辑处理职能。

（1）创建 Java EE 项目

新建 Java EE 项目，项目命名为 jsp_servlet_javabean_jdbc，具体操作方法见【实例一】。

（2）构造 JavaBean、创建 JDBC

在项目 src 文件夹下建立包 org.easybooks.test.model.vo，其中创建名为 UserTable 的 Java 类（JavaBean）；建立包 org.easybooks.test.jdbc，在包下创建 SqlSrvDBConn 类（JDBC），并往项目中添加 JDBC 驱动包。UserTable 和 SqlSrvDBConn 类的源码与【实例二】一模一样，不再列出。

（3）编写 JSP

本例只须写 3 个 JSP 文件：login.jsp（登录页）、main.jsp（主页）和 error.jsp（出错页），validate.jsp（验证页）不要了！其中 main.jsp 和 error.jsp 的代码与【实例二】的完全相同，仅 login.jsp 要进行一点点小的修改。

login.jsp 代码：

```jsp
<%@ page language="java" pageEncoding="gb2312"%>
<html>
<head>
    <title>简易留言板</title>
</head>
<body bgcolor="#E3E3E3">
<form action="mainServlet" method="post">
<table>
    <caption>用户登录</caption>
    <tr>
        <td>用户名：</td>
        <td>
            <input type="text" name="username" size="20"/>
        </td>
    </tr>
    <tr>
        <td>密码:</td>
        <td>
            <input type="password" name="password" size="21"/>
        </td>
    </tr>
</table>
<input type="submit" value="登录"/>
<input type="reset" value="重置"/>
</form>
如果没注册单击<a href="">这里</a>注册！
</body>
</html>
```

如上代码中加黑处，页面改为提交给一个 Servlet（其名为 mainServlet）去处理。
（4）编写 Servlet
在项目 src 文件夹下建立包 org.easybooks.test.servlet，在包中创建名为 MainServlet 的类（Servlet 类）。
编写 MainServlet.java，代码如下：

```java
package org.easybooks.test.servlet;
import java.sql.*;
import java.io.*;
import javax.servlet.*;
import javax.servlet.http.*;
import org.easybooks.test.jdbc.SqlSrvDBConn;
import org.easybooks.test.model.vo.UserTable;;
public class MainServlet extends HttpServlet{
    public void doGet(HttpServletRequest request, HttpServletResponse response) throws ServletException,
            IOException{
        request.setCharacterEncoding("gb2312");              //设置请求编码
        String usr=request.getParameter("username");         //获取提交的用户名
        String pwd=request.getParameter("password");         //获取提交的密码
        boolean validated=false;                             //验证成功标识
        SqlSrvDBConn sqlsrvdb=new SqlSrvDBConn();
        HttpSession session=request.getSession();  //获得会话对象，用来保存当前登录用户的信息
        UserTable user=null;
//先获得 UserTable 对象，如果是第一次访问该页，用户对象肯定为空，但如果是第二次甚至是第三次，
//就直接登录主页而无须再次重复验证该用户的信息
        user=(UserTable)session.getAttribute("user");
//如果用户是第一次进入，会话中尚未存储 user 持久化对象，故为 null
        if(user==null){
            //查询 userTable 表中的记录
            String sql="select * from userTable";
            ResultSet rs=sqlsrvdb.executeQuery(sql);          //取得结果集
            try {
                while(rs.next())
                {
                    if((rs.getString("username").trim().compareTo(usr)==0)&&(rs.getString("password").
                        compareTo(pwd)==0)){
                        user=new UserTable();                 //创建持久化的 JavaBean 对象 user
                        user.setId(rs.getInt(1));
                        user.setUsername(rs.getString(2));
                        user.setPassword(rs.getString(3));
                        session.setAttribute("user", user);    //把 user 对象存储在会话中
                        validated=true;                        //标识为 true 表示验证成功通过
                    }
                }
                rs.close();
            } catch (SQLException e) {
                e.printStackTrace();
            }
            sqlsrvdb.closeStmt();
            sqlsrvdb.closeConn();
        }
        else{
```

```
                validated=true;         //该用户在之前已登录过并成功验证，故标识为 true 表示无须再验了
            }
            if(validated)
            {
                //验证成功跳转到 main.jsp
                response.sendRedirect("main.jsp");
            }
            else{
                //验证失败跳转到 error.jsp
                response.sendRedirect("error.jsp");
            }
        }
        public void doPost(HttpServletRequest request, HttpServletResponse response) throws ServletException,
                    IOException{
            doGet(request,response);
        }
    }
```

可见，原 JSP 文件 validate.jsp 的功能全部改由这个 Servlet 来实现了。

（5）配置 Servlet

Servlet 编写完成后，必须在项目 web.xml 中进行配置方可使用。

修改项目 web.xml 如下：

```xml
<?xml version="1.0" encoding="UTF-8"?>
<web-app xmlns:xsi="http://www.w3.org/2001/XMLSchema-instance" xmlns="http://xmlns.jcp.org/xml/ns/javaee" xsi:schemaLocation="http://xmlns.jcp.org/xml/ns/javaee http://xmlns.jcp.org/xml/ns/javaee/web-app_3_1.xsd" id="WebApp_ID" version="3.1">
    <display-name>jsp_servlet_javabean_jdbc</display-name>
    <welcome-file-list>
        <welcome-file>login.jsp</welcome-file>
    </welcome-file-list>
    <servlet>
        <servlet-name>mainServlet</servlet-name>
        <servlet-class>org.easybooks.test.servlet.MainServlet</servlet-class>
    </servlet>
    <servlet-mapping>
        <servlet-name>mainServlet</servlet-name>
        <url-pattern>/mainServlet</url-pattern>
    </servlet-mapping>
</web-app>
```

最后，部署运行程序，效果与【实例二】完全一样，如图 2.13 所示。

2.4 Java Web 综合开发实战：网络留言系统

本章系统阐述了 Java Web 开发所涉及的几个主要领域的技术知识（HTML/JSP、JavaBean 和 Servlet），在实际应用中，往往会吸取它们各自的优点，综合运用。

用 HTML/JSP 制作网页，让 Servlet 完成控制和深层次的处理任务，Servlet 负责处理 JSP 提交的客户请求，创建 JSP 页面需要使用的 JavaBean 对象，并根据客户请求选择合适的 JSP 页面返回给用户。

而在 JSP 页面内不再有流程控制逻辑，它仅负责检索原先由 Servlet 创建的 JavaBean 对象，并把 JavaBean 对象包含的数据作为动态内容插入到网页模板中。

本章的最后通过一个综合性案例让读者体验一下这种软件设计开发方法。

【综合案例一】采用 JSP+Servlet+JavaBean+JDBC 方式开发一个网络留言系统。

要求：① 用户在页面上输入用户名密码登录，成功进入后能看到所有留言信息；② 用户可自己添加、编辑留言，提交后可实时看到新增加的留言；③ 系统提供新用户注册功能；④ 在【实例三】（2.3.5 节）登录程序的基础上修改扩充而成，综合运用 JSP/Servlet/JavaBean 等 Java Web 开发的基础性技术。

1. 建立数据库和表

这里依然使用先前在 SQL Server 2008 12012 中创建的数据库 TEST 及其 userTable 表，因为系统登录后要有个主界面显示别人和自己的留言信息，故还要有个留言表 lyTable 用于保存用户留言，表结构如表 2.3 所示。

表 2.3 lyTable 表

字段名称	数据类型	主键	自增	允许为空	描述
id	int	是	增1		ID 号
userId	int				用户 ID 号
date	datetime				发布时间
title	varchar(20)				标题
content	varchar(500)				留言内容

字段包括：id、userId、date、title、content。其中 id 设为自动增长的 int 型，并设为主键。userId 是 user 表中的 id，表明该条留言是该用户留的。

2. 创建 Java EE 项目

新建 Java EE 项目，项目命名为 JSPExample，具体操作方法见【实例一】（1.3.2 节）。

3. 创建 JDBC

在项目 src 文件夹下建立包 org.easybooks.test.jdbc，在包下创建 SqlSrvDBConn 类（JDBC），并往项目中添加 JDBC 驱动包。

在【实例三】程序的基础上，改动 SqlSrvDBConn 类的源码，如下：

```
package org.easybooks.test.jdbc;
import java.sql.*;
public class SqlSrvDBConn {
    private Statement stmt;
    private Connection conn;
    ResultSet rs;
    //在构造方法中创建数据库连接
    public SqlSrvDBConn(){
        ……
    }
    //获取数据连接
    public Connection getConn(){
        return this.conn;
    }
    //执行查询类的 SQL 语句，有返回集
```

```
    public ResultSet executeQuery(String sql)
    {…}
    //关闭对象
    public void closeStmt()
    {…}
    public void closeConn()
    {…}
}
```

为方便稍后的编程，这里添加了一个 getConn()方法以获取数据库连接。

4．构造 JavaBean

在项目 src 文件夹下建立包 org.easybooks.test.model.vo，其中分别创建两个数据库表所对应的标准 JavaBean。

userTable 表对应 UserTable.java，代码同前。

lyTable 表对应 LyTable.java，代码如下：

```java
package org.easybooks.test.model.vo;
import java.sql.Date;
public class LyTable implements java.io.Serializable{
    //属性
    private Integer id;
    private Integer userId;
    private Date date;
    private String title;
    private String content;

    //属性 id 的 get/set 方法
    public Integer getId(){
        return this.id;
    }
    public void setId(Integer id){
        this.id=id;
    }
    //属性 userId 的 get/set 方法
    public Integer getUserId(){
        return this.userId;
    }
    public void setUserId(Integer userId){
        this.userId=userId;
    }
    //属性 date 的 get/set 方法
    public Date getDate(){
        return this.date;
    }
    public void setDate(Date date){
        this.date=date;
    }
    //属性 title 的 get/set 方法
    public String getTitle(){
        return this.title;
```

```
    }
    public void setTitle(String title){
        this.title=title;
    }
    //属性 content 的 get/set 方法
    public String getContent(){
        return this.content;
    }
    public void setContent(String content){
        this.content=content;
    }
}
```

5. 编写 Servlet

在项目 src 文件夹下建立包 org.easybooks.test.servlet，用于放置编写的 Servlet 类。每一个 Servlet 类可看作一个程序模块，对应实现系统的某项功能。

（1）登录验证

登录验证功能用 MainServlet 实现，只须在【实例三】的 MainServlet 类基础上修改，增加对留言的查询功能即可。

源文件 MainServlet.java，代码如下：

```
package org.easybooks.test.servlet;
import java.sql.*;
import java.io.*;
import java.util.*;
import javax.servlet.*;
import javax.servlet.http.*;
import org.easybooks.test.jdbc.SqlSrvDBConn;
import org.easybooks.test.model.vo.*;
public class MainServlet extends HttpServlet{
    public void doGet(HttpServletRequest request, HttpServletResponse response) throws ServletException,
            IOException{
        request.setCharacterEncoding("gb2312");            //设置请求编码
        String usr=request.getParameter("username");       //获取提交的用户名
        String pwd=request.getParameter("password");       //获取提交的密码
        boolean validated=false;                           //验证成功标识
        SqlSrvDBConn sqlsrvdb=new SqlSrvDBConn();
        HttpSession session=request.getSession();          //获得会话对象，用来保存当前登录用户的信息
        UserTable user=null;
    //先获得UserTable 对象，如果是第一次访问该页，用户对象肯定为空，但如果是第二次甚至是第三次，
    //就直接登录主页而无须再次重复验证该用户的信息
        user=(UserTable)session.getAttribute("user");
    //如果用户是第一次进入，会话中尚未存储 user 持久化对象，故为 null
        if(user==null){
            //查询 userTable 表中的记录
            String sql="select * from userTable";
            ResultSet rs=sqlsrvdb.executeQuery(sql);       //取得结果集
            try {
                while(rs.next())
                {
```

```java
                    if((rs.getString("username").trim().compareTo(usr)==0)&&(rs.getString("password").
                        compareTo(pwd)==0)){
                            user=new UserTable();              //创建持久化的 JavaBean 对象 user
                            user.setId(rs.getInt(1));
                            user.setUsername(rs.getString(2));
                            user.setPassword(rs.getString(3));
                            session.setAttribute("user", user);  //把 user 对象存储在会话中
                            validated=true;                    //标识为 true 表示验证成功通过
                        }
                    }
                rs.close();
            } catch (SQLException e) {
                e.printStackTrace();
            }
        sqlsrvdb.closeStmt();
    }
    else{
        validated=true;        //该用户在之前已登录过并成功验证,故标识为 true 表示无须再验了
    }
    if(validated)
    {
        //验证成功,应该去主界面,主界面中包含了所有留言信息,所以要从留言表中查出来,并暂
        //存在会话中
        ArrayList al=new ArrayList();
        try{
            String sql="select * from lyTable";
            ResultSet rs=sqlsrvdb.executeQuery(sql);        //取得结果集
            while(rs.next()){
                LyTable ly=new LyTable();                    //留言对象
                //获取留言信息
                ly.setId(rs.getInt(1));
                ly.setUserId(rs.getInt(2));
                ly.setDate(rs.getDate(3));
                ly.setTitle(rs.getString(4));
                ly.setContent(rs.getString(5));
                al.add(ly);                                  //添加入留言信息列表
            }
            rs.close();
        }catch(SQLException e){
            e.printStackTrace();
        }
        sqlsrvdb.closeStmt();
        session.setAttribute("al", al);                      //留言存入会话
        //然后跳转到 main.jsp
        response.sendRedirect("main.jsp");
    }
    else{
        //验证失败跳转到 error.jsp
        response.sendRedirect("error.jsp");
    }
}
```

```java
    public void doPost(HttpServletRequest request, HttpServletResponse response) throws ServletException,
IOException{
        doGet(request,response);
    }
}
```

（2）添加留言

添加留言功能由 AddServlet 实现，在 org.easybooks.test.servlet 包下创建 AddServlet 类，编写代码。源文件 AddServlet.java，代码如下：

```java
package org.easybooks.test.servlet;
import java.sql.*;
import java.io.*;
import java.util.ArrayList;
import javax.servlet.*;
import javax.servlet.http.*;
import org.easybooks.test.jdbc.SqlSrvDBConn;
import org.easybooks.test.model.vo.*;
public class AddServlet extends HttpServlet{
    public void doGet(HttpServletRequest request, HttpServletResponse response) throws ServletException,
                IOException{
        request.setCharacterEncoding("gb2312");
        String title=request.getParameter("title");            //获取留言的标题
        String content=request.getParameter("content");         //获取留言的内容
        HttpSession session=request.getSession();
        //从会话中取出当前用户对象
        UserTable user=(UserTable)session.getAttribute("user");
        //建立留言表对应的 JavaBean 对象，把数据封装进去
        LyTable ly=new LyTable();
        ly.setUserId(user.getId());                            //获取当前登录用户的 id
        ly.setDate(new Date(System.currentTimeMillis()));       //获取当前系统时间
        ly.setTitle(title);
        ly.setContent(content);
        ArrayList al=(ArrayList)session.getAttribute("al");
        al.add(ly);    //新添加的留言要保存一份到会话中，这样在刷新主页时就无须每次都去查询数据库
                       //留言表了
        //向数据库中插入新的留言记录
        PreparedStatement pstmt=null;
        SqlSrvDBConn sqlsrvdb=new SqlSrvDBConn();
        Connection ct=sqlsrvdb.getConn();                       //获取数据连接
        try{
            pstmt=ct.prepareStatement("insert into lyTable values(?,?,?,?)");
            pstmt.setInt(1, ly.getUserId());
            pstmt.setDate(2, ly.getDate());
            pstmt.setString(3, ly.getTitle());
            pstmt.setString(4, ly.getContent());
            pstmt.executeUpdate();                              //执行插入操作
            response.sendRedirect("main.jsp");                   //插入成功去主页面
        }catch(SQLException e){
            e.printStackTrace();
            response.sendRedirect("liuyan.jsp");                 //失败去留言页
        }
```

```
        public void doPost(HttpServletRequest request, HttpServletResponse response) throws ServletException,
                    IOException{
            doGet(request,response);
        }
    }
```

(3) 注册用户

注册新用户功能由 RegisterServlet 类实现。

源文件 RegisterServlet.java，代码如下：

```
package org.easybooks.test.servlet;
import java.io.*;
import java.sql.*;
import javax.servlet.*;
import javax.servlet.http.*;
import org.easybooks.test.jdbc.SqlSrvDBConn;
import org.easybooks.test.model.vo.*;
public class RegisterServlet extends HttpServlet{
    public void doGet(HttpServletRequest request, HttpServletResponse response) throws ServletException,
                    IOException{
        request.setCharacterEncoding("gb2312");
        String usr=request.getParameter("username");          //获取提交注册的用户名
        String pwd=request.getParameter("password");          //获取提交注册的密码
        //向数据库中插入新用户名和密码
        PreparedStatement pstmt=null;
        SqlSrvDBConn sqlsrvdb=new SqlSrvDBConn();
        Connection ct=sqlsrvdb.getConn();                     //获取数据连接
        try{
            pstmt=ct.prepareStatement("insert into userTable values(?,?)");
            pstmt.setString(1, usr);
            pstmt.setString(2, pwd);
            pstmt.executeUpdate();                            //执行插入操作
            response.sendRedirect("login.jsp");
        }catch(SQLException e){
            e.printStackTrace();
        }
    }
    public void doPost(HttpServletRequest request, HttpServletResponse response) throws ServletException,
                    IOException{
        doGet(request,response);
    }
}
```

(4) 配置 Servlet

Servlet 编写完成后，必须在项目 web.xml 中进行配置方可使用。

在 web.xml 文件中的配置如下：

```
<?xml version="1.0" encoding="UTF-8"?>
<web-app xmlns:xsi="http://www.w3.org/2001/XMLSchema-instance" xmlns="http://xmlns.jcp.org/xml/ns/javaee" xsi:schemaLocation="http://xmlns.jcp.org/xml/ns/javaee http://xmlns.jcp.org/xml/ns/javaee/web-app_3_1.xsd" id="WebApp_ID" version="3.1">
```

```xml
    <display-name>JSPExample</display-name>
    <welcome-file-list>
        <welcome-file>login.jsp</welcome-file>
    </welcome-file-list>
    <servlet>
        <servlet-name>mainServlet</servlet-name>
        <servlet-class>org.easybooks.test.servlet.MainServlet</servlet-class>
    </servlet>
    <servlet>
        <servlet-name>addServlet</servlet-name>
        <servlet-class>org.easybooks.test.servlet.AddServlet</servlet-class>
    </servlet>
    <servlet>
        <servlet-name>registerServlet</servlet-name>
        <servlet-class>org.easybooks.test.servlet.RegisterServlet</servlet-class>
    </servlet>
    <servlet-mapping>
        <servlet-name>mainServlet</servlet-name>
        <url-pattern>/mainServlet</url-pattern>
    </servlet-mapping>
    <servlet-mapping>
        <servlet-name>addServlet</servlet-name>
        <url-pattern>/addServlet</url-pattern>
    </servlet-mapping>
    <servlet-mapping>
        <servlet-name>registerServlet</servlet-name>
        <url-pattern>/registerServlet</url-pattern>
    </servlet-mapping>
</web-app>
```

其中，加黑部分标识出了 3 个 Servlet 的名字，接下来的 JSP 编程中直接在页面上引用 Servlet 名即可实现所需要的功能。

6. 编写 JSP

本项目一共包含 5 个 JSP 页面，分别是 login.jsp、main.jsp、liuyan.jsp、register.jsp 和 error.jsp。其中 error.jsp 页源码同前，略。

（1）登录首页

登录页 login.jsp，代码如下：

```jsp
<%@ page language="java" pageEncoding="gb2312"%>
<html>
<head>
    <title>简易留言板</title>
</head>
<body bgcolor="#E3E3E3">
<form action="mainServlet" method="post">
<table>
    <caption>用户登录</caption>
    <tr>
        <td>用户名：</td>
        <td>
```

```
                    <input type="text" name="username" size="20"/>
                </td>
            </tr>
            <tr>
                <td>密码:</td>
                <td>
                    <input type="password" name="password" size="21"/>
                </td>
            </tr>
        </table>
        <input type="submit" value="登录"/>
        <input type="reset" value="重置"/>
    </form>
    如果没注册单击<a href="register.jsp">这里</a>注册!
    </body>
</html>
```

登录页引用Servlet名为mainServlet(加黑部分),实现验证用户功能,另外提供链接到注册页register.jsp。

(2) 主页面

系统主页面 main.jsp,代码如下:

```
<%@ page language="java" pageEncoding="gb2312" import="java.util.*,java.sql.*,org.easybooks.test.model.vo.*,org.easybooks.test.jdbc.*"%>
<html>
<head>
    <title>留言板信息</title>
</head>
<body bgcolor="#E3E3E3">
    <form action="liuyan.jsp" method="post">
        <table border="1">
            <caption>所有留言信息</caption>
            <tr>
                <th>留言人姓名</th><th>留言时间</th><th>留言标题</th><th>留言内容</th>
            </tr>
            <%
                PreparedStatement pstmt=null;
                SqlSrvDBConn sqlsrvdb=new SqlSrvDBConn();
                Connection ct=sqlsrvdb.getConn();
                ArrayList al=(ArrayList)session.getAttribute("al");
                Iterator iter=al.iterator();
                while(iter.hasNext()){
                    LyTable ly=(LyTable)iter.next();
                    String usr=null;
                    try{
                        pstmt=ct.prepareStatement("select username from userTable where id=?");
                        pstmt.setInt(1, ly.getUserId());
                        ResultSet rs=pstmt.executeQuery();
                        while(rs.next()){
                            usr=rs.getString(1);
                        }
                    }catch(SQLException e){
                        e.printStackTrace();
```

```html
                    }
                %>
                <tr>
                    <td><%=usr%></td>
                    <td><%=ly.getDate().toString()%></td>
                    <td><%=ly.getTitle()%></td>
                    <td><%=ly.getContent()%></td>
                </tr>
                <%
                }
                %>
            </table>
            <input type="submit" value="留言"/>
        </form>
    </body>
</html>
```

其上通过 lyTable 表对应的 JavaBean 对象 ly 获取留言的详细内容（加黑部分），列表显示于主页上。另外提供【留言】按钮，单击后转到 liuyan.jsp 编辑新留言。

(3) 留言页面

编辑留言页 liuyan.jsp，代码如下：

```html
<%@ page language="java" pageEncoding="gb2312"%>
<html>
<head>
    <title>留言板</title>
</head>
<body bgcolor="#E3E3E3">
    <form action="addServlet" method="post">
        <table border="1">
            <caption>填写留言信息</caption>
            <tr>
                <td>留言标题</td>
                <td><input type="text" name="title"/></td>
            </tr>
            <tr>
                <td>留言内容</td>
                <td><textarea name="content" rows="5" cols="35"></textarea></td>
            </tr>
        </table>
        <input type="submit" value="提交"/>
        <input type="reset" value="重置"/>
    </form>
</body>
</html>
```

页面上引用名为 addServlet（加黑部分）的 Servlet，实现添加新留言功能。

(4) 注册页

注册用户页 register.jsp，代码如下：

```html
<%@ page language="java" pageEncoding="gb2312"%>
<html>
```

```html
<head>
    <title>简易留言板</title>
</head>
<body bgcolor="#E3E3E3">
    <form action="registerServlet" method="post">
        <table>
            <caption>用户注册</caption>
            <tr>
                <td>登录名：</td>
                <td><input type="text" name="username"/></td>
            </tr>
            <tr>
                <td>密码:</td>
                <td><input type="password" name="password"/></td>
            </tr>
        </table>
        <input type="submit" value="注册"/>
        <input type="reset" value="重置"/>
    </form>
</body>
</html>
```

页面上引用名为 registerServlet（加黑部分）的 Servlet，实现注册新用户的功能，注册成功的新用户信息写入数据库 userTable 表。

7. 运行程序

至此，项目开发完成。部署、启动 Tomcat 8.x，在浏览器中输入"http://localhost:9080/JSPExample/"并回车，首先显示的是一个用户登录界面，如图 2.19 所示。

我们先来注册一个新用户，单击页面上的"这里"链接，转到如图 2.20 所示的用户注册页，注册用户名 sunrh。

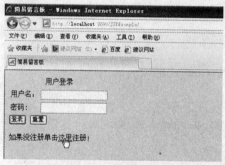

图 2.19　用户登录界面　　　　　　　　图 2.20　新用户注册

以这个新注册的用户名登录系统，登录成功后会显示所有的留言信息，如图 2.21 所示。

单击【留言】按钮，跳转到如图 2.22 所示的界面。

填写好要留言的标题及内容后单击【提交】按钮，回到主界面，可以发现主界面的信息多了刚才添加的留言，如图 2.23 所示。

通过以上开发实践，读者肯定能深刻地体会到：综合运用 JSP/Servlet/JavaBean 等技术各自的优势，采用 Model2 模式（JSP+Servlet+JavaBean+JDBC 结构）开发出来的 Java EE 系统，其清晰地分离了数据展示、数据处理和流程控制，明确了角色定义及软件开发者与网页设计者的分工，整个系统结构明晰、模块化程度很高。事实上，项目越复杂、规模越大，这种开发模式带来的好处就越多！

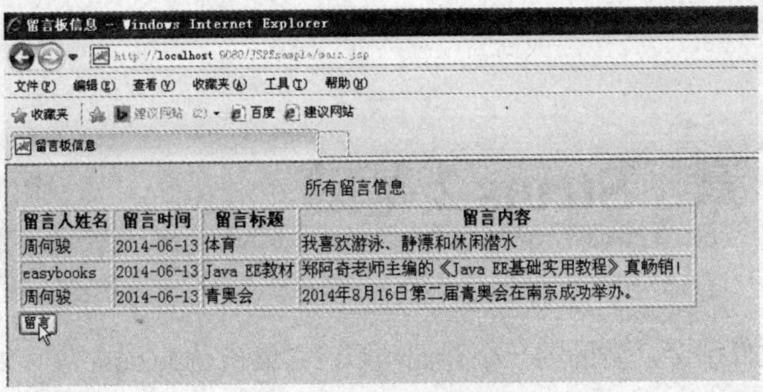

图 2.21 用户登录成功后的主界面

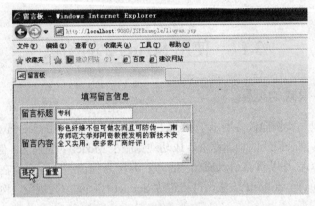

图 2.22 编辑留言界面

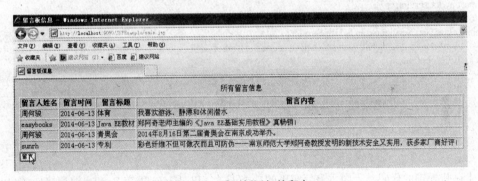

图 2.23 看到新添加的留言

习 题 2

1. 画出 HTML 文件的基本结构图。
2. 写出 JSP 的指令、动作、内置对象，并简述它们的作用。
3. 简述 JavaBean 的形式和要素，标准 JavaBean 的构造需要遵守什么规则？
4. 简述 Servlet 的生命周期。
5. Java Web 开发有哪两种模式？各自特点是什么？
6. 按照书上的指导完成本章【综合案例一】的项目，试着给系统划分层次结构，并说说这样划分的理由和依据。

第3章 Struts 2 基础

Struts 是 Apache 软件基金会赞助的一个开源项目。它最初是 Jakarta 项目中的一个子项目，旨在帮助程序员更方便地运用新的 Model2 模式来开发 Java EE 应用。从字面名称上看，Struts 2 好像是 Struts 的升级版，其实不是。Struts 2 是以 Webwork 的设计思想为核心，吸收 Struts 的优点而形成的，是 Struts 1 和 Webwork 结合的产物。

3.1 使用 Struts 2 的动机

3.1.1 Model 2 模式的缺陷

第 2 章已经通过具体实例向读者展示了 Model 2 开发模式（JSP+Servlet+JavaBean+JDBC）的优越性，它通过分离系统各部分模块的功能职责，成功地克服了 Model 1 的缺点，但是这种开发方式仍然存在弊端，原因在于：它是以重新引入原始 Servlet 编程为代价的，程序员在编写程序时必须继承 HttpServlet、覆盖 doGet()和 doPost()方法，严格遵守 Servlet 代码的编写规范，例如：

```
package x.xx.servlet;
import java.io.*;
import javax.servlet.*;
import javax.servlet.http.*;
public class XxxServlet extends HttpServlet{
    public void doGet(HttpServletRequest request, HttpServletResponse response) throws ServletException, IOException{
        …
    }
    public void doPost(HttpServletRequest request, HttpServletResponse response) throws ServletException, IOException{
        doGet(request,response);
    }
}
```

以上这些烦琐的代码与程序本身要实现的功能无关，仅是 Java 语言 Servlet 编程接口（API）的一部分。在实际开发中一旦暴露 Servlet API 就会大大增加编程的难度，为了屏蔽这种不必要的复杂性，减少用 Model 2 开发 Java EE 的工作量，人们发明了 Struts 2。下面通过一个简单的实例，让读者更好地理解 Struts 2 的作用。

3.1.2 简单 Struts 2 应用

1. 举例

【实例四】采用 JSP+Struts 2+JavaBean+JDBC 方式开发一个 Web 登录程序。

要求：在【实例三】（2.3.5 节）基础上修改而成，用 Struts 2 取代 Servlet 承担原程序中的流程控制职能。

（1）创建 Java EE 项目

新建 Java EE 项目，项目命名为 jsp_struts2_javabean_jdbc，具体操作略。

（2）加载 Struts 2 包

登录 http://struts.apache.org/，下载 Struts 2 完整版，本书使用的是 Struts 2.3.16.3。将下载的文件 struts-2.3.16.3-all.zip 解压缩，得到文件夹包含的目录结构如图 3.1 所示，这是一个典型的 Web 结构。

- apps：包含基于 Struts 2 的示例应用，对学习者来说是非常有用的资料。
- docs：包含 Struts 2 的相关文档，如 Struts 2 的快速入门、Struts 2 的 API 文档等内容。
- lib：包含 Struts 2 框架的核心类库，以及 Struts 2 的第三方插件类库。
- src：包含 Struts 2 框架的全部源代码。

```
struts-2.3.16.3-all
  struts-2.3.16.3
    apps
    docs
    lib
    src
```

图 3.1　Struts 2.3.16.3 目录结构

开发 Struts 2 程序只需用到 lib 下的 9 个 jar 包。

① 传统 Struts 2 的 5 个基本类库。

```
struts2-core-2.3.16.3.jar
xwork-core-2.3.16.3.jar
ognl-3.0.6.jar
commons-logging-1.1.3.jar
freemarker-2.3.19.jar
```

② 附加的 4 个库。

```
commons-io-2.2.jar
commons-lang3-3.1.jar
javassist-3.11.0.GA.jar
commons-fileupload-1.3.1.jar
```

③ 数据库驱动。

```
sqljdbc4.jar
```

加上数据库驱动一共是 10 个 jar 包，将它们一起复制到项目的\WebRoot\WEB-INF\lib 路径下。大部分时候，使用 Struts 2 的 Java EE 应用并不需要用到 Struts 2 的全部特性。

右击项目名，选择【Build Path】→【Configure Build Path...】，出现如图 3.2 所示的窗口。单击【Add External JARs...】按钮，将上述 10 个 jar 包添加到项目中，这样 Struts 2 包就加载成功了。

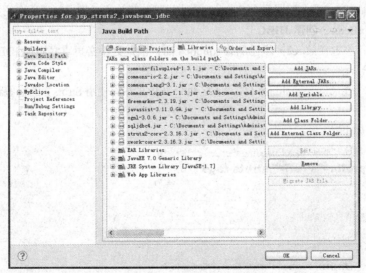

图 3.2　加载 Struts 2 包

其中，主要类描述如下。
- struts2-core-2.3.16.3.jar：Struts 2 框架核心类库。
- xwork-core-2.3.16.3.jar：Xwork 项目，Struts 2 就是在它的基础上构建的。
- ognl-3.0.6.jar：OGNL 表达式语言。
- commons-logging-1.1.3.jar：用于能够插入任何其他的日志系统。
- freemarker-2.3.19.jar：所有的 UI 标记模板。

（3）配置 Struts 2

修改项目的 web.xml 文件：

```xml
<?xml version="1.0" encoding="UTF-8"?>
<web-app xmlns:xsi="http://www.w3.org/2001/XMLSchema-instance" xmlns="http://xmlns.jcp.org/xml/ns/javaee" xsi:schemaLocation="http://xmlns.jcp.org/xml/ns/javaee http://xmlns.jcp.org/xml/ns/javaee/web-app_3_1.xsd" id="WebApp_ID" version="3.1">
    <filter>
        <filter-name>struts2</filter-name>
        <filter-class>org.apache.struts2.dispatcher.ng.filter.StrutsPrepareAndExecuteFilter</filter-class>
        <init-param>
            <param-name>actionPackages</param-name>
            <param-value>com.mycompany.myapp.actions</param-value>
        </init-param>
    </filter>
    <filter-mapping>
        <filter-name>struts2</filter-name>
        <url-pattern>/*</url-pattern>
    </filter-mapping>
    <display-name>jsp_struts2_javabean_jdbc</display-name>
    <welcome-file-list>
        <welcome-file>login.jsp</welcome-file>
    </welcome-file-list>
</web-app>
```

其中加黑部分内容，是在配置一个 Struts 2 的过滤器（有关其工作机制稍后介绍）。

（4）构造 JavaBean、创建 JDBC

同【实例三】，不过在第（2）步已加载 sqljdbc4.jar，故此处不必再重复添加 JDBC 驱动包。

（5）编写 JSP

本例 login.jsp（登录页）、main.jsp（主页）这两个 JSP 文件均使用 Struts 2 的标签进行了重新改写，如下。

login.jsp 代码如下：

```jsp
<%@ page language="java" pageEncoding="gb2312"%>
<%@ taglib prefix="s" uri="/struts-tags"%>
<html>
<head>
    <title>简易留言板</title>
</head>
<body bgcolor="#E3E3E3">
<s:form action="main" method="post" theme="simple">
<table>
```

```
            <caption>用户登录</caption>
            <tr>
                <td>
                    用户名：<s:textfield name="user.username" size="20"/>
                </td>
            </tr>
            <tr>
                <td>
                    密  码：<s:password name="user.password" size="21"/>
                </td>
            </tr>
            <tr>
                <td>
                    <s:submit value="登录"/>
                    <s:reset value="重置"/>
                </td>
            </tr>
        </table>
    </s:form>
    如果没注册单击<a href="">这里</a>注册！
</body>
</html>
```

其中加黑的语句使用了 Struts 2 的标签库，各标签的具体用法在 3.3 节会详细介绍，这里暂不展开。值得一提的是，此页面表单提交给的对象是"main"（为一控制器），接下来马上就会给出它的实现代码。

main.jsp 代码如下：

```
<%@ page language="java" pageEncoding="gb2312"%>
<%@ taglib prefix="s" uri="/struts-tags"%>
<html>
<head>
    <title>留言板信息</title>
</head>
<body>
    <s:set name="user" value="#session['user']"/>
    <s:property value="#user.username"/>，您好！欢迎登录留言板。
</body>
</html>
```

其中加黑语句用到了 Struts 2 的 OGNL 表达式，稍后也会进行介绍。

JSP 文件 error.jsp（出错页）代码依旧不变，从略。

（6）实现控制器 Action

基于 Struts 2 框架的 Java EE 应用程序使用自定义的 Action（控制器）来处理深层业务逻辑。本例定义名为"main"的控制器。

在项目 src 文件夹下建立包 org.easybooks.test.action，在包里创建 MainAction 类，代码如下：

```
package org.easybooks.test.action;
import java.sql.*;
import java.util.*;
import org.easybooks.test.model.vo.*;
```

```java
import org.easybooks.test.jdbc.SqlSrvDBConn;
import com.opensymphony.xwork2.*;
public class MainAction extends ActionSupport{
    private UserTable user;
    //处理用户请求的 execute 方法
    public String execute() throws Exception{
        String usr=user.getUsername();                  //获取提交的用户名
        String pwd=user.getPassword();                  //获取提交的密码
        boolean validated=false;                         //验证成功标识
        SqlSrvDBConn sqlsrvdb=new SqlSrvDBConn();
        ActionContext context=ActionContext.getContext();
        Map session=context.getSession();        //获得会话对象,用来保存当前登录用户的信息
        UserTable user1=null;
        //先获得 UserTable 对象,如果是第一次访问该页,用户对象肯定为空,但如果是第二次甚至是
        //第三次,就直接登录主页而无须再次重复验证该用户的信息
        user1=(UserTable)session.get("user");
        //如果用户是第一次进入,会话中尚未存储 user1 持久化对象,故为 null
        if(user1==null){
        //查询 userTable 表中的记录
        String sql="select * from userTable";
        ResultSet rs=sqlsrvdb.executeQuery(sql);        //取得结果集
        try {
                while(rs.next())
                {
                        if((rs.getString("username").trim().compareTo(usr)==0)&&(rs.getString("password").compareTo(pwd)==0)){
                                user1=new UserTable();//创建持久化的 JavaBean 对象 user1
                                user1.setId(rs.getInt(1));
                                user1.setUsername(rs.getString(2));
                                user1.setPassword(rs.getString(3));
                                session.put("user", user1);     //把 user1 对象存储在会话中
                                validated=true;                  //标识为 true 表示验证成功通过
                        }
                }
                rs.close();
            } catch (SQLException e) {
                e.printStackTrace();
            }
        sqlsrvdb.closeStmt();
        sqlsrvdb.closeConn();
        }
        else{
           validated=true;   //该用户在之前已登录过并成功验证,故标识为 true 表示无须再验了
        }
        if(validated)
        {
           //验证成功返回字符串"success"
           return "success";
        }
        else{
            //验证失败返回字符串"error"
```

```
        return "error";
    }
}
// user 属性的 getter/setter 方法
public UserTable getUser(){
    return user;
}
public void setUser(UserTable user){
    this.user=user;
}
}
```

可以看出，该 Action 只是一个普通的 Java 类，它有一个属性：user，并且生成了其 getter 和 setter 方法。在 Struts 2 中，Action 类的属性总是在调用 execute()方法之前被设置（通过 getter/setter 方法），这意味着在 execute()中可以直接使用，因为在 execute()执行之前，它们已经被赋予了正确的内容。

（7）配置 Action

在编写好 Action（控制器）的代码之后，还需要进行配置才能让 Struts 2 识别这个 Action。在 src 下创建文件 struts.xml（注意文件位置和大小写），输入如下的配置代码：

```xml
<?xml version="1.0" encoding="utf-8"?>
<!DOCTYPE struts PUBLIC
    "-//Apache Software Foundation//DTD Struts Configuration 2.0//EN"
    "http://struts.apache.org/dtds/struts-2.0.dtd">
<struts>
    <package name="default" extends="struts-default">
        <!-- 用户登录 -->
        <action name="main" class="org.easybooks.test.action.MainAction">
            <result name="success">/main.jsp</result>
            <result name="error">/error.jsp</result>
        </action>
    </package>
    <constant name="struts.i18n.encoding" value="gb2312"></constant>
</struts>
```

以上映射文件定义了 name 为 "main" 的 Action。即当 Action 负责处理 main.action URI 的客户端请求时，该 Action 将调用自身的 execute 方法处理用户请求，如果 execute 方法返回 success 字符串，请求被转发到 main.jsp 页面；如果 execute 方法返回 error 字符串，请求则被转到 error.jsp 页面。

最后，部署运行程序，效果与【实例三】完全一样，如图 2.13 所示。

2. Struts 2 在其中所起的作用

对比本例与【实例三】中的程序，可以发现，我们用 Action 模块（MainAction）取代了原来的 Servlet 类（MainServlet），这样做的好处在于：屏蔽了 Servlet 原始的 API，简化了代码结构，而改用 Struts 2 核心来自动地控制 JSP 页面跳转，系统的结构如图 3.3（b）所示。

读者可将图 3.3（a）与图 3.3（b）相比较以加深理解，可以很清楚地看出：这里用 Struts 2 取代了原 Servlet 的位置，而且业务逻辑处理的功能由用户自定义编写 Action 去实现，与 Struts 2 的控制核心相分离，这就进一步降低了系统中各部分组件的耦合度。

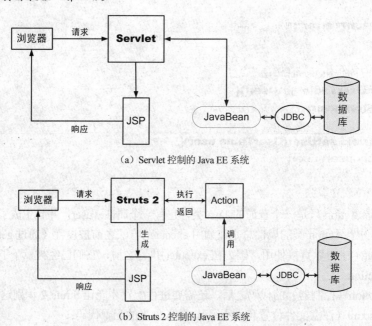

（a）Servlet 控制的 Java EE 系统

（b）Struts 2 控制的 Java EE 系统

图 3.3　Struts 2 的作用

3.2　Struts 2 原理及工作流程

3.2.1　Struts 2 基本原理

1．Servlet Filter 技术

Servlet Filter（过滤器）技术是 Servlet 2.3 新增加的功能，由原 Sun 公司于 2000 年 10 月发布。

Filter 过滤器是 Java 中常用的一项技术，过滤器是用户请求和 Web 服务器之间的一层处理程序。这层程序可以对用户请求和处理程序响应的内容进行处理。过滤器可以用于权限控制、编码转换等场合。

Servlet 过滤器是在 Java Servlet 规范中定义的，它能够对过滤器关联的 URL 请求和响应进行检查和修改。过滤器能够在 Servlet 被调用之前检查 Request 对象，修改 Request Header 和 Request 内容；在 Servlet 被调用之后检查 Response 对象，修改 Response Header 和 Response 内容。过滤器过滤的 URL 资源可以是 Servlet、JSP、HTML 文件，或者是整个路径下的任何资源。多个过滤器可以构成一个过滤器链，当请求过滤器关联的 URL 时，过滤器链上的过滤器会挨个发生作用。

如图 3.4 所示为过滤器处理请求的过程，图中显示了正常请求、加过滤器请求和加过滤器链请求的处理过程。过滤器可以对 Request 对象和 Response 对象进行处理。

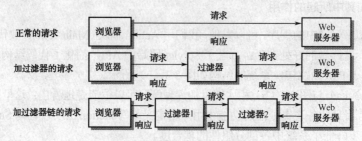

图 3.4　过滤器处理请求的过程

所有的过滤器类都必须实现 java.Servlet.Filter 接口，它含有 3 个过滤器类必须实现的方法。

① init(FilterConfig)。

这是过滤器的初始化方法，Servlet 容器创建过滤器实例后将调用这个方法。在这个方法中可以通过 FilterConfig 参数读取 web.xml 文件中过滤器的初始化参数。

② doFilter(ServletRequest,ServletResponse,FilterChain)。

这个方法完成实际的过滤操作，当用户请求与过滤器关联的 URL 时，Servlet 容器将先调用过滤器的 doFilter 方法，在返回响应之前也会调用此方法。FilterChain 参数用于访问过滤器链上的下一个过滤器。

③ destroy()。

Servlet 容器在销毁过滤器实例前调用该方法，这个方法可以释放过滤器占用的资源。

过滤器编写完成后，要在 web.xml 进行配置，格式如下：

```
<filter>
    <filter-name>过滤器名称</filter-name>
    <filter-class>过滤器对应的类</filter-class>
    <!--初始化参数-->
    <init-param>
        <param-name>参数名称</param-name>
        <param-value>参数值</param-value>
    </init-param>
</filter>
```

过滤器必须和特定 URL 关联才能发挥作用，关联的方式有 3 种：与一个 URL 关联；与一个 URL 目录下的所有资源关联；与一个 Servlet 关联。

下面举例说明在 web.xml 中配置过滤器与 URL 关联的方法。

① 与一个 URL 资源关联。

```
<filter-mapping>
    <filter-name>过滤器名</filter>
    <url-pattern>xxx.jsp</url.pattern>
</filter-mapping>
```

② 与一个 URL 目录下的所有资源关联。

```
<filter-mapping>
    <filter-name>过滤器名</filter-name>
    <url-pattern>/*</url-pattern>
</filter-mapping>
```

③ 与一个 Servlet 关联。

```
<filter-mapping>
    <filter-name>过滤器名</filter-name>
    <Servlet-name>Servlet 名称</Servlet-name>
</filter-mapping>
```

前面讲述了过滤器的基本概念，那么过滤器有什么用处呢？常常利用过滤器完成以下功能。

① 权限控制。通过过滤器实现访问的控制，当用户访问某个链接或者某个目录时，可利用过滤器判断用户是否有访问权限。

② 字符集处理。可以在过滤器中处理 request 和 response 的字符集，而不用在每个 Servlet 或者 JSP 中单独处理。

③ 其他一些场合。过滤器非常有用,可以利用它完成很多适合的工作,如计数器、数据加密、访问触发器、日志、用户使用分析等。

2. Struts 2 内部机制

Struts 2 的设计思想:用 Servlet Filter 技术将 Servlet API 隐藏于框架之内,一个请求在 Struts 2 框架内被处理,大致分为以下几个步骤,如图 3.5 所示。

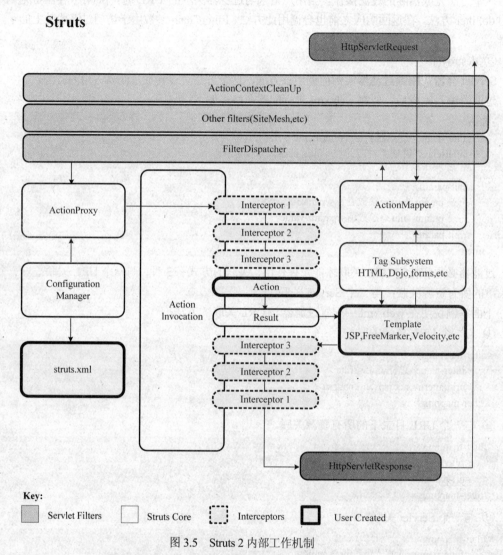

图 3.5 Struts 2 内部工作机制

① 客户端初始化一个指向 Servlet 容器(如 Tomcat)的请求。

② 这个请求经过一系列的过滤器(Filter)(这些过滤器中有一个为 ActionContextCleanUp,它对于 Struts 2 和其他框架的集成很有帮助,如 SiteMesh Plugin)。

③ 接着 FilterDispatcher 被调用,FilterDispatcher 询问 ActionMapper 来决定这个请求是否需要调用某个 Action。

④ 如果 ActionMapper 决定需要调用某个 Action,FilterDispatcher 把请求的处理交给 ActionProxy。

⑤ ActionProxy 通过 Configuration Manager 询问框架的配置文件,找到需要调用的 Action 类。

⑥ ActionProxy 创建一个 ActionInvocation 的实例。

⑦ ActionInvocation 实例使用命名模式来调用，在调用 Action 的过程前后，涉及相关拦截器（Interceptor）的调用。

⑧ 一旦 Action 执行完毕，ActionInvocation 负责根据 struts.xml 中的配置找到对应的返回结果。返回结果通常是（但不总是，也可能是另外的一个 Action 链）一个需要被表示的 JSP 或 FreeMarker 的模板。在表示的过程中可以使用 Struts 2 框架中继承的标签，在这个过程中还要涉及 ActionMapper。

从 Struts 2 的内部机制可见，它实质上就是一个功能经过了定制扩展的 Servlet 过滤器，只不过这个过滤器是专门设计用来为简化 Java EE 开发服务的。

3.2.2　Struts 2 框架工作流程

当用户发送一个请求后，web.xml 中配置的核心控制器就会过滤该请求。如果请求为一个 Action，该请求就会被转入 Struts 2 框架处理。Struts 2 框架接收到请求后，将根据 Action 的名称来决定调用哪个业务模块。整个工作流程如图 3.6 所示。

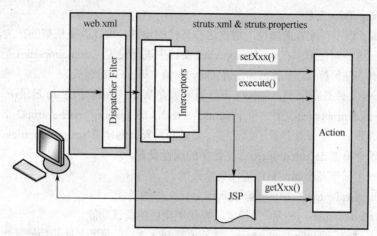

图 3.6　Struts 2 框架的工作流程

Struts 2 框架中的配置文件 struts.xml 会起映射作用，它会根据名称来决定调用用户定义的哪个 Action 类。例如，在【实例四】（3.1.2 节）中，Action 的名称为 "main"，所以在 struts.xml 中有个 Action 类的 name 为 "main"，这表示该请求与这个 Action 匹配，就会调用该 Action 中 class 属性指定的 Action 类。但是在 Struts 2 中，用户定义的 Action 类并不是业务控制器，而是 Action 代理，其并没有和 Servlet API 耦合。所以 Struts 2 框架提供了一系列的拦截器，它负责将 HttpServletRequest 请求中的请求参数解析出来，传到用户定义的 Action 类中。然后再调用其 execute()方法处理用户请求，处理结束后，会返回一个值，这时，Struts 2 框架的 struts.xml 文件又起映射作用，会根据其返回的值来决定跳转到哪个页面。

综上所述，Struts 2 的基本流程如下。

① Web 浏览器请求一个资源。

② 过滤器 Dispatcher 查找请求，确定适当的 Action。

③ 拦截器自动对请求应用通用功能，如验证和文件上传等操作。

④ Action 的 execute()方法通常用来存储和（或）重新获得信息（通过数据库）。

⑤ 结果被返回到浏览器。可能是 HTML、图片、PDF 或其他。

可见，Struts 2 框架的应用着重在控制上。简单的流程是：页面→控制器→页面。最重要的是控制器的取数据与处理后传数据的问题。

3.2.3 Struts 2 配置文件及元素

Struts 2 的配置可以分成多个单独的文件，如图 3.6 所示，其中 web.xml 是 Web 部署描述符，包括所有必需的框架组件。struts.xml 是 Struts 2 的主要配置文件。struts.properties 是 Struts 2 框架的属性配置文件。

（1）web.xml 文件

web.xml 并不是 Struts 2 框架特有的文件，它作为部署描述文件，是所有 Java Web 应用程序都需要的核心配置文件。

Struts 2 框架需要在 web.xml 文件中配置一个前端控制器 FilterDispatcher，用于对 Struts 2 框架进行初始化并处理所有的请求。FilterDispatcher 是一个 Servlet 过滤器，它是整个 Web 应用的配置项。Struts 2.1.3 以后的版本开始使用更先进的 StrutsPrepareAndExecuteFilter 过滤器取代早期的 FilterDispatcher，【实例四】（3.1.2 节）配置的即是这个新的过滤器，其对应的类是 Struts 2 中的 org.apache.struts2.dispatcher.ng.filter.StrutsPrepareAndExecuteFilter，起到一个拦截器的作用，其类内容是 Struts 2 提供的，有兴趣的读者可以自己研究其源代码，这里就不再详细说明了。

（2）struts.properties 文件

Struts 2 提供了很多可配置的属性，通过这些属性的设置，可以改变框架的行为，从而满足不同 Web 应用的需求。这些属性可以在 struts.properties 文件中进行设置，struts.properties 是标准的 Java 属性文件格式，"#"作为注释符号，文件内容由键（key）-值（value）对组成。

struts.properties 文件必须位于 classpath 下，通常放在 Web 应用程序的 src 目录下。

Struts 2 在 default.properties 文件（位于 struts2-core-2.3.16.3.jar\org\apache\struts2 下）中给出了所有属性的列表，并对其中一些属性预置了默认值。如果开发人员创建了 struts.properties 文件，那么在该文件中的属性设置会覆盖 default.properties 文件中的属性设置。

在开发环境中，以下几个属性是可能需要修改的。

① struts.i18n.reload = true：激活重新载入国际化文件的功能。

② struts.devMode = true：激活开发模式，提供更全面的调试功能。

③ struts.configuration.xml.reload = true：激活重新载入 XML 配置文件的功能，当文件被修改后，就不需要载入 Servlet 容器中的整个 Web 应用了。

④ struts2.url.http.port = 8080：配置服务器运行的端口。

⑤ struts.objectFactory = spring：把 Struts 2 的类生成交给 Spring 完成（用于集成 Struts 2 与 Spring 框架，详见本书第 6 章）。

（3）struts.xml 文件

struts.xml 文件通常放在 Web 应用程序的 WEB-INF/classes 目录下，该目录下的 struts.xml 将被 Struts 2 框架自动加载。

struts.xml 文件是一个 XML 文件，文件前面是 XML 的头文件，然后是 <struts> 标签，位于 Struts 2 配置的最外层，其他标签都是包含在它里面的。

（4）package 元素

与 Java 中的包不同的是，Struts 2 中的包可以扩展另外的包，从而"继承"原有包的所有定义，并可以添加自己包的特有配置，以及修改原有包的部分配置。从这一点上看，Struts 2 中的包更像 Java 中的类。package 有以下几个常用属性。

- name：该属性是必选的，指定包的名字，这个名字将作为引用该包的键。
- extends：该属性是可选的，允许一个包继承一个或多个先前定义的包。
- abstract：该属性是可选的，将其设置为 true，可以把一个包定义为抽象的。

- namespace：该属性是可选的，将保存的 action 配置为不同的名称空间。例如：

```xml
<package name="default">
    <action name="foo" class="mypackage.simpleAction">
        <result name="success">/foo.jsp</result>
    </action>
    <action name="bar" class="mypackage.simpleAction">
        <result name="success">/bar.jsp</result>
    </action>
</package>
<package name="mypackage1" namespace="/">
    <action name="moo" class="mypackage.simpleAction">
        <result name="success">/moo.jsp</result>
    </action>
</package>
<package name="mypackage2" namespace="/barspace">
    <action name="bar" class="mypackage.simpleAction">
        <result name="success">/bar.jsp</result>
    </action>
</package>
```

如果请求/barspace/bar.action，框架将首先查找/barspace 名称空间，如果找到了，则执行 bar.action；如果没有找到，则到默认的名称空间中继续查找。在本例中，/barspace 名称中有名为 bar 的 Action，因此它会被执行。

如果请求/barspace/foo.action，框架会在/barspace 名称空间中查找 foo 这个 Action。如果找不到，框架会到默认命名空间中去查找。在本例中，/barspace 名称空间中没有 foo 这个 action，因此默认的名称空间中的/foo.action 将被找到执行。

如果请求/moo.action，框架会在根名称空间 "/" 中查找 moo.action，如果没有找到，再到默认名称空间中查找。

（5）Action 元素

当一个请求匹配到某个 Action 名字时，框架就使用这个映射来确定如何处理请求。

```xml
<action name="struts" class="org.action.StrutsAction">
    <result name="success">/welcome.jsp</result>
    <result name="error">/hello.jsp</result>
</action>
```

如果一个请求要调用 Action 类中的其他方法，就需要在 Action 配置中加以配置。例如，如果在 org.action.StrutsAction 中有另外一个方法为：

```
public String find() throws Exception{return SUCCESS;}
```

那么如果想要调用这个方法，就必须在 Action 中配置 method 属性，其配置方法为：

```xml
<!-- name 值是用来和请求匹配的-->
<action name="find" class="org.action.StrutsAction" method="find">
    <result name="success">/welcome.jsp</result>
    <result name="error">/hello.jsp</result>
</action>
```

method 属性的值必须和 Action 类中要用到的方法名相同。

（6）result 元素

一个 result 代表一个可能的输出。当 Action 类中的方法执行完成时，返回一个字符串类型的结果代码，框架根据这个结果代码选择对应的 result，向用户输出。

```
<result name ="逻辑视图名" type ="视图结果类型"/>
    <param name ="参数名">参数值</param>
</result>
```

param 中的 name 属性有如下两个值。
- location：指定逻辑视图。
- parse：是否允许在实际视图名中使用 OGNL 表达式，参数默认为 true。

result 中的 name 属性有如下值。
- success：表示请求处理成功，该值也是默认值。
- error：表示请求处理失败。
- none：表示请求处理完成后不跳转到任何页面。
- input：表示输入时如果验证失败应该跳转到什么地方（关于验证后面会介绍）。
- login：表示登录失败后跳转的目标。

type（非默认类型）属性支持的结果类型有以下几种。
- chain：用来处理 Action 链。
- chart：用来整合 JFreeChart 的结果类型。
- dispatcher：用来转向页面，通常处理 JSP，该类型也为默认类型。
- freemarker：处理 FreeMarker 模板。
- httpheader：控制特殊 HTTP 行为的结果类型。
- jasper：用于 JasperReports 整合的结果类型。
- jsf：JSF 整合的结果类型。
- redirect：重定向到一个 URL。
- redirect-action：重定向到一个 Action。
- stream：向浏览器发送 InputStream 对象，通常用来处理文件下载，还可用于返回 Ajax 数据。
- tiles：与 Tiles 整合的结果类型。
- velocity：处理 Velocity 模板。
- xslt：处理 XML/XLST 模板。
- plaintext：显示原始文件内容，如文件源代码。

redirect-action 类型用于当一个 Action 处理结束后，直接将请求重定向到另一个 Action。如下列配置：

```
…
<action name="struts" class="org.action.StrutsAction" >
    <result name="success">/welcome.jsp</result>
    <result name="error">/hello.jsp</result>
</action>
<action name="login" class="org.action.StrutsAction">
    <result name="success" type="redirect-action">struts</result>
</action>
…
```

上面的配置中，第一个 Action 中省略了 type，这就意味着其为默认类型，即为 dispatcher，所以后面配置的是跳转到一个 JSP 文件。而第二个 Action 中配置的 type="redirect-action"，就是如果该 Action 执行成功后要重定向上面的 name="struts"的 Action。

（7）ActionSupport 类

ActionSupport 类为 Action 提供了一些默认实现，主要包括预定义常量、从资源文件中读取文本资源、接收验证错误信息和验证的默认实现。

下面是 ActionSupport 类所实现的接口：

```
public class ActionSupport implements Action, Validateable, ValidationAware,
        TextProvider, LocaleProvider,Serializable {
}
```

Action 接口同样位于 com.opensymphony.xwork2 包，定义了一些常量和一个 execute()方法。

```
public interface Action {
    public static final String SUCCESS="success";
    public static final String NONE="none";
    public static final String ERROR="error";
    public static final String INPUT="input";
    public static final String LOGIN="login";
    public String execute() throws Exception;
}
```

由于【实例四】（3.1.2 节）中继承了 ActionSupport 类，所以可以看出，在 execute 的返回值中，其代码可以改为：

```
…
    public String execute() throws Exception{
    …
        if(validated)
        {
          //验证成功返回字符串"success"
          return SUCCESS;
        }
        else{
          //验证失败返回字符串"error"
          return ERROR;
        }
    }
…
}
```

这样，可以达到同样的效果。

接口 com.opensymphony.xwork2.ValidationAware 的实现类 com.opensymphony.xwork2.ValidationAwareSupport 定义了三个集合成员，这些集合用于存储运行时的错误或消息。ValidationAware 类的众多方法主要完成对这些成员的存储操作和判断集合中是否有元素的操作，ActionSupport 仅仅实现对这些方法的简单调用。

3.3 Struts 2 数据验证

在前面的应用中，即使用户输入空的 name，服务器也会处理用户请求。当然，对于前面的例子来说，这没什么大不了的。但如果是注册时，用户注册了空的用户名和密码，并且保存到数据库中，如果后面要根据用户输入的用户名或密码来查询数据，这些空输入就可能会引起异常。

3.3.1 实现 validate 校验

前面说过，Action 类继承了 ActionSupport 类，而该类实现了 Action、Validateable、ValidationAware、TextProvider、LocaleProvider 和 Serializable 接口。而其中的 Validateable 接口定义了一个 validate()方法，

所以只要在用户自定义的 Action 类中重写该方法就可以实现验证功能。下面来看其实现，可以把【实例四】（3.1.2 节）中的 Action 类改写成：

```java
package org.easybooks.test.action;
…
public class MainAction extends ActionSupport{
    private UserTable user;
    //处理用户请求的 execute 方法
    public String execute() throws Exception{
        …
    }
    public void validate(){
        //如果用户名为空，就把错误信息添加到 Action 类的 fieldErrors
        if(user.getUsername()==null||user.getUsername().trim().equals("")){
            addFieldError("user.username","用户名必须填！");    //把错误信息保存起来
        }
    }
    // user 属性的 getter/setter 方法
    public UserTable getUser(){
        return user;
    }
    public void setUser(UserTable user){
        this.user=user;
    }
}
```

在类中定义了校验方法后，该方法会在执行系统的 execute()方法之前执行。如果执行该方法之后，Action 类的 fieldErrors 中已经包含了数据校验错误信息，将把请求转发到 input 逻辑视图处，所以要在 Action 配置中加入以下代码：

```xml
<action name="main" class="org.easybooks.test.action.MainAction">
    <result name="success">/main.jsp</result>
    <result name="error">/error.jsp</result>
    <result name="input">/login.jsp</result>
</action>
```

这里是将视图转发到输入页面 login.jsp。

但是，在保存了错误信息后，怎么才能把信息打印到出现错误后而转发的页面呢？原来在 Struts 2 框架中的表单标签<s:form…/>已经提供了输出校验错误的能力，但需要特别指出的是：<s:form…/>标签有一个 theme 属性，不要将该属性指定为 simple！否则无法正常输出错误信息。所以要把 JSP 页面 login.jsp 改写一下（标签的具体应用会在 3.4 节具体讲解）：

```jsp
<%@ page language="java" pageEncoding="gb2312"%>
<%@ taglib prefix="s" uri="/struts-tags"%>
<html>
<head>
    <title>简易留言板</title>
</head>
<body bgcolor="#E3E3E3">
<s:form action="main" method="post">
             用户登录<br/>
    <s:textfield name="user.username" label="用户名" size="20"/>
```

```
            <s:password name="user.password" label="密    码" size="21"/>
            <s:submit value="登录"/>
</s:form>
如果没注册单击<a href="">这里</a>注册！
</body>
</html>
```

修改之后，部署运行。不输入任何用户名直接提交，将会看到如图3.7所示的界面。

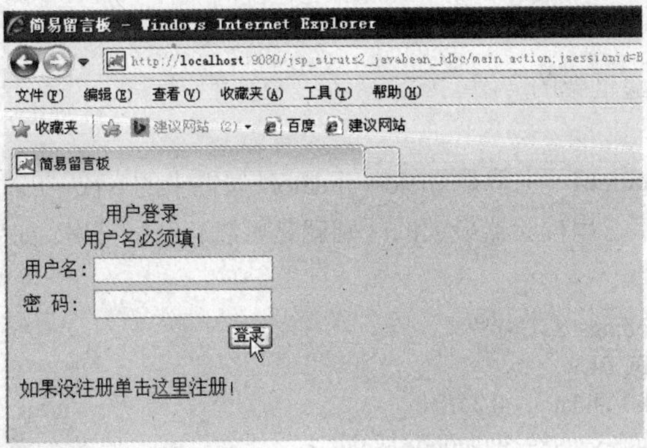

图 3.7 校验结果

3.3.2 使用校验框架

Struts 2 提供了校验框架，只需要增加一个校验配置文件，就可以完成对数据的校验。Struts 2 提供了大量的数据校验器，包括表单域校验器和非表单域校验器两种。

1．必填字符串校验器

上例主要使用了 requiredstring 校验器，该校验器是一个必填字符串校验器。也就是该输入框是必须输入的，并且字符串长度大于 0。其校验规则定义文件如下：

```
<?xml version="1.0" encoding="UTF-8"?>
<!DOCTYPE validators PUBLIC
"-//Apache Struts//XWork Validator 1.0.2//EN"
"http://struts.apache.org/dtds/xwork-validator-1.0.2.dtd">
<validators>
<!-- 需要校验的字段的字段名 -->
<field name="user.username">
        <!--验证字符串不能为空，即必填-->
        <field-validator type="requiredstring">
             <!--去空格-->
             <param name="trim">true</param>
             <!--错误提示信息-->
             <message>用户名必须填！</message>
        </field-validator>
</field>
</validators>
```

该文件的命名应遵循如下规则。

ActionName-validation.xml：其中 ActionName 就是需要校验的用户自定义的 Action 类的类名。因此上面的校验规则文件应命名为 MainAction-validation.xml，且该文件应与 Action 类的文件位于同一路径下。如果一个 Action 类中有两个甚至多个方法,对应的在 struts.xml 中就有多个 Action 的配置与之匹配,这时如果想对其中的一个方法进行验证,命名应该为 ActionName-name-validation.xml。注意,这里的 name 是在 struts.xml 中的 Action 属性里面的 name。因此,上例的做法应该是:右击 org.easybooks.test.action 包,选择【New】→【File】菜单项,在 name 输入框中输入"MainAction-validation.xml",然后把上面的代码复制到该文件中。有了校验规则文件后,在 Action 类中覆盖的 validate 方法就可以不要了。这些工作都完成以后,部署运行,得到同样的结果。

2. 其他校验框架

下面具体介绍其他校验框架的应用。

（1）必填校验器

该校验器的名字是 required,也就是<field-validator>属性中的 type="required",该校验器要求指定的字段必须有值,与必填字符串校验器最大的区别就是可以有空字符串。如果把上例改为必填校验器,其代码应为:

```xml
<?xml version="1.0" encoding="UTF-8"?>
<!DOCTYPE validators PUBLIC
"-//Apache Struts//XWork Validator 1.0.2//EN"
"http://struts.apache.org/dtds/xwork-validator-1.0.2.dtd">
<validators>
<!--需要校验的字段的字段名-->
<field name="user.username">
    <!--验证字符串必填-->
    <field-validator type="required">
        <!--错误提示信息-->
        <message>用户名必须填!</message>
    </field-validator>
</field>
</validators>
```

（2）整数校验器

该校验器的名字是 int,该校验器要求字段的整数值必须在指定范围内,故其有 min 和 max 参数。如果有个 age 输入框,要求其必须是整数,且输入值必须在 18 与 100 之间,该校验器的配置应该为:

```xml
<validators>
    <!--需要校验的字段的字段名-->
    <field name="age">
        <field-validator type="int">
            <!--年龄最小值-->
            <param name="min">18</param>
            <!--年龄最大值-->
            <param name="max">100</param>
            <!--错误提示信息-->
            <message>年龄必须在 18 至 100 之间</message>
        </field-validator>
    </field>
</validators>
```

（3）日期校验器

该校验器的名字是 date,该校验器要求字段的日期值必须在指定范围内,故其有 min 和 max 参数。其配置格式如下:

```xml
<validators>
    <!--需要校验的字段的字段名-->
    <field name="date">
        <field-validator type="date">
            <!--日期最小值-->
            <param name="min">1980-01-01</param>
            <!--日期最大值-->
            <param name="max">2014-12-31</param>
            <!--错误提示信息-->
            <message>日期必须在 1980-01-01 至 2014-12-31 之间</message>
        </field-validator>
    </field>
</validators>
```

(4) 邮件地址校验器

该校验器的名称是 email，该校验器要求字段的字符如果非空，就必须是合法的邮件地址。如下面的代码：

```xml
<validators>
    <!--需要校验的字段的字段名-->
    <field name="email">
        <field-validator type="email">
            <message>必须输入有效的电子邮件地址 </message>
        </field-validator>
    </field>
</validators>
```

(5) 网址校验器

该校验器的名称是 url，该校验器要求字段的字符如果非空，就必须是合法的 URL 地址。如下面的代码：

```xml
<validators>
    <!--需要校验的字段的字段名-->
    <field name="url">
        <field-validator type="url">
            <message>必须输入有效的网址 </message>
        </field-validator>
    </field>
</validators>
```

(6) 字符串长度校验器

该校验器的名称是 stringlength，该校验器要求字段的长度必须在指定的范围内，一般用于密码输入框。如下面的代码：

```xml
<validators>
    <!--需要校验的字段的字段名-->
    <field name="password">
        <field-validator type="stringlength">
            <!--长度最小值-->
            <param name="minLength">6</param>
            <!--长度最大值-->
            <param name="maxLength">20</param>
            <!--错误提示信息-->
```

```
            <message>密码长度必须在 6 到 20 之间</message>
        </field-validator>
    </field>
</validators>
```

（7）正则表达式校验器

该校验器的名称是 regex，它检查被校验字段是否匹配一个正则表达式。如下面的代码：

```
<validators>
    <field name="xh">
        <field-validator type="regex">
            <param name="expression"><![CDATA[(\d{6})]]></param>
            <message>学号必须是 6 位的数字</message>
        </field-validator>
    </field>
</validators>
```

这里就列出几个常用的，当然还有其他校验器，如表达式校验器、Visitor 校验器、字段表达式校验器等。注意，这些校验器不是只能单个使用，在一般的项目开发中需要它们一起使用。往往一个页面有很多字段需要校验，这时就要综合应用这些校验器了。

3.4 Struts 2 标签库

前面已经提到过 Struts 2 标签库，其大大简化了 JSP 页面输出逻辑的实现。借助于 Struts 2 标签库，完全可以避免在 JSP 页面中使用 Java 脚本代码。虽然 Struts 2 把所有的标签都定义在 URI 为/struts-tags 的命名空间下，但依然可以对 Struts 2 标签进行简单分类。从最大的范围来说，Struts 2 可以将所有的标签分为 3 类：UI 标签、非 UI 标签和 Ajax 标签。其中 UI 标签主要用于生成 HTML 元素的标签，又可以分为表单标签和非表单标签。非 UI 标签主要用于数据访问和逻辑控制等，又可以分为控制标签和数据标签。Ajax 标签主要用于 Ajax 支持的标签。

3.4.1 Struts 2 的 OGNL 表达式

在介绍标签库前，有必要先来学习 Struts 2 的 OGNL 表达式。

1．OGNL 表达式

OGNL 表达式是 Struts 2 框架的特点之一。

标准的 OGNL 会设定一个根对象（root 对象）。假设使用标准 OGNL 表达式来求值（不是 Struts 2 OGNL），如果 OGNL 上下文有两个对象 foo 对象和 bar 对象，同时 foo 对象被设置为根对象（root），则利用下面的 OGNL 表达式求值。

```
#foo.blah      // 返回 foo.getBlah()
#bar.blah      // 返回 bar.getBlah()
blah           // 返回 foo.getBlah()，因为 foo 为根对象
```

在 Struts 2 框架中，值栈（Value Stack）就是 OGNL 的根对象。假设值栈中存在两个对象实例 Man 和 Animal，这两个对象实例都有一个 name 属性，Animal 有一个 species 属性，Man 有一个 salary 属性。假设 Animal 在值栈的顶部，Man 在 Animal 后面，如图 3.8 所示。下面的代码片段能更好地理解 OGNL 表达式。

```
species        // 调用 animal.getSpecies()
salary         // 调用 man.getSalary()
name           // 调用 animal.getName()，因为 Animal 位于值栈的顶部
```

最后一行实例代码返回的是 animal.getName()返回值，即返回了 Animal 的 name 属性，因为 Animal 是值栈的顶部元素，OGNL 将从顶部元素搜索，所以会返回 Animal 的 name 属性值。如果要获得 Man 的 name 值，则需要如下代码：

```
man.name
```

Struts 2 允许在值栈中使用索引，实例代码如下：

```
[0].name          // 调用 animal.getName()
[1].name          // 调用 man.getName()
```

Struts 2 中的 OGNL Context 是 ActionContext，如图 3.9 所示。

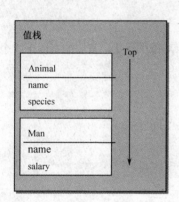

图 3.8　一个包含了 Animal 和 Man 的值栈

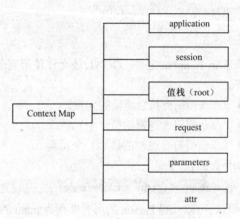

图 3.9　Struts 2 的 OGNL Context 结构示意图

由于值栈是 Struts 2 中 OGNL 的根对象。如果用户需要访问值栈中的对象，则可以通过如下代码访问值栈中的属性：

```
${foo}        // 获得值栈中的 foo 属性
```

如果访问其他 Context 中的对象，由于不是根对象，在访问时需要加#前缀。

- application 对象：用来访问 ServletContext，如#application.userName 或者#application ["userName"]，相当于调用 Servlet 的 getAttribute("userName")。
- session 对象：用来访问 HttpSession，如#session.userName 或者#session["userName"]，相当于调用 session.getAttribute("userName")。如在【实例四】（3.1.2 节）中 MainAction 类中代码：

```
ActionContext context=ActionContext.getContext();
Map session=context.getSession();
session.put("user", user1);              //把 user1 对象存储在会话中
```

这就是先得到 session 对象，然后把值放进去，在该例的 main.jsp 中有：

```
<s:set name="user" value="#session['user']"/>
```

其中，# session['user']相当于调用了 session.getAttribute("user")。

- request 对象：用来访问 HttpServletRequest 属性的 Map，如#request.userName 或者#request ["userName"]，相当于调用 request.getAttribute("userName")。

2. OGNL 集合操作

使用如下代码直接生成一个 List 对象：

```
{e1, e2, e3…}
```

下面的代码可以直接生成一个 Map 对象：

#{key: value1, key2: value2, …}

对于集合类型，OGNL 表达式可以使用 in 和 not in 两个元素符号。其中，in 表达式用来判断某个元素是否在指定的集合对象中；not in 判断某个元素是否不在指定的集合对象中，代码如下：

```
<s: if test="'foo' in {'foo', 'bar'}">
    …
</s: if>
```

或：

```
<s: if test="'foo' not in {'foo', 'bar'}">
    …
</s: if>
```

除了 in 和 not in 之外，OGNL 还允许使用某个规则获得集合对象的子集，常用的有以下 3 个相关操作符。

- ?：获得所有符合逻辑的元素。
- ^：获得符合逻辑的第一个元素。
- $：获得符合逻辑的最后一个元素。

如下面的代码：

Person .relatives.{?# this.gender=='male'}

该代码可以获得 Person 的所有性别为 male 的 relatives 集合。

3.4.2 数据标签

数据标签属于非 UI 标签，主要用于提供各种数据访问相关的功能，数据标签主要包括以下几个。

- property：用于输出某个值。
- set：用于设置一个新变量。
- param：用于设置参数，通常用于 bean 标签和 action 标签的子标签。
- bean：用于创建一个 JavaBean 实例。
- action：用于在 JSP 页面直接调用一个 Action。
- date：用于格式化输出一个日期。
- debug：用于在页面上生成一个调试链接，当单击该链接时，可以看到当前值栈和 Stack Context 中的内容。
- il8n：用于指定国际化资源文件的 baseName。
- include：用于在 JSP 页面中包含其他的 JSP 或 Servlet 资源。
- push：用于将某个值放入值栈的栈顶。
- text：用于输出国际化（国际化内容会在后面讲解）。
- url：用于生成一个 URL 地址。

下面对几个常用的数据标签进行详细讲解。

1. <s:property>标签

property 标签的作用是输出指定值。property 标签输出 value 属性指定的值。如果没有指定的 value 属性，则默认输出值栈栈顶的值。该标签有如下几个属性：

- default：该属性是可选的，如果需要输出的属性值为 null，则显示 default 属性指定的值。

- escape：该属性是可选的，指定是否 escape HTML 代码。
- value：该属性是可选的，指定需要输出的属性值，如果没有指定该属性，则默认输出值栈栈顶的值。该属性也是最常用的，如前面用到的如下代码。

```
<s:property value="#user.username"/>
```

- id：该属性是可选的，指定该元素的标志。

2．<s:set>标签

该标签有如下几个属性。
- name：该属性是必选的，重新生成新变量的名字。
- scope：该属性是可选的，指定新变量的存放范围。
- id：该属性是可选的，指定该元素的引用 id。

下面是一个简单例子，展示了 property 标签访问存储于 session 中的 user 对象的多个字段：

```
<s:property value="#session['user'].username"/>
<s:property value="#session['user'].password"/>
```

使用 set 标签使得代码易于阅读：

```
<s:set name="user" value="#session['user']" />
<s:property value="#user.username"/>
<s:property value="#user.password" />
```

由于 set 标签可以将表达式重构得更精简，更易于管理。因而，整个页面都变得更简单。

3．<s:param>标签

param 标签主要用于为其他标签提供参数，该标签有如下几个属性。
- name：该属性是可选的，指定需要设置参数的参数名。
- value：该属性是可选的，指定需要设置参数的参数值。
- id：该属性是可选的，指定引用该元素的 id。

例如，要为 name 为 fruit 的参数赋值：

```
<s:param name="fruit">apple</s:param>
```

或者：

```
<s:param name="fruit" value="apple" />
```

如果想指定 fruit 参数的值为 apple 字符串，则：

```
<s:param name="fruit" value="'apple'" />
```

4．<s:bean>标签

该标签有如下几个属性。
- name：该属性是必选的，用来指定要实例化的 JavaBean 的实现类。
- id：该属性是可选的，如果指定了该属性，则该 JavaBean 实例会被放入 Stack Context 中，从而允许直接通过 id 属性来访问该 JavaBean 实例。

下面是一个简单的例子。

【例 3.1】<s:bean>标签的简单应用。

有一个 Student 类，该类中有 name 属性，并有其 getter 和 setter 方法：

```
package org.easybooks.test.model.vo;
```

```
public class Student {
    private String name;
    public String getName() {
        return name;
    }
    public void setName(String name) {
        this.name=name;
    }
}
```

然后在 JSP 文件的 body 体中加入下面的代码：

```
<s:bean name="org.easybooks.test.model.vo.Student">
    <s:param name="name" value="'zhouhejun'"/>
    <s:property value="name"/>
</s:bean>
```

在项目中导入 Struts 2 的 9 个重要 Jar 包，再把 Student 类放在项目的 src 文件夹 org.easybooks.test.model.vo 包下，<s:bean>标签内容放在一个 JSP 文件的 body 体内，部署运行该项目，会得到如图 3.10 所示的界面。

如果把 bean 标签的内容改为：

```
<s:bean name="Student" id="s" >
    <s:param name="name" value="'zhangsan'"/>
</s:bean>
<s:property value="#s.name"/>
```

可以得到同样的结果。

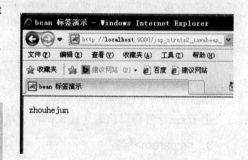

图 3.10 bean 标签实例界面

5. <s:action>标签

使用 action 标签可以允许在 JSP 页面中直接调用 Action，该标签有以下几个属性。
- id：该属性是可选的，该属性将会作为该 Action 的引用标志 id。
- name：该属性是必选的，指定该标签调用哪个 Action。
- namespace：该属性是可选的，指定该标签调用的 Action 所在的 namespace。
- executeResult：该属性是可选的，指定是否要将 Action 的处理结果页面包含到本页面。如果值为 true，就是包含，值为 false，就是不包含，默认为 false。
- ignoreContextParam：该属性是可选的，指定该页面中的请求参数是否需要传入调用的 Action。如果值为 false，将本页面的请求参数传入被调用的 Action。如果值为 true，不将本页面的请求参数传入到被调用的 Action。

6. <s:date>标签

date 标签主要用于格式化输出一个日期，该标签有如下属性。
- format：该属性是可选的，如果指定了该属性，将根据该属性指定的格式来格式化日期。
- nice：该属性是可选的，该属性的取值只能是 true 或 false，用于指定是否输出指定日期和当前时刻之间的时差。默认为 false，即不输出时差。
- name：该属性是必选的，指定要格式化的日期值。
- id：该属性是可选的，指定引用该元素的 id 值。

nice 属性为 true 时，一般不指定 format 属性。因为 nice 为 true 时，会输出当前时刻与指定日期的时差，不会输出指定日期。当没有指定 format，也没有指定 nice="true"时，系统会采用默认格式输出。其用法为：

```
<s:date name="指定日期取值" format="日期格式"/><!-- 按指定日期格式输出 -->
<s:date name="指定日期取值" nice="true"/><!-- 输出时间差 -->
<s:date name="指定日期取值"/><!--默认格式输出-->
```

7. <s:include>标签

include 标签用于将一个 JSP 页面或一个 Servlet 包含到本页面中，该标签有如下属性。

- value：该属性是必选的，指定需要被包含的 JSP 页面或 Servlet。
- id：该属性是可选的，指定该标签的 id 引用。

用法如下：

```
<s:include value="JSP 或 Servlet 文件" id="自定义名称"/>
```

3.4.3 控制标签

控制标签有以下几个。

- if：用于控制选择输出的标签。
- elseif：用于控制选择输出的标签，必须和 if 标签结合使用。
- else：用户控制选择输出的标签，必须和 if 标签结合使用。
- append：用于将多个集合拼接成一个新的集合。
- generator：用于将一个字符串按指定的分隔符分隔成多个字符串，临时生成的多个子字符串可以使用 iterator 标签来迭代输出。
- iterator：用于将集合迭代输出。
- merge：用于将多个集合拼接成一个新的集合，但与 append 的拼接方式不同。
- sort：用于对集合进行排序。
- subset：用于截取集合的部分元素，形成新的子集合。

下面对几个常用的控制标签进行详细讲解。

1. <s:if>/<s:elseif>/<s:else>标签

这 3 个标签可以组合使用，但只有 if 标签可以单独使用，而 elseif 和 else 标签必须与 if 标签结合使用。if 标签可以与多个 elseif 标签结合使用，但只能与一个 else 标签使用。其用法格式如下：

```
<s:if test="表达式">
    标签体
</s:if>
<s:elseif test="表达式">
    标签体
</s:elseif>
<!-- 允许出现多次 elseif 标签-->
    ...
<s:else>
    标签体
</s:else>
```

2. <s:iterator>标签

该标签主要用于对集合进行迭代，这里的集合包含 List、Set，也可以对 Map 类型的对象进行迭代输出。该标签的属性如下。

- value:该属性是可选的,指定被迭代的集合,被迭代的集合通常都由 OGNL 表达式指定。如果没有指定该属性,则使用值栈栈顶的集合。
- id:该属性是可选的,指定集合元素的 id。
- status:该属性是可选的,指定迭代时的 IteratorStatus 实例,通过该实例可判断当前迭代元素的属性。如果指定该属性,其实例包含如下几种方法。

```
int getCount(): 返回当前迭代了几个元素
int getIndex(): 返回当前被迭代元素的索引
boolean isEven: 返回当前被迭代元素的索引元素是否是偶数
boolean isOdd: 返回当前被迭代元素的索引元素是否是奇数
boolean isFirst: 返回当前被迭代元素是否是第一个元素
boolean isLast: 返回当前被迭代元素是否是最后一个元素
```

【例 3.2】<s:iterator>标签应用举例。

```
<%@ page language="java" pageEncoding="utf-8"%>
<%@taglib uri="/struts-tags" prefix="s" %>
<html>
<head>
    <title>控制标签</title>
</head>
<body>
        <table border="1" width="200">
            <s:iterator value="{'apple','orange','pear','banana'}" id="fruit" status="st">
                <tr <s:if test="#st.even">style="background-color:silver"</s:if>>
                    <td><s:property value="fruit"/></td>
                </tr>
            </s:iterator>
        </table>
</body>
</html>
```

通过添加 Struts 2 必需的 Jar 包,再建立上面 JSP 文件,就可以部署运行,运行结果如图 3.11 所示。

3. <s:append>标签

【例 3.3】<s:append>标签应用举例。

可以把【例 3.2】的 JSP 文件进行修改,其代码为:

```
<%@ page language="java" pageEncoding="utf-8"%>
<%@taglib uri="/struts-tags" prefix="s" %>
<html>
<head>
    <title>控制标签</title>
</head>
<body>
    <s:append id="newList">
        <s:param value="{'apple','orange','pear','banana'}"/>
        <s:param value="{'chinese','english','french'}"/>
    </s:append>
    <table border="1" width="200">
        <s:iterator value="#newList" id="fruit" status="st">
            <tr <s:if test="#st.even">style="background-color:silver"</s:if>>
```

```
                <td><s:property value="fruit"/></td>
            </tr>
        </s:iterator>
    </table>
</body>
</html>
```

部署运行,运行结果如图 3.12 所示。

图 3.11 iterator 标签实例运行结果

图 3.12 append 标签实例运行界面

4.<s:merge>标签

假设有两个集合,第一个集合包含 3 个元素,第二个集合包含 2 个元素,分别用 append 标签和 merge 标签方式进行拼接,它们产生新集合的方式有所区别。下面分别列出。

用 append 方式拼接,新集合元素顺序为:
- 第 1 个集合中的第 1 个元素
- 第 1 个集合中的第 2 个元素
- 第 1 个集合中的第 3 个元素
- 第 2 个集合中的第 1 个元素
- 第 2 个集合中的第 2 个元素

用 merge 方式拼接,新集合元素顺序为:
- 第 1 个集合中的第 1 个元素
- 第 2 个集合中的第 1 个元素
- 第 1 个集合中的第 2 个元素
- 第 2 个集合中的第 2 个元素
- 第 1 个集合中的第 3 个元素

可以看出,append 标签和 merge 标签合并集合时,新集合的元素完全相同,只是新集合的顺序有所不同。

3.4.4 表单标签

大部分的表单标签和 HTML 表单元素是一一对应的关系,如下面的代码片段:

```
<s:form action="login.action" method="post"/>
```

对应着:

```
<form action="login.action" method="post"/>
```

```
<s:textfield name="username" label="用户名" />
```

对应着：

用户名：`<input type="text" name="username">`

```
<s:password name="password" label="密码"/>
```

对应着：

密码：`<input type="password" name="pwd">`

这里就不再一一列举了。需要说明是，表单元素中的属性值会映射到程序员定义的 Action 类中对应的 getter 和 setter 方法，比如在【实例四】（3.1.2 节）中，属性 user 的值在 MainAction 的成员变量中就有 setUser()及 getUser()的定义，这样 Struts 2 框架就可以把它们关联起来。实际上，表单元素的名字封装着一个请求参数，而请求参数被封装到 Action 类中，根据其 set 方法赋值，然后再根据其 get 方法取值。还有下面这种情况，如果有这样一个 JavaBean 类，类名为"User"，该类中有两个属性，即 username 和 password，并分别生成它们的 getter 和 setter 方法，在 JSP 页面的表单中可以这样为表单元素命名：

```
<s:textfield name="user.username" label="用户名" />
<s:password name="user.password" label="密码"/>
```

这时可以在 Action 类中直接定义 user 对象 user 属性，并生成其 getter 和 setter 方法，这样就可以用 user.getUsername()和 user.getPassword()方法访问表单提交的 username 和 password 的值。

下面介绍和 HTML 表单元素不是一一对应的几个重要的表单标签。

1. `<s:checkboxlist>`标签

该标签需要指定一个 list 属性。用法举例：

```
<s:checkboxlist label="请选择你喜欢的水果" list="{'apple','oranger','pear','banana'}" name="fruit">
</s:checkboxlist>
```

或者为：

```
<s:checkboxlist label="请选择你喜欢的水果" list="#{1:'apple',2:'oranger',3:'pear',4:'banana'}" name="fruit">
</s:checkboxlist>
```

这两种方式的区别：前一种根据 name 取值时取的是选中字符串的值；后一种在页面上显示的是 value 的值，而根据 name 取值时取的却是对应的 key，这里就是 1、2、3 或 4。

2. `<s:combobox>`标签

combobox 标签生成一个单行文本框和下拉列表框的组合。两个表单元素只能对应一个请求参数，只有单行文本框里的值才包含请求参数，下拉列表框只是用于辅助输入，并没有 name 属性，故不会产生请求参数。用法举例：

```
<s:combobox label="请选择你喜欢的水果" list="{'apple','oranger','pear','banana'}" name="fruit">
</s:combobox>
```

3. `<s:datetimepicker>`标签

datetimepicker 标签用于生成一个日期、时间下拉列表框。当使用该日期、时间列表框选择某个日期、时间时，系统会自动将选中日期、时间输出指定文本框中。用法举例：

```
<s:form action="" method="">
    <s:datetimepicker name="date" label="请选择日期"></s:datetimepicker>
</s:form>
```

> **注意：**
> 在使用该标签时，要在 HTML 的 head 部分中加入<s:head/>。

4．<s:select>标签

select 标签用于生成一个下拉列表框，通过为该元素指定 list 属性的值，来生成下拉列表框的选项。用法举例：

```
<s:select list="{'apple','oranger','pear','banana'}"
label="请选择你喜欢的水果"></s:select>
```

或者为：

```
<s:select list="fruit" list="#{1:'apple',2:'oranger',3:'pear',4:'banana'}"
listKey="key" listValue="value"></s:select>
```

这两种方式的区别与<s:checkboxlist>标签两种方式的区别相同。

5．<s:radio>标签

radio 标签的用法与 checkboxlist 用法相似，唯一的区别就是 checkboxlist 生成的是复选框，而 radio 生成的是单选框。用法举例：

```
<s:radio label="性别" list="{'男','女'}" name="sex"></s:radio>
```

或者为：

```
<s:radio label="性别" list="#{1:'男',0:'女'}" name="sex">
</s:radio>
```

6．<s:head>标签

head 标签主要用于生成 HTML 页面的 head 部分。在介绍<s:datetimepicker>标签时说过，要在 head 中加入该标签，主要原因是<s:datetimepicker>标签中有一个日历小控件，其中包含了 JavaScript 代码，所以要在 head 部分加入该标签。

如果需要在页面中使用 Ajax 组件（Ajax 内容会在后面的章节讲解），就需要在 head 标签中加入 theme ="ajax" 属性。这样就可以将标准 Ajax 的头信息包含到页面中。

3.4.5 非表单标签

非表单标签主要用于在页面中生成一些非表单的可视化元素。这些标签不经常用到，下面简要介绍一下这些标签。

- a：生成超链接。
- actionerror：输出 Action 实例的 getActionMessage()方法返回的消息。
- component：生成一个自定义组件。
- div：生成一个 div 片段。
- fielderror：输出表单域的类型转换错误、校验错误提示。
- tablePanel：生成 HTML 页面的 Tab 页。
- tree：生成一个树形结构。
- treenode：生成树形结构的节点。

3.5 Struts 2 拦截器

从图 3.5 所示的 Struts 2 工作机制中可以看出，Struts 2 框架的绝大部分功能是通过拦截器来完成的。当 FilterDispatcher 拦截到用户请求后，大量拦截器将会对用户请求进行处理，然后才调用用户自定义的 Action 类中的方法来处理请求。可见，拦截器是 Struts 2 的核心所在。当需要扩展 Struts 2 的功能时，只需要提供相应的拦截器，并将它配置到 Struts 2 容器中即可。反之，如果不需要某个功能，也只需要取消该拦截器。

Struts 2 内建的大量拦截器都是以 name-class 对的形式配置在 struts-default.xml 文件中的，其中 name 是拦截器的名称，class 指定该拦截器的实现类。在前面的例子中可以看出，在配置 struts.xml 时，都继承了 struts-default 包，这样就可以应用里面定义的拦截器。否则，就必须自己定义这些拦截器。

3.5.1 拦截器配置

定义拦截器使用<interceptor…/>元素。其格式为：

```
<interceptor name="拦截器名" class="拦截器实现类"></interceptor>
```

只要在<interceptor..>与</interceptor>之间配置<param…/>子元素即可传入相应的参数。其格式如下：

```
<interceptor name="myInterceptor" class="org.tool.MyInterceptor">
    <param name="参数名">参数值</param>
    ...
</interceptor>
```

通常情况下，一个 Action 要配置不仅一个拦截器，往往多个拦截器一起使用来进行过滤。这时就会把需要配置的几个拦截器组成一个拦截器栈。定义拦截器栈用<interceptor-stack name="拦截器栈名"/>元素，由于拦截器栈是由各拦截器组合而成的，所以需要在该元素下面配置<interceptor-ref …/>子元素来对拦截器进行引用。其格式如下：

```
<interceptor-stack name="拦截器栈名">
    <interceptor-ref name="拦截器一"></interceptor-ref>
    <interceptor-ref name="拦截器二"></interceptor-ref>
    <interceptor-ref name="拦截器三"></interceptor-ref>
</interceptor-stack>
```

注意：

在配置拦截器栈时，用到的拦截器必须是已经存在的拦截器，即已经配置好的拦截器。拦截器栈也可以引用拦截器栈，如果某个拦截器栈引用了其他拦截器栈，实质上就是把引用的拦截器栈中的拦截器包含到了该拦截器栈中。

下面是默认拦截器的配置方法：

```
<package name="包名">
    <interceptors>
        <interceptor name="拦截器一" class="拦截器实现类"></interceptor>
        <interceptor name="拦截器二" class="拦截器实现类"></interceptor>
        <interceptor-stack name="拦截器栈名">
            <interceptor-ref name="拦截器一"></interceptor-ref>
            <interceptor-ref name="拦截器二"></interceptor-ref>
        </interceptor-stack>
    </interceptors>
```

```xml
    <default-interceptor-ref name="拦截器名或拦截器栈名"></default-interceptor-ref>
</package>
```

3.5.2 拦截器实现类

虽然 Struts 2 框架提供了很多拦截器，但总有一些功能需要程序员自定义拦截器来完成，如权限控制等。

Struts 2 提供了一些接口或类供程序员自定义拦截器。如 Struts 2 提供了 com.opensymphony.xwork2.interceptor.Interceptor 接口，程序员只要实现该接口就可完成拦截器实现类。该接口的代码如下：

```java
import java.io.Serializable;
import com.opensymphony.xwork2.ActionInvocation;
public interface Interceptor extends Serializable{
    void init();
    String intercept(ActionInvocation invocation) throws Exception;
    void destroy();
}
```

接口中有如下三个方法。
- init()：该方法在拦截器被实例化之后、拦截器执行之前调用。
- intercept(ActionInvocation invocation)：该方法用于实现拦截的动作。
- destroy()：该方法与 init()方法对应，拦截器实例被销毁之前调用，用于销毁在 init()方法中打开的资源。

除了 Interceptor 接口外，Struts 2 还提供了 AbstractInterceptor 类，该类提供了 init()方法和 destroy()方法的空实现。在一般的拦截器实现中，都会继承该类，因为一般实现的拦截器是不需要打开资源的，故无须实现这两个方法，继承该类会更简洁。

3.5.3 应用实例

【例 3.4】对【实例四】（3.1.2 节）程序进行修改，自定义拦截器，若以管理员身份登录输入用户名 Administrator/administrator，会被拦截器拦截，返回当前页。实现该功能只需要在原项目的基础上配置拦截器即可。

首先编写拦截器实现类，代码如下：

```java
package org.easybooks.test.tool;
import org.easybooks.test.action.*;
import com.opensymphony.xwork2.*;
import com.opensymphony.xwork2.interceptor.*;
public class MyInterceptor extends AbstractInterceptor{
    public String intercept(ActionInvocation arg0) throws Exception{
        // 得到 MainAction 类对象
        MainAction action=(MainAction)arg0.getAction();
        // 如果 Action 中 user 成员对象的 username 属性值为"Administrator/administrator"，返回当前页
        if(action.getUser().getUsername().equals("Administrator")
                        ||action.getUser().getUsername().equals("administrator")){
            return Action.INPUT;
        }
        // 继续执行其他拦截器或 Action 中的方法
        return arg0.invoke();
    }
}
```

在 struts.xml 配置文件中进行拦截器配置，修改后的代码如下：

```xml
<?xml version="1.0" encoding="utf-8"?>
<!DOCTYPE struts PUBLIC
    "-//Apache Software Foundation//DTD Struts Configuration 2.0//EN"
    "http://struts.apache.org/dtds/struts-2.0.dtd">
<struts>
    <package name="default" extends="struts-default">
        <interceptors>
            <interceptor name="myInterceptor" class="org.easybooks.test.tool.
            MyInterceptor"></interceptor>
        </interceptors>
        <default-interceptor-ref name=""></default-interceptor-ref>
        <!-- 用户登录 -->
        <action name="main" class="org.easybooks.test.action.MainAction">
            <result name="success">/main.jsp</result>
            <result name="error">/error.jsp</result>
            <result name="input">/login.jsp</result>
            <!--拦截配置在 result 后面 -->
            <!--使用系统默认拦截器栈 -->
            <interceptor-ref name="defaultStack"></interceptor-ref>
            <!--配置拦截器 -->
            <interceptor-ref name="myInterceptor"></interceptor-ref>
        </action>
    </package>
    <constant name="struts.i18n.encoding" value="gb2312"></constant>
</struts>
```

经过这样简单的配置后，重新部署项目，在运行界面输入"Administrator/administrator"，也会经过拦截返回到当前页面，如图3.13所示。

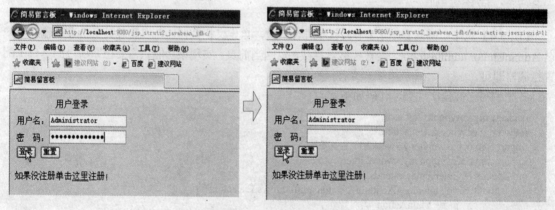

图3.13 提交后返回当前页面

3.6 Struts 2 国际化应用

有时候，一个项目不仅要求只支持一种语言。如用中文开发的项目，只有懂中文的用户能用，而别的国家由于不使用中文将难以使用。可若再重新开发一套功能完全相同而只是语言不同的项目，显然不划算。所以对于一个项目，国际化的应用是十分必要的。

【例3.5】仍然以【实例四】（3.1.2节）程序为例，对其进行修改，使之支持中英文两种登录界面。

1. 建立项目

打开 MyEclipse,建立一个 Java EE 项目,命名 jsp_struts2_javabean_jdbc。

2. 加载 Struts 2 类库

该步骤与【实例四】第(2)步相同,这里不再赘述。

3. 修改 web.xml

其内容见【实例四】第(3)步。

4. 构造 JavaBean、创建 JDBC

同【实例四】第(4)步。

5. 实现 Action 及配置

同【实例四】第(6)、(7)步。

6. 建立资源文件

Struts 2 提供了很多加载国际化资源文件的方法。最简单、最常用的方法就是加载全局的国际化资源文件,它是通过配置常量实现的。

在项目的 src 文件夹下建立一个名为"struts.properties"的文件。在该文件中编写如下形式的代码:

```
struts.custom.i18n.resources=资源文件名
```

该例中资源文件名为"messageResource",故 struts.properties 应为:

```
struts.custom.i18n.resources= messgageResource
```

下面来建立两个资源文件,分别为英文和中文。

先建立英文文件,同样建在 src 目录下,文件名为 messageResource_en_US.properties,内容为:

```
username=Username
password=Password
login=Login
```

可以看出,文件内容是多个 key-value 对,即属性赋值的形式,因此这类文件后缀为.propertie。

中文文件的建立操作相对比较烦琐,由于它包含了非西欧字符(汉字),所以必须用 native2ascii 命令来处理。打开记事本,编辑如下内容:

```
username=用户名
password=密 码
login=登录
```

将上面文件以"messageResource_temp.properties"为文件名保存在项目的 WEB-INF/classes 文件夹下,保存时选择"保存类型"为"所有文件",如图 3.14 所示。

接着就要用 DOS 命令对文件格式进行转换了,具体操作如下。Windows 桌面单击【开始】→【运行】菜单项,输入"cmd"打开命令行,在命令行输入进到项目的 class 路径为 C:\Documents and Settings\Administrator\Workspaces\MyEclipse Professional 2014\jsp_struts2_javabean_jdbc\WebRoot\WEB-INF\classes,得到如图 3.15 所示的界面,可看到前面刚刚创建的 3 个.properties 文件(在图中用方框框出)。

图 3.14 保存 .properties 文件

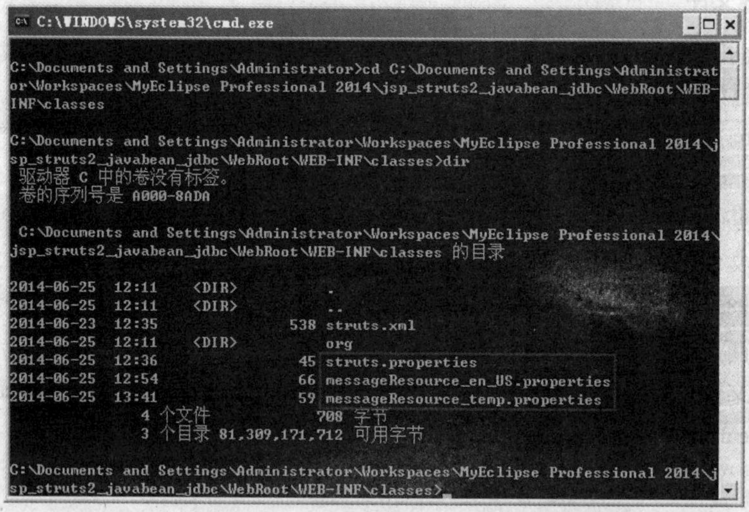

图 3.15 找到项目的 class 路径

> **说明：**
> 刚才的文件 struts.properties 和 messageResource_en_US.properties 是建在项目的 src 目录下的，为何会出现在 \WebRoot\WEB-INF\classes 目录下？这就是 MyEclipse 2014 工具本身所具有的 Java EE 项目源文件自动组织功能。

在命令行输入：

native2ascii messageResource_temp.properties messageResource_zh_CN.properties

这样就会在 class 路径下产生 messageResource_zh_CN.properties 文件，如图 3.16 所示，其内容为：

username=\u7528\u6237\u540D
password=\u5BC6   \u7801
login=\u767B\u5F55

最后，回到 MyEclipse 环境，在项目 src 目录下也创建一个名为 messageResource_zh_CN.properties 的文件，将 class 路径下同名文件的内容复制过来，至此，本例所需的资源文件全都创建完毕。

> **注意：**
> 完成之后一定要确保项目 src 目录下有 3 个文件：struts.properties、messageResource_en_US.properties 和 messageResource_zh_CN.properties，如图 3.17 中用方框框出的那样，否则程序无法正确地国际化运行！

7. 建立 login.jsp 文件

为了让程序可以显示国际化信息，需要向 JSP 页面输出 key，而不是直接输出字符常量。Struts 2 访问国际化信息主要有以下 3 种方式。

① 在 JSP 页面中输出国际化信息，可以使用 Struts 2 的<s:text.../>标签，该标签可以指定 name 属性，该属性指定国际化资源文件中的 key。

② 在 Action 中访问国际化信息，可以使用 ActionSupport 类的 getText()方法，该方法可以接收一个参数，该参数指定了国际化资源文件中的 key。

图 3.16　产生 messageResource_zh_CN.properties 文件　　　图 3.17　成功建立资源文件

③ 在表单元素的 label 属性里输出国际化信息，可以为该表单标签指定一个 key 属性，该属性指定了国际化资源文件中的 key。

下面是 login.jsp 文件代码：

```
<%@ page language="java" pageEncoding="gb2312"%>
<%@ taglib prefix="s" uri="/struts-tags"%>
<html>
<head>
    <title>简易留言板</title>
</head>
<body bgcolor="#E3E3E3">
<s:i18n name="messageResource">
<s:form action="main" method="post">
    <s:textfield name="user.username" key="username" size="20"/>
    <s:password name="user.password" key="password" size="21"/>
    <s:submit value="%{getText('login')}"/>
</s:form>
</s:i18n>
```

```
</body>
</html>
```

8. 部署运行

部署运行项目,右击 IE 浏览器图标,选择【属性】→【语言】,修改浏览器应用语言,如图 3.18 所示,当中文在上方时表示当前为中文环境;而相应的,当英文在上方时则为英文环境。

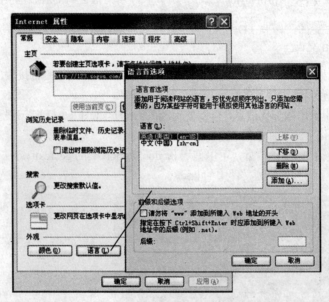

图 3.18 设置浏览器语言环境

运行程序,中文环境时登录界面如图 3.19 所示;英文环境时登录界面如图 3.20 所示。

图 3.19 中文环境登录界面

图 3.20 英文环境登录界面

3.7 Struts 2 文件上传

在项目开发中经常遇到上传文件,下面具体讲解单个文件上传及多文件上传的实现。

3.7.1 上传单个文件

文件上传是很多 Java EE 程序都具有的功能。在 Struts 2 中,提供了一个很容易操作的文件上传组件。本节先介绍如何用 Struts 2 来上传单个文件,3.7.2 节介绍多文件上传。

用 Struts 2 上传单个文件的功能非常容易实现，只要使用普通的 Action 即可。但为了获得一些上传文件的信息，如上传文件名等，需要按照一定的规则来为 Action 类增加一些 getter 和 setter 方法。

Struts 2 的文件上传默认使用的是 Jakarta 的 Common-FileUpload 文件上传框架，该框架包括两个 Jar 包：commons-io-2.2.jar 和 commons-fileupload-1.3.1.jar，它们都已经包含在 Struts 2 的 9 个 Jar 包之中了。

下面举例说明实现文件上传需要的步骤。该例中把要上传的文件放在指定的文件夹（D:/upload）下，所以需要提前在 D 盘下建立这个文件夹。

【例 3.6】上传文件步骤演示。

1. 建立项目

打开 MyEclipse，建立一个 Java EE 项目，命名为 "StrutsUpload"。创建过程需要勾选自动生成 index.jsp 文件，如图 3.21 所示。

2. 加载 Struts 2 类库

同【实例四】（3.1.2 节）第（2）步，略。

3. 修改 web.xml

同【实例四】第（3）步，略。

4. 修改 index.jsp

在创建项目的时候，选择在项目的 WebRoot 下自

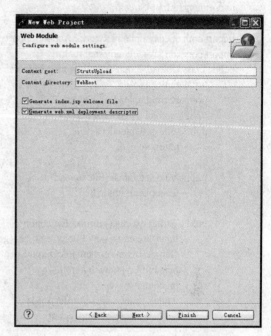

图 3.21 选择自动生成 index.jsp 文件

动生成一个 index.jsp 文件，读者可以应用该文件，修改其中内容，也可以自己建立 JSP 文件，这里就用该 index.jsp 文件，修改其中内容即可。代码为：

```jsp
<%@ page language="java" pageEncoding="utf-8"%>
<%@ taglib uri="/struts-tags" prefix="s"%>
<!DOCTYPE HTML PUBLIC "-//W3C//DTD HTML 4.01 Transitional//EN">
<html>
<head>
    <title>文件上传</title>
</head>
<body>
    <s:form action="upload" method="post" enctype="multipart/form-data">
        <s:file name="upload" label="上传的文件"></s:file>
        <s:submit value="上传"></s:submit>
    </s:form>
</body>
</html>
```

注意 form 表单的代码，enctype 是 form 的属性。把该属性值设置为 multipart/form-data，表示该编码方式会以二进制流的方式来处理表单数据，该编码方式会把文件域中指定文件的内容也封装到请求参数中。所以在文件上传时必须指定该属性值。

5. 创建 Action 类

在 src 文件夹下建立 action 包，在该包下建立自定义 Action 类 UploadAction。该类的实现代码如下：

```
package action;
import java.io.File;
import java.io.FileInputStream;
import java.io.FileOutputStream;
import java.io.InputStream;
import java.io.OutputStream;
import com.opensymphony.xwork2.ActionSupport;
import com.sun.java_cup.internal.runtime.*;
public class UploadAction extends ActionSupport{
    private File upload;                                    //上传文件
    private String uploadFileName;                          //上传的文件名
    //属性 upload 的 getter/setter 方法
    public File getUpload() {
        return upload;
    }
    public void setUpload(File upload) {
        this.upload=upload;
    }
    public String execute() throws Exception {
        InputStream is=new FileInputStream(getUpload());    //根据上传的文件得到输入流
        OutputStream os=new FileOutputStream("d:\\upload\\"+uploadFileName);  //指定输出流地址
        byte buffer[]=new byte[1024];
        int count=0;
        while((count=is.read(buffer))>0){
            os.write(buffer,0,count);                       //把文件写到指定位置的文件中
        }
        os.close();                                         //关闭
        is.close();
        return SUCCESS;                                     //返回
    }
    //属性 uploadFileName 的 getter/setter 方法
    public String getUploadFileName() {
        return uploadFileName;
    }
    public void setUploadFileName(String uploadFileName) {
        this.uploadFileName=uploadFileName;
    }
}
```

上传的文件经过该 Action 处理后，会被写到指定的路径下。其实也可以把上传的文件写入数据库中，在本书后面的例子中会介绍如何把上传的照片写入到数据库中，这里不再举例。注意，Struts 2 上传文件的默认大小限制是 2MB，故在测试的时候上传文件的不能太大。如果要修改默认大小，只需要在 Struts 2 的 struts.properties 文件中修改 struts.multipart.maxSize。如 struts.multipart.maxSize=1024 表示上传文件的总大小不能超过 1KB。

6. struts.xml 文件

struts.xml 是 Struts 2 应用中必不可少的一个文件，它是从页面通向 Action 类的桥梁，配置了该文件后，JSP 文件的请求才能顺利地找到要处理请求的 Action 类。代码如下：

```
<?xml version="1.0" encoding="UTF-8" ?>
<!DOCTYPE struts PUBLIC
    "-//Apache Software Foundation//DTD Struts Configuration 2.0//EN"
```

```
                "http://struts.apache.org/dtds/struts-2.0.dtd">
<struts>
        <package name="default" extends="struts-default">
                <action name="upload" class="action.UploadAction">
                        <result name="success">/success.jsp</result>
                </action>
        </package>
        <constant name="struts.multipart.saveDir" value="/tmp"></constant>
</struts>
```

7. 建立 success.jsp

上传成功后，跳转到成功页面。代码非常简单，如下：

```
<%@ page language="java" pageEncoding="utf-8"%>
<!DOCTYPE HTML PUBLIC "-//W3C//DTD HTML 4.01 Transitional//EN">
<html>
<head>
        <title>成功页面</title>
</head>
<body>
                恭喜你！上传成功
</body>
</html>
```

8. 部署运行

部署项目，启动 Tomcat，在浏览器中输入"http://localhost:9080/StrutsUpload/"，出现如图 3.22 所示的界面，选择要上传的文件，单击【上传】按钮，就会跳转到如图 3.23 所示的界面。打开 D 盘，在 upload 文件夹下就可以看到已上传的文件。

图 3.22　文件上传

图 3.23　上传成功页面

3.7.2　多文件上传

下面是在单个文件上传示例的基础上进行修改，以实现多文件的上传。

【例 3.7】多文件上传的实现。

修改 index.jsp：

```
<%@ page language="java" pageEncoding="utf-8"%>
<%@ taglib uri="/struts-tags" prefix="s" %>
<!DOCTYPE HTML PUBLIC "-//W3C//DTD HTML 4.01 Transitional//EN">
<html>
```

```
<head>
    <title>文件上传</title>
</head>
<body>
    <s:form action="upload" method="post" enctype="multipart/form-data">
        <!-- 这里上传三个文件,这里可以是任意多个-->
        <s:file name="upload" label="上传的文件一"></s:file>
        <s:file name="upload" label="上传的文件二"></s:file>
        <s:file name="upload" label="上传的文件三"></s:file>
        <s:submit value="上传"></s:submit>
    </s:form>
</body>
</html>
```

注意它们的名字必须相同,这样取值时会把它们对应的值都封装到指定的 List 集合中。

页面完成以后,即可修改对应的 Action。代码修改如下:

```
package action;
import java.io.File;
import java.io.FileInputStream;
import java.io.FileOutputStream;
import java.io.InputStream;
import java.io.OutputStream;
import java.util.List;
import com.opensymphony.xwork2.ActionSupport;
public class UploadAction extends ActionSupport{
    private List<File> upload;                          //上传的文件内容,由于是多个,用 List 集合
    private List<String> uploadFileName;                //文件名
    public String execute() throws Exception {
        if(upload!=null){
            for (int i=0; i < upload.size(); i++) {     //遍历,对每个文件进行读/写操作
                InputStream is=new FileInputStream(upload.get(i));
                OutputStream os=
                    new FileOutputStream("d:\\upload\\"+getUploadFileName().get(i));
                byte buffer[]=new byte[1024];
                int count=0;
                while((count=is.read(buffer))>0){
                    os.write(buffer,0,count);           //把文件写到指定位置的文件中
                }
                os.close();                             //关闭
                is.close();
            }
        }
        return SUCCESS;                                 //返回
    }
    //各属性的 getter/setter 方法
    public List<File> getUpload() {
        return upload;
    }
    public void setUpload(List<File> upload) {
        this.upload=upload;
    }
```

```
    public List<String> getUploadFileName() {
        return uploadFileName;
    }
    public void setUploadFileName(List<String> uploadFileName) {
        this.uploadFileName=uploadFileName;
    }
}
```

只要修改这两个文件就可以了。与上传单个文件类似，部署运行后，可以选择多个文件，如图 3.24 所示，然后单击【上传】按钮，成功后跳转到成功页面，这时可以打开 D 盘的 upload 文件夹查看上传的文件。

图 3.24　选择多个文件上传

3.8　Struts 2 综合开发实战

3.8.1　Struts 2 综合开发实战：添加学生信息

【综合案例二】构建一个添加学生信息的项目，界面如图 3.25 所示，用户填写信息提交后，学生信息记录被写入数据库。

要求：综合运用 Struts 2 的知识点，包括标签、Struts 2 配置等。

1．建立数据库

首先创建数据库 XSCJ，其中新建学生表 XSB，表结构见附录 A，该例中去掉了 ZXF 字段、ZP 字段，关于照片上传、显示的内容会在后面的例子中详细讲解。表 XSB 的各列信息如图 3.26 所示，为方便起见，专业（ZY）和出生时间（CSSJ）字段用 varchar 型（在图中用下画线标出），对应到类中就是 String 类型。

图 3.25　添加学生信息界面

图 3.26　XSB 表的结构

2. 创建 Java EE 项目

打开 MyEclipse,建立一个 Java EE 项目,命名为"Example_Struts"。

3. 加载 Struts 2 类库

为了能在页面上使用日期选择控件,本例使用 Struts 2 2.3.1 库。这里一共要加载 3 种库。

① Struts 2 基本库（共 9 个）,如下:

```
struts2-core-2.3.1.1.jar
xwork-core-2.3.1.1.jar
ognl-3.0.3.jar
commons-logging-1.1.1.jar
freemarker-2.3.18.jar
commons-io-2.0.1.jar
commons-lang-2.5.jar
javassist-3.11.0.GA.jar
commons-fileupload-1.2.2.jar
```

② SQL Server 2008/2012 的驱动包:

```
sqljdbc4.jar
```

③ 为了能在页面上使用 datetimepicker 日期控件,导入包:

```
struts2-dojo-plugin-2.3.1.1.jar
```

这样本项目总共需要 11 (9+1+1) 个包,为避免遗漏,建议读者一并加载它们。

4. 修改 web.xml

同【实例四】(3.1.2 节)第(3)步,略。

5. 建立 stu.jsp 文件

在项目的 WebRoot 文件夹下建立 stu.jsp 文件,代码如下:

```jsp
<%@ page language="java" pageEncoding="utf-8"%>
<%@ taglib uri="/struts-tags" prefix="s"%>
<%@ taglib uri="/struts-dojo-tags" prefix="sx" %>
<html>
<head>
    <s:head />
    <sx:head/>
</head>
<body>
    <h3>添加学生信息</h3>
    <s:form action="save" method="post" theme="simple">
        <table>
            <tr>
                <td>学号:</td>
                <td><s:textfield name="xs.xh"></s:textfield></td>
            </tr>
            <tr>
                <td>姓名:</td>
                <td><s:textfield name="xs.xm" ></s:textfield></td>
            </tr>
            <tr>
```

```
                    <td>性别：</td>
                    <td><s:radio name="xs.xb" list="#{1:'男',2:'女'}" value="1"></s:radio></td>
                </tr>
                <tr>
                    <td width="70">出生时间:</td>
                    <td><sx:datetimepicker name="xs.cssj" id="cssj"  displayFormat="yyyy-MM-dd">
                    </sx:datetimepicker></td>
                </tr>
                <tr>
                    <td>专业：</td>
                    <td><s:textfield name="xs.zy" label="专业"></s:textfield></td>
                </tr>
                <tr>
                    <td>备注：</td>
                    <td><s:textarea name="xs.bz" label="备注"></s:textarea></td>
                </tr>
                <tr>
                    <td><s:submit value="添加"></s:submit></td>
                    <td><s:reset value="重置"></s:reset></td>
                </tr>
            </table>
        </s:form>
    </body>
</html>
```

这里要说明的是，Struts 2 的标签有自动排版的功能。如果程序员想自己排版，可以在 form 标签中加入 theme="simple"，但加入该元素后，标签中的 label 属性就没用了。

6. 建立表对应的 JavaBean 和 DBConn 类

在 src 文件夹下新建包 "org.model"，在该包下建 class 文件，命名为 "Xsb"，该类中有 6 个字段，分别为 xh、xm、xb、cssj、zy 和 bz，并生成它们的 getter 和 setter 方法，代码如下：

```
package org.model;
import java.sql.Date;
public class Xsb {
    private String xh;              //学号
    private String xm;              //姓名
    private byte xb;                //性别
    private Date cssj;              //出生时间
    private String zy;              //专业
    private String bz;              //备注
    // 生成它们的 getter 和 setter 方法
    public String getXh(){
        return this.xh;
    }
    public void setXh(String xh){
        this.xh=xh;
    }

    public String getXm(){
        return this.xm;
    }
```

```java
        public void setXm(String xm){
            this.xm=xm;
        }

        public byte getXb(){
            return this.xb;
        }
        public void setXb(byte xb){
            this.xb=xb;
        }

        public Date getCssj(){
            return this.cssj;
        }
        public void setCssj(Date cssj){
            this.cssj=cssj;
        }

        public String getZy(){
            return this.zy;
        }
        public void setZy(String zy){
            this.zy=zy;
        }

        public String getBz(){
            return this.bz;
        }
        public void setBz(String bz){
            this.bz=bz;
        }
}
```

其中，cssj 为 java.sql.Date 类型。

在 src 文件夹下建立包 org.work，在该包下建立 class 文件，命名为"DBConn"，该类负责和数据库连接，代码如下：

```java
package org.work;
import java.sql.*;
import org.model.Xsb;
public class DBConn {
        Connection conn;                    //数据库连接对象
        PreparedStatement pstmt;            //预处理语句对象
        public DBConn(){
            try{
                /**加载驱动类*/
                Class.forName("com.microsoft.sqlserver.jdbc.SQLServerDriver");
                /**创建连接*/
                conn=DriverManager.getConnection("jdbc:sqlserver://localhost:1433;"+"databaseName=XSCJ",
                    "sa","123456");
            }catch(Exception e){
                e.printStackTrace();
```

```
    }
}
// 添加学生
public boolean save(Xsb xs){
    try{
        pstmt=conn.prepareStatement("insert into XSB values(?,?,?,?,?,?)");    //插入学生
        /**设置学生信息各字段值*/
        pstmt.setString(1, xs.getXh());
        pstmt.setString(2, xs.getXm());
        pstmt.setByte(3, xs.getXb());
        pstmt.setDate(4, xs.getCssj());
        pstmt.setString(5, xs.getZy());
        pstmt.setString(6, xs.getBz());
        pstmt.executeUpdate();                //执行插入操作
        return true;
    }catch(Exception e){
        e.printStackTrace();
        return false;
    }
}
```

7. 建立 Action 类 SaveAction

SaveAction.java 代码如下：

```
package org.action;
import org.model.Xsb;
import org.work.DBConn;
import com.opensymphony.xwork2.ActionSupport;
public class SaveAction extends ActionSupport{
    private Xsb xs;
    //属性 xs 的 getter/setter 方法
    public Xsb getXs() {
        return xs;
    }
    public void setXs(Xsb xs) {
        this.xs=xs;
    }
    public String execute() throws Exception {
        DBConn db=new DBConn();        //连接对象
        Xsb stu=new Xsb();             //学生对象
        //设置学生对象各字段信息
        stu.setXh(xs.getXh());
        stu.setXm(xs.getXm());
        stu.setXb(xs.getXb());
        stu.setZy(xs.getZy());
        stu.setCssj(xs.getCssj());
        stu.setBz(xs.getBz());
        if(db.save(stu)){              //保存学生对象
            return SUCCESS;            //保存成功
        }else
```

```
            return ERROR;              //保存失败
    }
}
```

8. 创建并配置 struts.xml 文件

在 src 文件夹下建立该文件,代码如下:

```xml
<?xml version="1.0" encoding="UTF-8"?>
<!DOCTYPE struts PUBLIC
    "-//Apache Software Foundation//DTD Struts Configuration 2.0//EN"
    "http://struts.apache.org/dtds/struts-2.0.dtd">
<struts>
    <package name="default" extends="struts-default">
        <action name="save" class="org.action.SaveAction">
            <result name="success">/success.jsp</result>
            <result name="error">/stu.jsp</result>
        </action>
    </package>
</struts>
```

9. 创建 success.jsp 页面

在 WebRoot 文件夹下创建 success.jsp 文件,代码如下:

```jsp
<%@ page language="java" pageEncoding="utf-8"%>
<html>
<head>
</head>
<body>
    恭喜你,添加成功!
</body>
</html>
```

10. 部署运行

部署后,启动 Tomcat,在浏览器中输入"http://localhsot:9080/Example_Struts/stu.jsp",可以看到如图 3.25 所示界面。输入要添加的学生信息后,单击【添加】按钮,如果添加成功就会跳转到 success.jsp 页面。此时再打开数据库中事先建好的表 XSB,就会发现表中已有了一条记录,如图 3.27 所示。

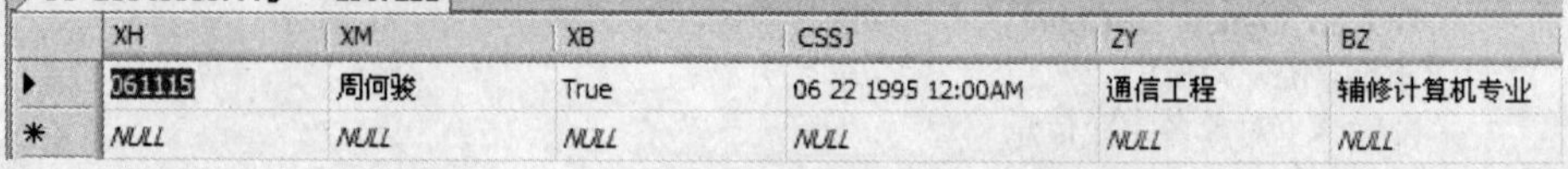

XH	XM	XB	CSSJ	ZY	BZ
061115	周何骏	True	06 22 1995 12:00AM	通信工程	辅修计算机专业
NULL	NULL	NULL	NULL	NULL	NULL

图 3.27 添加记录成功

3.8.2 Struts 2 综合开发实战:网络留言系统(Struts 2 实现)

【综合案例三】把 2.4 节的留言系统改为用 Struts 2 实现(Struts 2 取代原 Servlet 的职能),系统功能不变。

要求:系统采用 JSP+Struts 2+JavaBean+JDBC 的结构。

1. 创建 Java EE 项目

新建 Java EE 项目，项目依旧命名为 JSPExample。

2. 加载 Struts 2 类库

同【实例四】（3.1.2 节）第（2）步，略。

3. 修改 web.xml

同【实例四】，略。

4. 创建 JDBC，构造 JavaBean

同【综合案例一】（2.4 节）的第 3、4 步。本例依旧使用之前已经建好的数据库 TEST 的 userTable 表、lyTable 表及其中数据。

5. 编写 Action

主要将【综合案例一】的 Servlet 改写为 Action 即可。在项目 src 文件夹下建立包 org.easybooks.test.action，在包里创建 MainAction 类，代码如下：

```java
package org.easybooks.test.action;
import java.sql.*;
import java.util.*;
import org.easybooks.test.model.vo.*;
import org.easybooks.test.jdbc.SqlSrvDBConn;
import com.opensymphony.xwork2.*;
public class MainAction extends ActionSupport{
    private UserTable user;
    //处理用户请求的 execute 方法
    public String execute() throws Exception{
        String usr=user.getUsername();                    //获取提交的用户名
        String pwd=user.getPassword();                    //获取提交的密码
        boolean validated=false;                          //验证成功标识
        SqlSrvDBConn sqlsrvdb=new SqlSrvDBConn();
        ActionContext context=ActionContext.getContext();
        Map session=context.getSession();                 //获得会话对象，用来保存当前登录用户的信息
        UserTable user1=null;
        //先获得 UserTable 对象，如果是第一次访问该页，用户对象肯定为空，但如果是第二次甚至是
        //第三次，就直接登录主页而无须再次重复验证该用户的信息
        user1=(UserTable)session.get("user");
        //如果用户是第一次进入，会话中尚未存储 user1 持久化对象，故为 null
        if(user1==null){
            //查询 userTable 表中的记录
            String sql="select * from userTable";
            ResultSet rs=sqlsrvdb.executeQuery(sql);      //取得结果集
            try {
                while(rs.next())
                {
                    if((rs.getString("username").trim().compareTo(usr)==0)&&(rs.getString("password").compareTo(pwd)==0)){
                        user1=new UserTable();            //创建持久化的 JavaBean 对象 user1
                        user1.setId(rs.getInt(1));
```

```java
                            user1.setUsername(rs.getString(2));
                            user1.setPassword(rs.getString(3));
                            session.put("user", user1);    //把 user1 对象存储在会话中
                            validated=true;                //标识为 true 表示验证成功通过
                        }
                    }
                    rs.close();
                } catch (SQLException e) {
                    e.printStackTrace();
                }
                sqlsrvdb.closeStmt();
            }
            else{
                validated=true;        //该用户在之前已登录过并成功验证,故标识为 true 表示无须再验了
            }
            if(validated)
            {
                //验证成功,应该去主界面,主界面中包含了所有留言信息,所以要从留言表中查出来,并暂存
                //在会话中
                ArrayList al=new ArrayList();
                try{
                    String sql="select * from lyTable";
                    ResultSet rs=sqlsrvdb.executeQuery(sql);    //取得结果集
                    while(rs.next()){
                        LyTable ly=new LyTable();               //留言对象
                        //获取留言信息
                        ly.setId(rs.getInt(1));
                        ly.setUserId(rs.getInt(2));
                        ly.setDate(rs.getDate(3));
                        ly.setTitle(rs.getString(4));
                        ly.setContent(rs.getString(5));
                        al.add(ly);                             //添加入留言信息列表
                    }
                    rs.close();
                }catch(SQLException e){
                    e.printStackTrace();
                }
                sqlsrvdb.closeStmt();
                session.put("al", al);                          //留言存入会话
                //验证成功返回字符串"success"
                return "success";
            }
            else{
                //验证失败返回字符串"error"
                return "error";
```

```
        }
    }
    //属性 user 的 getter/setter 方法
    public UserTable getUser(){
        return user;
    }
    public void setUser(UserTable user){
        this.user=user;
    }
}
```

6. 配置 Action

同【实例四】（3.1.2 节）第（7）步，略。

另外两个模块：注册和留言的 Action 实现及配置方法与之类同，留给读者自己作为练习，模仿完成。

7. 编写 JSP

login.jsp（登录页）的代码：

```
<%@ page language="java" pageEncoding="gb2312"%>
<%@ taglib prefix="s" uri="/struts-tags"%>
<html>
<head>
    <title>简易留言板</title>
</head>
<body bgcolor="#E3E3E3">
<s:form action="main" method="post" theme="simple">
<table>
    <caption>用户登录</caption>
    <tr>
        <td>
            用户名：<s:textfield name="user.username" size="20"/>
        </td>
    </tr>
    <tr>
        <td>
            密  码：<s:password name="user.password" size="21"/>
        </td>
    </tr>
    <tr>
        <td>
            <s:submit value="登录"/>
            <s:reset value="重置"/>
        </td>
    </tr>
</table>
</s:form>
如果没注册单击<a href="register.jsp">这里</a>注册！
</body>
</html>
```

main.jsp（主页）、error.jsp（出错页）的代码同【综合案例一】（2.4 节），略。

8. 部署运行

最后，部署运行程序，效果与【综合案例一】完全一样，登录后显示的主页面同图 2.19 所示。

习 题 3

1. 人们为什么要发明 Struts 2，它有什么用？
2. 简述 Struts 2 的原理和工作流程。
3. 写出 Struts 2 的所有标签并简述它们的作用。
4. 在 struts.xml 中配置一个简单的拦截器。
5. 自己编写实例实现多文件上传。
6. 完成本章【综合案例三】的项目，并模仿 MainAction 的代码，试着编程实现另外两个模块：注册（RegisterAction）和留言（AddAction）的功能。

第 4 章　Hibernate 基础

Hibernate 是一个开放源代码的对象关系映射框架，它对 JDBC 进行了轻量级的封装，使 Java EE 程序员可以使用面向对象的方式来操纵数据库。Hibernate 是一个对象/关系映射的解决方案，简单地说，就是将 Java 中对象与对象之间的关系映射至关系数据库中表与表之间的关系。Hibernate 提供了整个过程自动转换的方案。

4.1　使用 Hibernate 的动机

传统 Java EE 对后台数据库的访问是通过 JDBC 实现的，然而，在数据库领域占主流的还是关系数据库（非面向对象），这造成 Java EE 程序中访问数据库的代码仍遵循 "建立连接→操作数据→关闭连接" 这种面向过程的方式，不利于对系统整体统一进行面向对象的分析和设计，于是 Hibernate 应运而生，它在面向对象的 Java 语言与关系数据库之间架起一座沟通的桥梁。

4.1.1　Hibernate 概述

1. Hibernate 与 ORM

ORM（Object-Relation Mapping，对象—关系映射）是用于将对象与对象之间的关系对应到数据库表与表之间关系的一种模式。简单地说，ORM 是通过使用描述对象和数据库之间映射的元数据，将 Java 程序中的对象自动持久化到关系数据库中。在程序中，对象和关系数据是业务实现的两种表现形式，业务实体在内存中表现为对象，在数据库中则表现为关系数据。

ORM 系统一般以中间件的形式存在，主要实现程序对象到关系数据库表的映射。Hibernate 是一个开放源代码的对象—关系映射框架，它对 JDBC 进行了非常轻量级的封装，使得 Java EE 程序员可以随心所欲地使用对象编程思维来操纵关系数据库。

用 Hibernate 将本书 TEST 数据库的 userTable 表映射为 UserTable 对象，如图 4.1 所示，这样在编程时就可直接操作 UserTable 对象来访问数据库了。

图 4.1　Hibernate 持久化

Hibernate 可以应用在任何使用 JDBC 的场合，既可以在 Java 客户端程序中使用，也可以在 Servlet/JSP 的 Web 应用中使用。最具革命意义的是 Hibernate 还可以在应用 EJB 的 Java EE 架构中取代 CMP，完成数据持久化的重任。

2. Hibernate 体系结构

Hibernate 作为 ORM 的中间件，通过配置文件（hibernate.cfg.xml 或 hibernate.properties）和映射文

件（*.hbm.xml）把 Java 对象或持久化对象（Persistent Object，PO）映射到数据库中的表，程序员编程则是通过操作 PO 对表进行各种操作。

Hibernate 体系结构如图 4.2 所示。

从图 4.2 中可见，Hibernate 与数据库的连接配置信息均封装到 hibernate.cfg.xml 或 hibernate.properties 文件中，持久化对象的工作仅依靠 ORM 映射文件进行，最终完成对象—关系间的映射，整个过程对程序员是透明的。

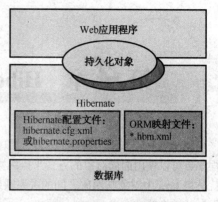

图 4.2　Hibernate 体系结构

4.1.2　简单 Hibernate 应用

下面通过一个简单实例来介绍 Hibernate 的应用。MyEclipse 2014 中就集成了 Hibernate 功能，因此，当要用到 Hibernate 时，只要在 MyEclipse 中添加 Hibernate 开发能力即可。

1．举例

【实例五】采用 JSP+Hibernate 方式开发一个 Web 登录程序。

要求：参照【实例二】（2.2.4 节），改用 Hibernate 生成 userTable 表映射来实现数据库的持久化面向对象操作，即是以 Hibernate 自动生成原本要靠手工编写的 JavaBean 和完成原来需要手工编写的 JDBC 类的功能。

（1）创建 Java EE 项目

新建 Java EE 项目，项目命名 jsp_hibernate。在项目 src 下创建两个包：org.easybooks.test.factory 和 org.easybooks.test.model.vo。

（2）添加 Hibernate 框架

右击项目 jsp_hibernate，选择菜单【MyEclipse】→【Project Facets [Capabilities]】→【Install Hibernate Facet】启动向导，出现如图 4.3 所示的窗口，选择 Hibernate 版本为 4.1。

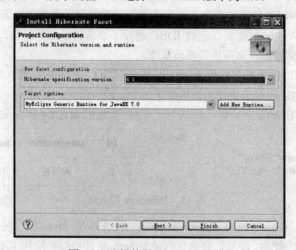

图 4.3　选择使用 Hibernate 4.1 版

单击【Next】按钮，进入如图 4.4 所示的界面，创建 Hibernate 配置文件，同时创建 SessionFactory 类，类名默认 HibernateSessionFactory，存放于 org.easybooks.test.factory 包中。

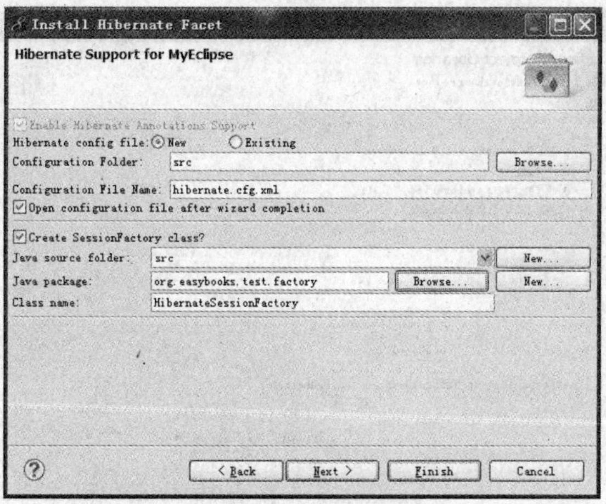

图 4.4 创建配置文件和 SessionFactory 类

> ◎◎ 说明：
> Hibernate 中有一个专门与数据库打交道的 Session 对象，它是由 SessionFactory（工厂类）创建的。上述的操作实质上就是创建一个工厂类，Hibernate 默认的工厂类名为 HibernateSessionFactory，这个工厂类会访问 Hibernate 功能所生成的基础代码，从而"制造出"与数据库会话的 Session 对象（也就是为什么称其为"工厂"的原因）。有关工厂模式的概念及其原理在第 6 章还会详细介绍。

单击【Next】按钮，进入如图 4.5 所示的界面，指定 Hibernate 所用数据库连接的细节。由于在前面（【实例一】（1.3.2 节）第（2）步）已经建好了一个名为 sqlsrv 的连接，所以这里只需选择 DB Driver 为 sqlsrv 即可。

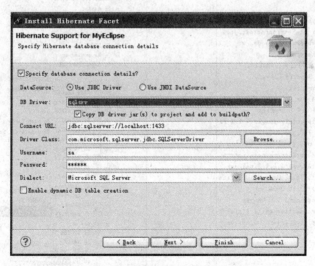

图 4.5 选择 Hibernate 所用的连接

单击【Next】按钮，选择 Hibernate 框架所需要的类库（这里仅取必需的 Core 库），如图 4.6 所示。
单击【Finish】按钮完成添加。通过以上一系列步骤，项目中新增了一个 Hibernate 库目录、一个 hibernate.cfg.xml 配置文件、一个 HibernateSessionFactory.java 类，另外，数据库驱动也被自动载入进来，此时项目目录树呈现如图 4.7 所示的状态。

图 4.6 添加 Hibernate 库

（3）为 userTable 表生成持久化对象

选择主菜单【Window】→【Open Perspective】→【MyEclipse Database Explorer】，打开 MyEclipse Database Explorer 视图。打开先前创建的 sqlsrv 连接，选中数据库表 userTable，并右击，选择菜单【Hibernate Reverse Engineering...】，如图 4.8 所示，将启动 Hibernate Reverse Engineering 向导，用于完成从已有数据库表生成对应的持久化 Java 类和相关映射文件的配置工作。

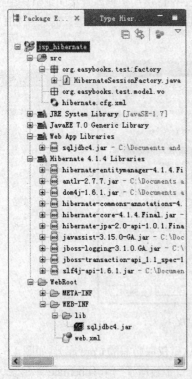

图 4.7 添加了 Hibernate 框架的项目

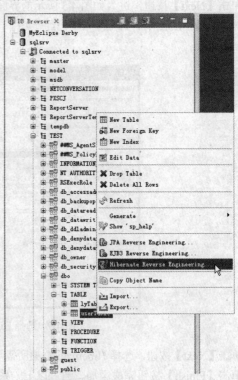

图 4.8 Hibernate 反向工程菜单

首先，如图 4.9 所示，选择生成的类及映射文件所在的位置。

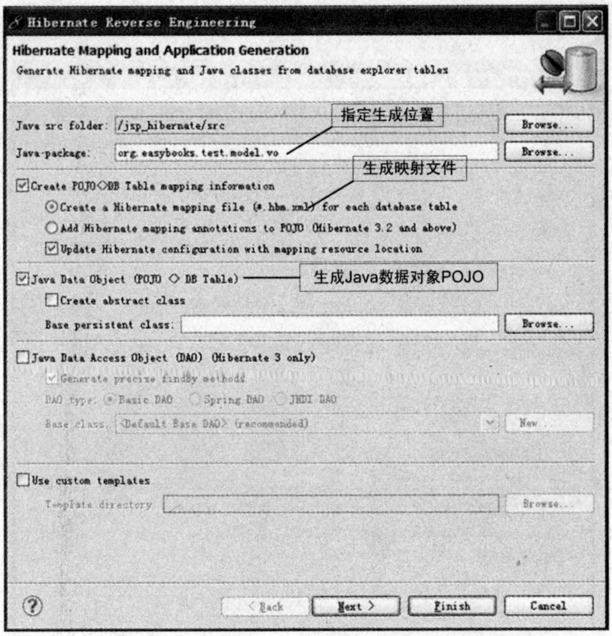

图 4.9 生成 Hibernate 映射文件和 JavaBean

> 👀 说明：
> POJO（Plain Old Java Object，简单 Java 对象），通常也称 VO（Value Object，值对象），其实质就是第 2 章所讲的 JavaBean。使用 POJO 这个名称是为了避免与 EJB 混淆。POJO 是一种特殊的 Java 类，其中有一些属性及其对应的 getter/setter 方法。当然，若有一个简单的运算属性也是可以的，但不允许有业务方法。

单击【Next】按钮，进入如图 4.10 所示的界面，配置映射文件的细节。

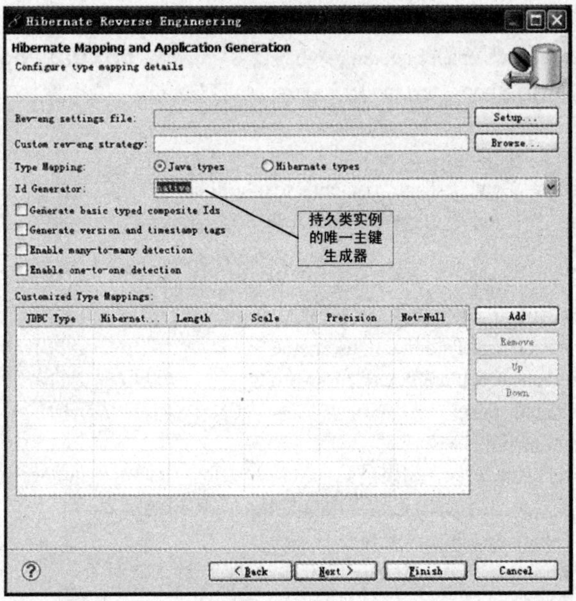

图 4.10 配置映射文件细节

单击【Next】按钮,进入如图 4.11 所示的界面,配置反向工程的细节,这里保持默认配置即可。

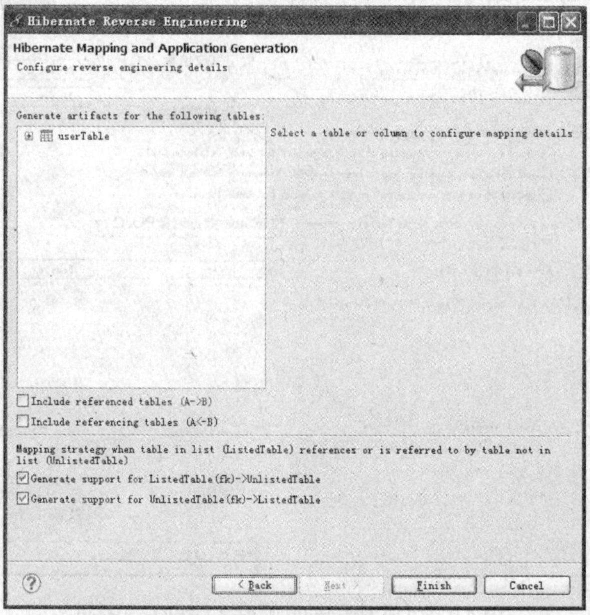

图 4.11 配置反向工程细节

单击【Finish】按钮,此时在项目的 org.easybooks.test.model.vo 包下会生成 POJO 类文件 UserTable.java 和映射文件 UserTable.hbm.xml。

(4) 创建 JSP 文件

同【实例二】(2.2.4 节)一样,本例有 4 个 JSP 文件,其中 login.jsp (登录页)、main.jsp (主页) 和 error.jsp (出错页) 这 3 个文件的源码完全相同,不同的仅仅是 validate.jsp (验证页) 文件的代码, 改为使用 Hibernate 框架以面向对象的方式访问数据库。

validate.jsp 的代码如下:

```jsp
<%@ page language="java" pageEncoding="gb2312" import="org.easybooks.test.factory.*,org.hibernate.*,java.util.*,org.easybooks.test.model.vo.UserTable"%>
<html>
    <head>
        <meta http-equiv="Content-Type" content="text/html;charset=gb2312">
    </head>
    <body>
        <%
            request.setCharacterEncoding("gb2312");          //设置请求编码
            String usr=request.getParameter("username");     //获取提交的用户名
            String pwd=request.getParameter("password");     //获取提交的密码
            boolean validated=false;                          //验证成功标识
            UserTable user=null;
            //先获得 UserTable 对象,如果是第一次访问该页,用户对象肯定为空,但如果是第二次甚至是第
            //三次,就直接登录主页而无须再次重复验证该用户的信息
            user=(UserTable)session.getAttribute("user");
            //如果用户是第一次进入,会话中尚未存储 user 持久化对象,故为 null
            if(user==null){
            //查询 userTable 表中的记录
```

```
                String hql="from UserTable u where u.username=? and u.password=?";
                Query query=HibernateSessionFactory.getSession().createQuery(hql);
                query.setParameter(0, usr);
                query.setParameter(1, pwd);
                List users=query.list();
                Iterator it=users.iterator();
                    while(it.hasNext())
                    {
                        if(users.size()!=0){
                            user=(UserTable)it.next();          //创建持久化的 JavaBean 对象 user
                            session.setAttribute("user", user); //把 user 对象存储在会话中
                            validated=true;                     //标识为 true 表示验证成功通过
                        }
                    }
                }
                else{
                    validated=true;   //该用户在之前已登录过并成功验证，故标识为 true 表示无须再验了
                }
                if(validated)
                {
                    //验证成功跳转到 main.jsp
        %>
                    <jsp:forward page="main.jsp"/>
        <%
                }
                else
                {
                    //验证失败跳转到 error.jsp
        %>
                    <jsp:forward page="error.jsp"/>
        <%
                }
        %>
            </body>
        </html>
```

将上面代码与之前【实例二】（2.2.4 节）相比较可见，其中已经没有了建立、关闭连接之类的语句，而且对数据库 userTable 表的操作完全是以面向对象方式进行的。这是由于 Hibernate 产生的作用。

部署运行程序，效果同【实例二】，如图 2.13 所示。

2. Hibernate 在其中所起的作用

对比本例与【实例二】的程序，可以发现，Hibernate 自动生成的 UserTable.java 代码与【实例二】中手工编写构造的 JavaBean 源代码几乎一模一样！在本项目开发过程中，并未创建 SqlSrvDBConn 类，也没有往项目中手动添加 JDBC 驱动包，但是程序照样成功连接并访问了数据库！

显而易见，这里的 Hibernate 自动生成了所需的 JavaBean，也取代了原 JDBC 的功能！读者可简单形象地理解为：Hibernate＝JavaBean＋JDBC，于是得到应用了 Hibernate 的 Model1 模式 Java EE 系统结构图，如图 4.12 所示。

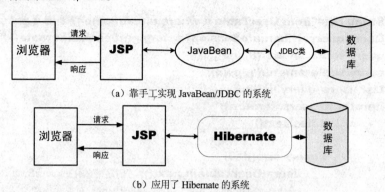

（a）靠手工实现 JavaBean/JDBC 的系统

（b）应用了 Hibernate 的系统

图 4.12 Hibernate 的作用

4.2 Hibernate 应用基础

4.2.1 Hibernate 应用开发步骤

下面首先以向课程表中插入课程信息记录的例子，来介绍一下用 Hibernate 开发 Java 应用的步骤。

【例 4.1】Hibernate 开发 Java 应用步骤演示。

1．建立数据库及表

本书使用 SQL Server 2008/2012 数据库。在 XSCJ 数据库中建立 KCB 表，其表结构如附录 A.2 所示。

2．在 MyEclipse 中创建对 SQL Server 的连接

同【实例一】（1.3.2 节）第（2）步，这里就使用早已建好的连接 sqlsrv。

3．创建 Java 项目

在 MyEclipse 2014 中，选择主菜单【File】→【New】→【Java Project】，出现如图 4.13 所示的【New Java Project】窗口，填写"Project Name"栏（为项目起名）为"HibernateTest"。

单击【Next】按钮，再单击【Finish】按钮，MyEclipse 会自动生成一个 Java 项目。

4．添加 Hibernate 开发能力

在项目 src 目录下创建一个名为 org.util 的包，用于放置马上要生成的 HibernateSessionFactory.java 文件。

右击项目名，选择菜单【MyEclipse】→【Project Facets [Capabilities]】→【Install Hibernate Facet】，在弹出的对话框中单击【Yes】按钮，余下操作同【实例五】（4.1.2 节）第（2）步，最终生成的项目目录树，如图 4.14 所示。

通过这些步骤，项目中增加了一些 Hibernate Jar 包、一个 hibernate.cfg.xml 配置文件和一个 HibernateSessionFactory.java 类。

5．生成数据库表对应的 Java 类对象和映射文件

在项目 src 目录下创建一个名为 org.model 的包，这个包将用来存放与数据库 KCB 表对应的 Java 类 POJO。

接下来的操作同【实例五】第（3）步，只是在配置映射文件细节的对话框中，选择主键生成策略为"assigned"，如图 4.15 所示。

第 4 章 Hibernate 基础

图 4.13 创建 Java 项目

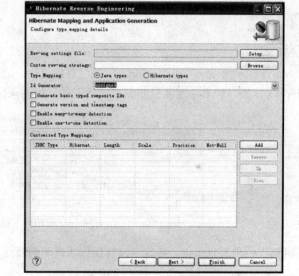

图 4.14 添加了 Hibernate 能力的 Java 项目　　图 4.15 选择主键生成策略

完成后，项目中的 org.model 包中会出现 Kcb.java 类和 Kcb.hbm.xml，下面就可以测试了。

6．创建测试类

在 src 文件夹下创建包 test，在该包下建立测试类，命名为 Test.java，其代码如下：

```
package test;
import java.util.List;
import org.hibernate.Query;
import org.hibernate.Session;
import org.hibernate.Transaction;
import org.model.Kcb;
import org.util.HibernateSessionFactory;
```

```java
public class Test {
    public static void main(String[] args) {
        //调用 HibernateSessionFactory 的 getSession 方法创建 Session 对象
        Session session=HibernateSessionFactory.getSession();
        //创建事务对象
        Transaction ts=session.beginTransaction();
        Kcb kc=new Kcb();                              //创建 POJO 类对象
        kc.setKch("198");                              //设置课程号
        kc.setKcm("机电");                             //设置课程名
        kc.setKxxq(new Short((short) 5));              //设置开学学期
        kc.setXf(new Integer(5));                      //设置学分
        kc.setXs(new Integer(59));                     //设置学时
        //保存对象
        session.save(kc);
        ts.commit();                                   //提交事务
        Query query=session.createQuery("from Kcb where kch=198");
        List list=query.list();
        Kcb kc1=(Kcb) list.get(0);
        System.out.println(kc1.getKcm());
        HibernateSessionFactory.closeSession();        //关闭 Session
    }
}
```

7. 运行

因为该程序为 Java Application，所以可直接运行。运行程序，控制台就会打印出"机电"。打开数据库 KCB 表，读者会发现里面多了一条记录，如图 4.16 所示。

图 4.16　成功插入记录

可见，利用 Hibernate，在完全没有操作数据库的情况下，就完成了对数据的插入。

4.2.2　Hibernate 各种文件的作用

1．POJO 类和其映射配置文件

Hibernate 的映射配置文件是实体对象与数据库关系表之间相互转换的重要依据，一般而言，一个映射配置文件对应着数据库中的一个关系表，关系表之间的关联关系也在映射文件中配置。

本例的 POJO 类为 Kcb，其源码位于 org.model 包的 Kcb.java 中，代码如下：

```java
package org.model;
/**
 * Kcb entity. @author MyEclipse Persistence Tools
 */
public class Kcb implements java.io.Serializable {
    //Fields
```

```java
    private String kch;                                    //对应表中 KCH 字段
    private String kcm;                                    //对应表中 KCM 字段
    private Short kxxq;                                    //对应表中 KXXQ 字段
    private Integer xs;                                    //对应表中 XS 字段
    private Integer xf;                                    //对应表中 XF 字段
    //Constructors
    /** default constructor */
    public Kcb() {
    }
    /** minimal constructor */
    public Kcb(String kch) {
        this.kch = kch;
    }
    /** full constructor */
    public Kcb(String kch, String kcm, Short kxxq, Integer xs, Integer xf) {
        this.kch = kch;
        this.kcm = kcm;
        this.kxxq = kxxq;
        this.xs = xs;
        this.xf = xf;
    }
    //Property accessors
    //上述属性的 getter 和 setter 方法
    public String getKch() {
        return this.kch;
    }
    public void setKch(String kch) {
        this.kch = kch;
    }

    public String getKcm() {
        return this.kcm;
    }
    public void setKcm(String kcm) {
        this.kcm = kcm;
    }

    public Short getKxxq() {
        return this.kxxq;
    }
    public void setKxxq(Short kxxq) {
        this.kxxq = kxxq;
    }

    public Integer getXs() {
        return this.xs;
    }
    public void setXs(Integer xs) {
        this.xs = xs;
    }
```

```java
        public Integer getXf() {
            return this.xf;
        }
        public void setXf(Integer xf) {
            this.xf = xf;
        }
    }
```

可以发现，该类中的属性和表中的字段是一一对应的。那么通过什么方法把它们一一映射起来呢？就是前面提到的*.hbm.xml 映射文件。这里当然就是 Kcb.hbm.xml，其代码如下：

```xml
<?xml version="1.0" encoding="utf-8"?>
<!DOCTYPE hibernate-mapping PUBLIC "-//Hibernate/Hibernate Mapping DTD 3.0//EN"
"http://www.hibernate.org/dtd/hibernate-mapping-3.0.dtd">
<!--
    Mapping file autogenerated by MyEclipse Persistence Tools
-->
<hibernate-mapping>
    <!-- name 指定 POJO 类，table 指定对应数据库的表 -->
    <class name="org.model.Kcb" table="KCB" schema="dbo" catalog="XSCJ">
            <!-- name 指定主键，type 主键类型 -->
        <id name="kch" type="java.lang.String">
            <column name="KCH" length="3" />
                <!-- 主键生成策略 -->
            <generator class="assigned" />
        </id>
            <!-- POJO 属性及表中字段的对应 -->
        <property name="kcm" type="java.lang.String">
            <column name="KCM" length="12" />
        </property>
        <property name="kxxq" type="java.lang.Short">
            <column name="KXXQ" />
        </property>
        <property name="xs" type="java.lang.Integer">
            <column name="XS" />
        </property>
        <property name="xf" type="java.lang.Integer">
            <column name="XF" />
        </property>
    </class>
</hibernate-mapping>
```

该配置文件大致分为 3 部分。

（1）类、表映射配置

```xml
        <class name="org.model.Kcb" table="KCB" schema="dbo" catalog="XSCJ">
```

name 属性指定 POJO 类为 org.model.Kcb，table 属性指定当前类对应数据库表 KCB。

（2）id 映射配置

```xml
<id name="kch" type="java.lang.String">
    <column name="KCH" length="3" />
    <generator class="assigned" />
</id>
```

id 节点定义实体类的标志（assigned），在这里也就是对应数据库表主键的类属性。name="kch" 指定类中的属性 kch 映射 KCB 表中的主键字段 KCH。column 属性中的 name="KCH"指定当前映射表 KCB 的唯一标志（主键）为 KCH 字段。type="java.lang.String"指定当前字段的数据类型。<generator class="assign"/>指定主键生成方式。对于不同的数据库和应用程序，主键生成方式往往不同。有的情况下，依赖数据库的自增字段生成主键，而有的情况下，主键由应用逻辑生成。

Hibernate 的主键生成策略分为三大类：Hibernate 对主键 id 赋值、应用程序自身对 id 赋值、由数据库对 id 赋值。

- **assigned**：应用程序自身对 id 赋值。当设置<generator class="assigned"/>时，应用程序自身需要负责主键 id 的赋值。例如下述代码：

```
Kcb kc=new Kcb();                              //创建 POJO 类对象
kc.setKch("198");                              //设置课程号
kc.setKcm("机电");                             //设置课程名
kc.setKxxq(new Integer(5).shortValue());       //设置开学学期
kc.setXf(new Integer(4).shortValue());         //设置学分
kc.setXs(new Integer(59).shortValue());        //设置学时
```

- **native**：由数据库对 id 赋值。当设置<generator class="native"/>时，数据库负责主键 id 的赋值，最常见的是 int 型的自增型主键。
- **hilo**：通过 hi/lo 算法实现的主键生成机制，需要额外的数据库表保存主键生成历史状态。
- **seqhilo**：与 hi/lo 类似，通过 hi/lo 算法实现的主键生成机制，只是主键历史状态保存在 sequence 中，适用于支持 sequence 的数据库，如 Oracle。
- **increment**：主键按数值顺序递增。此方式的实现机制为在当前应用实例中维持一个变量，以保存当前的最大值，之后每次需要生成主键的时候将此值加 1 作为主键。
- **identity**：采用数据库提供的主键生成机制，如 SQL Server、MySQL 中的自增主键生成机制。
- **sequence**：采用数据库提供的 sequence 机制生成主键，如 Oracle sequence。
- **uuid.hex**：由 Hibernate 基于 128 位唯一值产生算法，根据当前设备 IP、时间、JVM 启动时间、内部自增量等 4 个参数生成十六进制数值（编码后长度为 32 位的字符串表示）作为主键。即使是在多实例并发运行的情况下，这种算法在最大程度上保证了产生 id 的唯一性。当然，重复的概率在理论上依然存在，只是概率比较小。
- **uuid.string**：与 uuid.hex 类似，只是对生成的主键进行编码（长度为 16 位）。
- **foreign**：使用外部表的字段作为主键。
- **select**：Hibernate 3 新引入的主键生成机制，主要针对遗留系统的改造工程。

由于常用的数据库，如 SQL Server、MySQL 等，都提供了易用的主键生成机制（如 auto-increase 字段）。可以在数据库提供的主键生成机制上，采用 generator class="native"的主键生成方式。

（3）属性、字段映射配置

属性、字段映射将映射类属性与库表字段相关联。

```
<property name="kcm" type="java.lang.String">
    <column name="KCM" length="12" />
</property>
```

name="kcm" 指定映像类中的属性名为 "kcm"，此属性将被映像到指定的库表字段 KCM。type="java.lang.String"指定映像字段的数据类型。column name="KCM"指定类的 kcm 属性映射 KCB 表中的 KCM 字段。

这样，就将 Kcb 类的 kcm 属性和库表 KCB 的 KCM 字段相关联。Hibernate 将把从 KCB 表中 KCM

字段读取的数据作为 Kcb 类的 kcm 属性值。同样在进行数据保存操作时，Hibernate 将 Kcb 类的 kcm 属性写入 KCB 表的 KCM 字段中。

当然，表与表之间的关系，会被映射成类与类之间的关系，它们的关系具体体现也会在该文件中配置，会在后面的 Hibernate 关系映射章节中具体介绍。

2. hibernate.cfg.xml 文件

该文件是 Hibernate 重要的配置文件，配置该文件主要是配置 SessionFractory 类。其主要代码及解释如下：

```xml
<?xml version='1.0' encoding='UTF-8'?>
<!DOCTYPE hibernate-configuration PUBLIC
        "-//Hibernate/Hibernate Configuration DTD 3.0//EN"
        "http://www.hibernate.org/dtd/hibernate-configuration-3.0.dtd">
<!-- Generated by MyEclipse Hibernate Tools.-->
<hibernate-configuration>
    <session-factory>
        <!-- SQL 方言，这里使用的是 SQL Server -->
        <property name="dialect">
            org.hibernate.dialect.SQLServerDialect
        </property>
        <!-- 数据库连接的 URL -->
        <property name="connection.url">
            jdbc:sqlserver://localhost:1433
        </property>
        <!-- 数据库连接的用户名，此处为自己数据库的用户名和密码 -->
        <property name="connection.username">sa</property>
        <!-- 数据库连接的密码 -->
        <property name="connection.password">123456</property>
        <!-- 数据库 JDBC 驱动程序 -->
        <property name="connection.driver_class">
            com.microsoft.sqlserver.jdbc.SQLServerDriver
        </property>
        <!-- 使用的数据库的连接，我们创建的 sqlsrv -->
        <property name="myeclipse.connection.profile">sqlsrv</property>
        <!-- 表和类对应的映射文件，如果多个，都要在这里一一注册 -->
        <mapping resource="org/model/Kcb.hbm.xml" />
    </session-factory>
</hibernate-configuration>
```

Hibernate 配置文件主要用于配置数据库连接和 Hibernate 运行时所需要的各种属性，配置文件一般默认为 Hibernate.cfg.xml，Hibernate 初始化期间会自动在 CLASSPATH 中寻找这个文件，并读取其中的配置信息，为后期数据库操作做好准备。

3. HibernateSessionFactory

HibernateSessionFactory 类是自定义的 SessionFactory，名字可以根据自己的喜好来决定。这里用的是 HibernateSessionFactory，其代码及解释如下：

```java
package org.util;
import org.hibernate.HibernateException;
import org.hibernate.Session;
```

```java
import org.hibernate.cfg.Configuration;
import org.hibernate.service.ServiceRegistry;
import org.hibernate.service.ServiceRegistryBuilder;
/**
 * Configures and provides access to Hibernate sessions, tied to the
 * current thread of execution.  Follows the Thread Local Session
 * pattern, see {@link http://hibernate.org/42.html }.
 */
public class HibernateSessionFactory {
    /**
     * Location of hibernate.cfg.xml file.
     * Location should be on the classpath as Hibernate uses
     * #resourceAsStream style lookup for its configuration file.
     * The default classpath location of the hibernate config file is
     * in the default package. Use #setConfigFile() to update
     * the location of the configuration file for the current session.
     */
    //创建一个线程局部变量对象
    private static final ThreadLocal<Session> threadLocal = new ThreadLocal<Session>();
    //定义一个静态的 SessionFactory 对象
    private static org.hibernate.SessionFactory sessionFactory;
    //创建一个静态的 Configuration 对象
    private static Configuration configuration = new Configuration();
    private static ServiceRegistry serviceRegistry;
    //根据配置文件得到 SessionFactory 对象
    static {
        try {
            //得到 configuration 对象
            configuration.configure();
            serviceRegistry = new ServiceRegistryBuilder().applySettings(configuration.getProperties()).
                    buildServiceRegistry();
            sessionFactory = configuration.buildSessionFactory(serviceRegistry);
        } catch (Exception e) {
            System.err.println("%%%% Error Creating SessionFactory %%%%");
            e.printStackTrace();
        }
    }
    private HibernateSessionFactory() {
    }
    /**
     * Returns the ThreadLocal Session instance.  Lazy initialize
     * the <code>SessionFactory</code> if needed.
     *
     *  @return Session
     *  @throws HibernateException
     */
    //取得 Session 对象
    public static Session getSession() throws HibernateException {
        Session session = (Session) threadLocal.get();
        if (session == null || !session.isOpen()) {
            if (sessionFactory == null) {
```

```java
                    rebuildSessionFactory();
                }
                session = (sessionFactory != null) ? sessionFactory.openSession(): null;
                threadLocal.set(session);
        }
        return session;
    }
    /**
     * Rebuild hibernate session factory
     *
     */
    //可以调用该方法重新创建 SessionFactory 对象
    public static void rebuildSessionFactory() {
        try {
            configuration.configure();
            serviceRegistry = new ServiceRegistryBuilder().applySettings(configuration.getProperties()).
                            buildServiceRegistry();
            sessionFactory = configuration.buildSessionFactory(serviceRegistry);
        } catch (Exception e) {
            System.err.println("%%%% Error Creating SessionFactory %%%%");
            e.printStackTrace();
        }
    }
    /**
     * Close the single hibernate session instance.
     *
     * @throws HibernateException
     */
    //关闭 Session
    public static void closeSession() throws HibernateException {
        Session session = (Session) threadLocal.get();
        threadLocal.set(null);
        if (session != null) {
            session.close();
        }
    }
    /**
     * return session factory
     *
     */
    public static org.hibernate.SessionFactory getSessionFactory() {
        return sessionFactory;
    }
    /**
     * return hibernate configuration
     *
     */
    public static Configuration getConfiguration() {
        return configuration;
    }
}
```

在 Hibernate 中，Session 负责完成对象持久化操作。该文件负责创建 Session 对象，以及关闭 Session 对象。从该文件可以看出，Session 对象的创建大致需要以下 3 个步骤。

① 初始化 Hibernate 配置管理类 Configuration。
② 通过 Configuration 类实例创建 Session 的工厂类 SessionFactory。
③ 通过 SessionFactory 得到 Session 实例。

4.2.3　Hibernate 核心接口

在项目中使用 Hibernate 框架，了解 Hibernate 的核心接口是非常关键的。Hibernate 核心接口一共有 5 个：Configuration、SessionFactory、Session、Transaction 和 Query。这 5 个接口在任何开发中都会用到。通过这些接口，不仅可以对持久化对象进行存取，还能够进行事务控制。下面详细介绍这些接口。

1. Configuration 接口

Configuration 负责管理 Hibernate 的配置信息。Hibernate 运行时需要一些底层实现的基本信息。这些信息包括：数据库 URL、数据库用户名、数据库用户密码、数据库 JDBC 驱动类、数据库 dialect。用于对特定数据库提供支持，其中包含了针对特定数据库特性的实现，如 Hibernate 数据库类型到特定数据库数据类型的映射等。

使用 Hibernate 必须首先提供这些基础信息以完成初始化工作，为后续操作做好准备。这些属性在 Hibernate 配置文件 hibernate.cfg.xml 中加以设定，当调用下述代码时，Hibernate 会自动在目录下搜索 hibernate.cfg.xml 文件，并将其读取到内存中作为后续操作的基础配置。

```
Configuration config=new Configuration().configure();
```

2. SessionFactory 接口

SessionFactory 负责创建 Session 实例，可以通过 Configuration 实例构建 SessionFactory。

```
Configuration config=new Configuration().configure();
SessionFactory sessionFactory=config.buildSessionFactory();
```

Configuration 实例 config 会根据当前的数据库配置信息，构造 SessionFacory 实例并返回。SessionFactory 一旦构造完毕，即被赋予特定的配置信息。也就是说，之后 config 的任何变更将不会影响到已经创建的 SessionFactory 实例 sessionFactory。如果需要使用基于变更后的 config 实例的 SessionFactory，需要从 config 重新构建一个 SessionFactory 实例。

SessionFactory 保存了对应当前数据库配置的所有映射关系，同时也负责维护当前的二级数据缓存和 Statement Pool。由此可见，SessionFactory 的创建过程非常复杂、代价高昂。这也意味着，在系统设计中充分考虑到 SessionFactory 的重用策略。由于 SessionFactory 采用了线程安全的设计，可由多个线程并发调用。大多数情况下，应用中针对一个数据库共享一个 SessionFactory 实例即可。

3. Session 接口

Session 是 Hibernate 持久化操作的基础，提供了众多持久化方法，如 save、update、delete 等。通过这些方法，透明地完成对象的增加、删除、修改、查找等操作。

同时，值得注意的是，Hibernate Session 的设计是非线程安全的，即一个 Session 实例同时只可由一个线程使用。同一个 Session 实例的多线程并发调用将导致难以预知的错误。

Session 实例由 SessionFactory 构建：

```
Configuration config=new Configuration().configure();
SessionFactory sessionFactory=config.buldSessionFactory();
Session session=sessionFactory.openSession();
```

之后可以调用 Session 提供的 save、get、delete 等方法完成持久层操作。

4. Transaction 接口

Transaction 是 Hibernate 中进行事务操作的接口，Transaction 接口是对实际事务实现的一个抽象，这些实现包括 JDBC 的事务、JTA 中的 UserTransaction，甚至可以是 CORBA 事务。之所以这样设计是可以让开发者能够使用一个统一的操作界面，使得自己的项目可以在不同的环境和容器之间方便地移值。事务对象通过 Session 创建。例如以下语句：

```
Transaction ts=session.beginTransaction();
```

关于事务的概念将在 4.4 节中讲解。

5. Query 接口

在 Hibernate 2.x 中，find()方法用于执行 HQL 语句。Hibernate 3.x 废除了 find()方法，取而代之的是 Query 接口，它们都用于执行 HQL 语句。Query 和 HQL 是分不开的。

```
Query query=session.createQuery("from Kcb where kch=198");
```

上面语句中查询条件的值"198"是直接给出的，如果没有给出，而是设为参数就要用 Query 接口中的方法来完成。例如以下语句：

```
Query query=session.createQuery("from Kcb where kch=?");
```

要在后面设置其值：

```
Query.setString(0,"要设置的值");
```

上面的方法是通过"?"来设置参数的，还可以用":"后跟变量的方法来设置参数，如上例可改为：

```
Query query=session.createQuery("from Kcb where kch=:kchValue");
Query.setString("kchValue","要设置的课程号值");
```

由于上例中的 kch 为 String 类型，所以设置的时候用 setString(…)，如果是 int 型就要用 setInt(…)。还有一种通用的设置方法，就是 setParameter()方法，不管是什么类型的参数都可以应用。其使用方法是相同的，例如：

```
Query.setParameter(0,"要设置的值");
```

Query 还有一个 list()方法，用于取得一个 List 集合的示例，此示例中包括可能是一个 Object 集合，也可能是 Object 数组集合。例如：

```
Query query=session.createQuery("from Kcb where kch=198");
List list=query.list();
```

当然，由于该例中课程号是主键，只能查出一条记录，所以 List 集合中只能有一条记录。但是如果是根据其他条件，就有可能查出很多条记录，这样 List 集合中的一个对象就是一条记录。

4.2.4　HQL 查询

HQL 是 Hibernate Query Language 的缩写。HQL 的语法很像 SQL，但 HQL 是一种面向对象的查询语言。SQL 的操作对象是数据表和列等数据对象，而 HQL 的操作对象是类、实例、属性等。HQL 的查询依赖于 Query 类，每个 Query 实例对应一个查询对象。上面的例子中：

```
Query query=session.createQuery("from Kcb where kch=198");
```

createQuery 方法中的字符串是 HQL 语句，其赋值方法在 4.2.3 节的 Query 接口中已经详细介绍。下面介绍 HQL 几种常用的查询方式。

1. 基本查询

基本查询是 HQL 中最简单的一种查询方式。下面以课程信息为例说明其几种查询情况。

（1）查询所有课程信息

```
...
Session session=HibernateSessionFactory.getSession();
Transaction ts=session.beginTransaction();
//查询所有课程
Query query=session.createQuery("from Kcb");
List list=query.list();               //返回所有课程信息的列表
ts.commit();
HibernateSessionFactory.closeSession();
...
```

执行上面的代码片段，得到一个 List 对象，可遍历该对象得出每条课程信息。

（2）查询某门课程信息

```
...
Session session=HibernateSessionFactory.getSession();
Transaction ts=session.beginTransaction();
//查询一门学时最长的课程
Query query=session.createQuery("from Kcb order by xs desc");
query.setMaxResults(1);               //设置最大检索数目为 1
//装载单个对象
Kcb kc=(Kcb)query.uniqueResult();
ts.commit();
HibernateSessionFactory.closeSession();
...
```

执行上面的代码片段，得到单个对象"kc"。

（3）查询满足条件的课程信息

```
...
Session session=HibernateSessionFactory.getSession();
Transaction ts=session.beginTransaction();
//查询课程号为 001 的课程信息
Query query=session.createQuery("from Kcb where kch=001");
List list=query.list();
ts.commit();
HibernateSessionFactory.closeSession();
...
```

执行上面的代码片段，遍历 List 对象，查询所有满足条件的课程信息。

2. 条件查询

查询的条件有几种情况，下面举例说明。

（1）按指定参数查询

```
...
Session session=HibernateSessionFactory.getSession();
```

```
...
Transaction ts=session.beginTransaction();
//查询课程名为计算机基础的课程信息
Query query=session.createQuery("from Kcb where kcm=?");
query.setParameter(0, "计算机基础");
List list=query.list();
ts.commit();
HibernateSessionFactory.closeSession();
...
```

执行上面的代码片段,得到所有符合条件的 List 集合。

(2) 使用范围运算查询

```
...
Session session=HibernateSessionFactory.getSession();
Transaction ts=session.beginTransaction();
//查询这样的课程信息,课程名为计算机基础或数据结构,且学时在 40~60 之间
Query query=session.createQuery("from Kcb where (xs between 40 and 60) and kcm in('计算机基础','数据结构')");
List list=query.list();
ts.commit();
HibernateSessionFactory.closeSession();
...
```

执行上面的代码片段,得到符合条件的课程的 List 集合。

(3) 使用比较运算符查询

```
...
Session session=HibernateSessionFactory.getSession();
Transaction ts=session.beginTransaction();
//查询学时大于 51 且课程名不为空的课程信息
Query query=session.createQuery("from Kcb where xs>51 and kcm is not null");
List list=query.list();
ts.commit();
HibernateSessionFactory.closeSession();
...
```

执行上面的代码片段,得到符合条件的课程的 List 集合。

(4) 使用字符串匹配运算查询

```
...
Session session=HibernateSessionFactory.getSession();
Transaction ts=session.beginTransaction();
//查询课程号中包含"001"字符串且课程名前面三个字为计算机的所有课程信息
Query query=session.createQuery("from Kcb where kch like '%001%' and kcm like '计算机%'");
List list=query.list();
ts.commit();
HibernateSessionFactory.closeSession();
...
```

执行上面的代码片段,得到符合条件的课程的 List 集合。

3. 分页查询

在页面上显示查询结果时,如果数据太多,一个页面无法全部展示,这时务必对查询结果进行分页显示。为了满足分页查询的需要,Hibernate 的 Query 实例提供了两个有用的方法: setFirstResult(int firstResult）和 setMaxResults(int maxResult)。其中 setFirstResult（int firstResult）方法用于指定从哪一个对象开始查询（序号从 0 开始），默认为第 1 个对象，也就是序号 0。SetMaxResults（int maxResult）方法用于指定一次最多查询出的对象的数目，默认为所有对象。如下面的代码片段：

```
...
Session session=HibernateSessionFactory.getSession();
Transaction ts=session.beginTransaction();
Query query=session.createQuery("from Kcb");
int pageNow=1;                                  //想要显示第几页
int pageSize=5;                                 //每页显示的条数
query.setFirstResult((pageNow-1)*pageSize);     //指定从哪一个对象开始查询
query.setMaxResults(pageSize);                  //指定最大的对象数目
List list=query.list();
ts.commit();
HibernateSessionFactory.closeSession();
...
```

通常情况下，pageNow 会作为一个参数传进来，这样就可以得到想要显示的页数的结果集了。相关的查询方式还有一些，感兴趣的读者可以参考书籍学习，这里就不再一一列举了。

4.3　Hibernate 关系映射

Hibernate 关系映射的主要任务是实现数据库关系表与持久化类之间的映射。本节主要讲述 Hibernate 关系映射的几种关联关系。

4.3.1　一对一关联

Hibernate 有两种映射实体一对一关联关系的实现方式：共享主键方式和唯一外键方式。共享主键方式就是限制两个数据表的主键使用相同的值，通过主键形成一对一映射关系。唯一外键方式就是一个表的外键和另一个表的唯一主键对应形成一对一映射关系，这种一对一的关系其实就是多对一关联关系的一种特殊情况而已。下面分别进行介绍。

1．共享主键方式

在注册某个论坛会员的时候，往往不但要填写登录账号和密码，还要填写其他详细信息，这两部分信息通常会放在不同的表中，如表 4.1、表 4.2 所示。

表 4.1　登录表 Login

字 段 名 称	数 据 类 型	主　　键	自　　增	允 许 为 空	描　　述
ID	int	是			ID 号
USERNAME	varchar(20)				登录账号
PASSWORD	varchar(20)				登录密码

表 4.2　详细信息表 Detail

字 段 名 称	数 据 类 型	主　　键	自　　增	允 许 为 空	描　　述
ID	int	是	增1		ID 号
TRUENAME	varchar(8)			是	真实姓名
EMAIL	varchar(50)			是	电子邮件

Java EE 基础实用教程（第 2 版）

登录表和详细信息表属于典型的一对一关联关系，可按共享主键方式进行。

【例 4.2】 共享主键方式示例。

① 创建 Java 项目，命名为 "Hibernate_mapping"。
② 添加 Hibernate 框架，步骤同前。HibernateSessionFactory 类同样位于 org.util 包下。
③ 生成数据库表对应的 Java 类对象和映射文件。

经过上面的操作，虽然 MyEclipse 自动生成了 Login.java、Detail.java、Login.hbm.xml 和 Detail.hbm.xml 共 4 个文件，但两表之间并未自动建立一对一关联，仍需要用户修改代码和配置，手动建立表之间的关联。具体的修改内容如下，见源代码中以加黑部分。

修改 login 表对应的 POJO 类 Login.java：

```
package org.model;
…
public class Login implements java.io.Serializable {
    //Fields
    private Integer id;                    //ID 号
    private String username;               //登录账号
    private String password;               //密码
    private Detail detail;                 //添加属性字段（详细信息）
    //Constructors
    /** default constructor */
    public Login() {
    }
    /** full constructor */
    public Login(String username, String password, Detail detail) {
        this.username = username;
        this.password = password;
        this.detail = detail;               //完善构造函数
    }
    //Property accessors
    //上述各属性的 getter 和 setter 方法
    …
    //增加 detail 属性的 getter 和 setter 方法
    public Detail getDetail(){
        return this.detail;
    }
    public void setDetail(Detail detail){
        this.detail = detail;
    }
}
```

修改 detail 表对应的 Detail.java：

```
package org.model;
…
public class Detail implements java.io.Serializable {
    //Fields
    private Integer id;                    //ID 号
    private String truename;               //真实姓名
    private String email;                  //电子邮件
    private Login login;                   //添加属性字段（登录信息）
```

```
//Constructors
/** default constructor */
public Detail() {
}
/** full constructor */
public Detail(String truename, String email, Login login) {
    this.truename = truename;
    this.email = email;
    this.login = login;              //完善构造函数
}
//Property accessors
…
//增加 login 属性的 getter 和 setter 方法
public Login getLogin(){
    return this.login;
}
public void setLogin(Login login){
    this.login = login;
}
}
```

修改 login 表与 Login 类的 ORM 映射文件 Login.hbm.xml：

```
…
<hibernate-mapping>
    <class name="org.model.Login" table="login" schema="dbo" catalog="XSCJ">
        <id name="id" type="java.lang.Integer">
            <column name="ID" />
            <!-- 采用 foreign 标志生成器，直接采用外键的属性值，达到共享主键的目的-->
            <generator class="foreign">
                <param name="property">detail</param>
            </generator>
        </id>
        <property name="username" type="java.lang.String">
            <column name="USERNAME" length="20" not-null="true" />
        </property>
        <property name="password" type="java.lang.String">
            <column name="PASSWORD" length="20" not-null="true" />
        </property>
        <!-- name 表示属性名字，class 表示被关联的类的名字，
             constrained="true"表明当前的主键上存在一个外键约束-->
        <one-to-one name="detail" class="org.model.Detail" constrained="true">
        </one-to-one>
    </class>
</hibernate-mapping>
```

修改 detail 表与 Detail 类的 ORM 映射文件 Detail.hbm.xml：

```
…
<hibernate-mapping>
    <class name="org.model.Detail" table="detail" schema="dbo" catalog="XSCJ">
        …
        <!-- name 表示属性名字，class 表示被关联的类的名字，cascade="all"表明主控类的所有操作，
```

```
            对关联类也执行同样操作，lazy="false"表示此关联为立即加载-->
        <one-to-one name="login" class="org.model.Login" cascade="all"
            lazy="false"></one-to-one>
    </class>
</hibernate-mapping>
```

④ 创建测试类。

在 src 文件夹下创建包 test，在该包下建立测试类，命名为“Test.java”。其代码如下：

```
package test;
import java.util.List;
import org.hibernate.Query;
import org.hibernate.Session;
import org.hibernate.Transaction;
import org.model.*;
import org.util.HibernateSessionFactory;
import java.sql.*;
public class Test {
    public static void main(String[] args) {
        //调用 HibernateSessionFactory 的 getSession 方法创建 Session 对象
        Session session=HibernateSessionFactory.getSession();
        //创建事务对象
        Transaction ts=session.beginTransaction();
        Detail detail=new Detail();
        Login login=new Login();
        login.setUsername("yanhong");
        login.setPassword("123");
        detail.setTruename("严红");
        detail.setEmail("yanhong@126.com");
        //相互设置关联
        login.setDetail(detail);
        detail.setLogin(login);
        //这样完成后就可以通过 Session 对象调用 session.save(detail)来持久化该对象了
        session.save(detail);
        ts.commit();
        HibernateSessionFactory.closeSession();
    }
}
```

⑤ 运行程序，测试结果。

因为该程序为 Java Application，所以可以直接运行。在完全没有操作数据库的情况下，程序就完成了对数据的插入。插入数据后，login 表和 detail 表的内容如图 4.17、图 4.18 所示。

PC-20140108...- dbo.login

	ID	USERNAME	PASSWORD
▶	1	yanhong	123
*	NULL	NULL	NULL

图 4.17　login 表

PC-20140108...- dbo.detail

	ID	TRUENAME	EMAIL
▶	1	严红	yanhong@126.com
*	NULL	NULL	NULL

图 4.18　detail 表

2．唯一外键方式

唯一外键的情况有很多，例如，每个人对应一个房间。其实在很多情况下，可以是几个人住在同一个房间里面，就是多对一的关系。但是如果把这个多变成唯一，也就是说一个人住一个房间，就变成了一对一的关系了，这就是前面说的一对一的关系其实是多对一关联关系的一种特殊情况。对应的 Person 表和 Room 表如表 4.3、表 4.4 所示。

表 4.3　Person 表

字 段 名 称	数 据 类 型	主　　键	自　　增	允 许 为 空	描　　述
Id	int	是	增1		ID 号
name	varchar(20)				姓名
room_id	int			是	房间号

注：这里的 room_id 设为外键。

表 4.4　Room 表

字 段 名 称	数 据 类 型	主　　键	自　　增	允 许 为 空	描　　述
id	int	是	增1		ID 号
address	varchar(100)				地址

【例 4.3】 唯一外键方式示例。

① 在项目 Hibernate_mapping 的 org.model 包下编写生成数据库表对应的 Java 类对象和映射文件，然后按照如下的方法修改。

修改 Person 表对应的 POJO 类 Person.java：

```
package org.model;
…
public class Person implements java.io.Serializable {
    //Fields
    private Integer id;
    private String name;
    //private Integer roomId;          //注释掉外键 roomId 属性，其对应的 getter/setter 方法也要删除
    private Room room;                 //增加 room 属性
    //Constructors
    /** default constructor */
    public Person() {
    }
    /** minimal constructor */
    public Person(String name) {
        this.name = name;
    }
    /** full constructor */
    public Person(String name, Room room) {
        this.name = name;
        //this.roomId = roomId;
        this.room = room;              //修改构造函数
    }
    //Property accessors
    …
    //增加 room 属性的 getter 和 setter 方法
    public Room getRoom(){
        return this.room;
    }
```

```java
        public void setRoom(Room room){
            this.room = room;
        }
    }
```

修改 Room 表对应的 POJO 类 Room.java：

```java
package org.model;
…
public class Room implements java.io.Serializable {
    //Fields
    private Integer id;
    private String address;
    private Person person;                      //增加 person 属性
    //Constructors
    /** default constructor */
    public Room() {
    }
    /** full constructor */
    public Room(String address, Person person) {
        this.address = address;
        this.person = person;                   //修改构造函数
    }
    //Property accessors
    …
    //增加 person 属性的 getter 和 setter 方法
    public Person getPerson(){
        return this.person;
    }
    public void setPerson(Person person){
        this.person = person;
    }
}
```

修改 Person 表与 Person 类的 ORM 映射文件 Person.hbm.xml：

```xml
…
<hibernate-mapping>
    <class name="org.model.Person" table="Person" schema="dbo" catalog="XSCJ">
        …
        <many-to-one name="room"                //属性名称
                column="room_id"                //充当外键的字段名
                class="org.model.Room"          //被关联的类的名称
                cascade="all"                   //主控类所有操作，对关联类也执行同样操作
                unique="true">                  //唯一性约束，实现一对一
        </many-to-one>
    </class>
</hibernate-mapping>
```

修改 Room 表与 Room 类的 ORM 映射文件 Room.hbm.xml：

```xml
…
<hibernate-mapping>
    <class name="org.model.Room" table="Room" schema="dbo" catalog="XSCJ">
        …
```

```
            <one-to-one name="person"                  //属性名
                    class="org.model.Person"           //被关联的类的名称
                    property-ref="room">               //指定关联类的属性
            </one-to-one>
    </class>
</hibernate-mapping>
```

② 编写测试代码。

在 src 文件夹下的包 test 的 Test 类中加入如下代码：

```
…
Person person=new Person();
person.setName("liumin");
Room room=new Room();
room.setAddress("NJ-S1-328");
person.setRoom(room);
session.save(person);
…
```

③ 运行程序，测试结果。

因为该程序为 Java Application，所以可以直接运行。在完全没有操作数据库的情况下，程序就完成了对数据的插入。插入数据后，Person 表和 Room 表的内容如图 4.19、图 4.20 所示。

PC-20140108...- dbo.Person

	Id	name	room_id
▶	1	liumin	1
*	NULL	NULL	NULL

图 4.19　Person 表

PC-20140108...J - dbo.Room

	id	address
▶	1	NJ-S1-328
*	NULL	NULL

图 4.20　Room 表

4.3.2　多对一单向关联

只要把【例 4.3】中的一对一的唯一外键关联实例稍微修改就可以变成多对一了。

【例 4.4】多对一单向关联示例。

① 在项目 Hibernate_mapping 的 org.model 包下修改生成的数据库表对应的 Java 类对象和映射文件。其对应表不变，Person 表对应的类也不变，对应的 Person.hbm.xml 文件修改如下：

```
…
<hibernate-mapping>
    <class name="org.model.Person" table="Person" schema="dbo" catalog="XSCJ">
        …
            <many-to-one name="room"                   //属性名称
                    column="room_id"                   //充当外键的字段名
                    class="org.model.Room"             //被关联的类的名称
                    cascade="all">                     //主控类所有操作，对关联类也执行同样操作
            </many-to-one>
    </class>
</hibernate-mapping>
```

而 Room 表不变，对应的 POJO 类修改如下：

```
package org.model;
…
public class Room implements java.io.Serializable {
```

```
        //Fields
        private Integer id;
        private String address;
        //private Person person;                          //删除 person 属性
        //Constructors
        /** default constructor */
        public Room() {
        }
        /** full constructor */
        public Room(String address) {
                this.address = address;
                //this.person = person;                   //修改构造函数
        }
        //Property accessors
        //省略上述各属性的 getter 和 setter 方法
        …
}
```

即删去了 person 属性及其 getter 和 setter 方法。

最后，在映射文件 Room.hbm.xml 中删去下面这一行：

```
<one-to-one name="person" class="org.model.Person" property-ref="room"></one-to-one>
```

> **注意：**
>
> 因为是单向的多对一，所以无须在“一”的一边指明“多”的一边，这种情况也很容易理解。例如，学生和老师是多对一的关系，让学生记住一个老师是很容易的事情，但如果让老师记住所有学生相对来说就困难多了。

② 编写测试代码。

在 src 文件夹下的包 test 的 Test 类中加入如下代码：

```
…
Room room=new Room();
room.setAddress("NJ-S1-328");
Person person=new Person();
person.setName("liuyanmin");
person.setRoom(room);
session.save(person);
…
```

在该例中，如果得到 Session 对象后，调用 Session 的 save 方法来完成 person 对象的插入工作，那么在插入的同时，Room 对象也被插入到数据库中。但是反过来，如果直接插入一个 Room 对象，则对 Person 没有影响。

③ 运行程序，测试结果。

因为该程序为 Java Application，所以可以直接运行。在完全没有操作数据库的情况下，程序就完成了对数据的插入。插入数据后，Person 表和 Room 表的内容如图 4.21、图 4.22 所示。

PC-20140108...- dbo.Person

	Id	name	room_id
▶	1	liumin	1
	2	liuyanmin	2
*	NULL	NULL	NULL

图 4.21 Person 表

PC-20140108...J - dbo.Room

	id	address
▶	1	NJ-S1-328
	2	NJ-S1-328
*	NULL	NULL

图 4.22 Room 表

4.3.3 一对多双向关联

下面通过修改 4.3.2 节的【例 4.4】来完成双向多对一的实现。

【例 4.5】一对多双向关联示例。

① 在项目 Hibernate_mapping 的 org.model 包下修改生成数据库表对应的 Java 类对象和映射文件。Person 表对应的 POJO 及其映射文件不用改变，现在来修改 Room 表对应的 POJO 类及其映射文件。对应的 POJO 类 Room.java 如下：

```java
package org.model;
import java.util.*;                              //导入用于集合操作的 Jar 包
…
public class Room implements java.io.Serializable {

    //Fields
    private Integer id;
    private String address;
    //private Person person;
    private Set person = new HashSet();          //定义集合，存放多个 Person 对象
    //Constructors
    /** default constructor */
    public Room() {
    }
    /** full constructor */
    public Room(String address) {
        this.address = address;
        //this.person = person;
    }
    //Property accessors
    …
    public Set getPerson(){                       //Person 集合的 getter/setter 方法
        return person;
    }
    public void setPerson(Set person){
        this.person = person;
    }
}
```

Room 表与 Room 类的 ORM 映射文件 Room.hbm.xml 修改如下：

```xml
…
<hibernate-mapping>
    <class name="org.model.Room" table="Room" schema="dbo" catalog="XSCJ">
        …
        <set name="person"          //此属性为 Set 集合类型，由 name 指定属性名字
            inverse="false"         //表示关联关系的维护工作由谁来负责，默认 false，表示由
                                    //主控方负责；true 表示由被控方负责。由于该例是双向操
                                    //作，故需要设为 false，也可不写
            cascade="all">          //级联程度
            <key column="room_id"/>                 //充当外键的字段名
            <one-to-many class="org.model.Person"/> //被关联的类名字
        </set>
```

```
    </class>
</hibernate-mapping>
```

该配置文件中 cascade 配置的是级联程度，它有以下几种取值。

- all：表示所有操作句在关联层级上进行连锁操作。
- save-update：表示只有 save 和 update 操作进行连锁操作。
- delete：表示只有 delete 操作进行连锁操作。
- all-delete-orphan：在删除当前持久化对象时，它相当于 delete；在保存或更新当前持久化对象时，它相当于 save-update。另外，它还可以删除与当前持久化对象断开关联关系的其他持久化对象。

② 编写测试代码。

在 src 文件夹下的包 test 的 Test 类中加入如下代码：

```
…
Person person1=new Person();
Person person2=new Person();
Room room=new Room();
room.setAddress("NJ-S1-328");
person1.setName("李方方");
person2.setName("王艳");
person1.setRoom(room);
person2.setRoom(room);
//这样完成后即可通过 Session 对象调用 session.save(person1)和 session.save(person)，会自动保存 room
session.save(person1);
session.save(person2);
…
```

③ 运行程序，测试结果。

因为该程序为 Java Application，所以可以直接运行。在完全没有操作数据库的情况下，程序就完成了对数据的插入。插入数据后，Person 表和 Room 表的内容如图 4.23、图 4.24 所示。

PC-20140108...- dbo.Person

Id	name	room_id
1	liumin	1
2	liuyanmin	2
3	李方方	3
4	王艳	3
NULL	NULL	NULL

图 4.23 Person 表

PC-20140108...J - dbo.Room

id	address
1	NJ-S1-328
2	NJ-S1-328
3	NJ-S1-328
NULL	NULL

图 4.24 Room 表

由于是双向的，当然也可以从 Room 的一方来保存 Person，在 Test.java 中加入如下代码：

```
...
Person person1=new Person();
Person person2=new Person();
Room room=new Room();
person1.setName("李方方");
person2.setName("王艳");
Set persons=new HashSet();
persons.add(person1);
persons.add(person2);
room.setAddress("NJ-S1-328");
room.setPerson(persons);
//这样完成后，即可通过 Session 对象调用 session.save(room)，会自动保存 person1 和 person2
...
```

运行程序，插入数据后，Person 表和 Room 表的内容如图 4.25、图 4.26 所示。

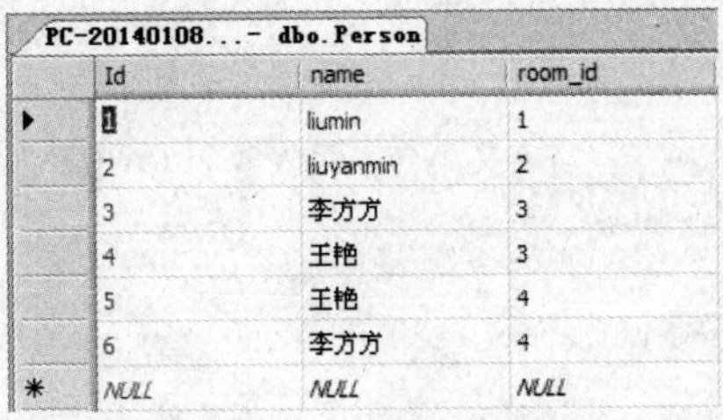

PC-20140108...- dbo.Person

	Id	name	room_id
▶	1	liumin	1
	2	liuyanmin	2
	3	李方方	3
	4	王艳	3
	5	王艳	4
	6	李方方	4
*	NULL	NULL	NULL

图 4.25　Person 表

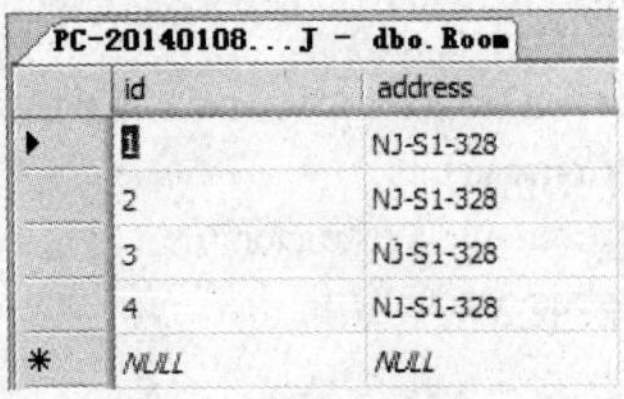

PC-20140108...J - dbo.Room

	id	address
▶	1	NJ-S1-328
	2	NJ-S1-328
	3	NJ-S1-328
	4	NJ-S1-328
*	NULL	NULL

图 4.26　Room 表

4.3.4　多对多关联

多对多关系可以分为两种，一种是单向多对多，另一种是双向多对多。

1. 多对多单向关联

学生和课程就是多对多的关系，一个学生可以选择多门课程，而一门课程又可以被多个学生选择。多对多关系在关系数据库中不能直接实现，还必须依赖一张连接表。如表 4.5、表 4.6 和表 4.7 所示。

表 4.5　学生表 student

字段名称	数据类型	主　键	自　增	允许为空	描　述
ID	int	是	增 1		ID 号
SNUMBER	varchar(10)				学号
SNAME	varchar(10)			是	姓名
SAGE	int			是	年龄

表 4.6　课程表 course

字段名称	数据类型	主　键	自　增	允许为空	描　述
ID	int	是	增 1		ID 号
CNUMBER	varchar(10)				课程号
CNAME	varchar(20)			是	课程名

表 4.7　连接表 stu_cour

字段名称	数据类型	主　键	自　增	允许为空	描　述
SID	int	是			学生 ID 号
CID	int	是			课程 ID 号

由于是单向的，也就是说从一方可以知道另一方，反之不行。这里以从学生知道选择了哪些课程为例实现多对多单向关联。

【例 4.6】单向多对多示例。

① 在项目 Hibernate_mapping 的 org.model 包下修改生成的数据库表对应 Java 类对象和映射文件。

student 表对应的 POJO 类修改如下：

```
package org.model;
import java.util.*;
…
public class Student implements java.io.Serializable {
	//Fields
```

```java
        private Integer id;
        private String snumber;
        private String sname;
        private Integer sage;
        private Set courses = new HashSet();          //定义集合，存放多个 Course 对象
        //Constructors
        /** default constructor */
        public Student() {
        }
        /** minimal constructor */
        public Student(String snumber) {
            this.snumber = snumber;
        }
        /** full constructor */
        public Student(String snumber, String sname, Integer sage) {
            this.snumber = snumber;
            this.sname = sname;
            this.sage = sage;
        }
        //Property accessors
        //上述各属性的 getter 和 setter 方法
        …
        public Set getCourses(){                       //Course 集合的 getter/setter 方法
            return courses;
        }
        public void setCourses(Set courses){
            this.courses = courses;
        }
    }
```

student 表与 Student 类的 ORM 映射文件 Student.hbm.xml 修改如下：

```xml
…
<hibernate-mapping>
    <class name="org.model.Student" table="student" schema="dbo" catalog="XSCJ">
        …
        <set name="courses"          //set 标签表示此属性为 Set 集合类型，由 name 指定属性名
            table="stu_cour"          //连接表的名称
            lazy="true"               //表示此关联为延迟加载，所谓延迟加载就是到了用的时候
                                      //进行加载，避免大量暂时无用的关系对象
            cascade="all">            //级联程度
            <key column="SID"></key>                //指定参照 student 表的外键名称
            <many-to-many class="org.model.Course"  //被关联的类的名称
                column="CID"/>                      //指定参照 course 表的外键名称
        </set>
    </class>
</hibernate-mapping>
```

② 编写测试代码。

在 src 文件夹下的包 test 的 Test 类中加入如下代码：

```
…
Course cour1=new Course();
```

```
Course cour2=new Course();
Course cour3=new Course();
cour1.setCnumber("101");
cour1.setCname("计算机基础");
cour2.setCnumber("102");
cour2.setCname("数据库原理");
cour3.setCnumber("103");
cour3.setCname("计算机原理");
Set courses=new HashSet();
courses.add(cour1);
courses.add(cour2);
courses.add(cour3);
Student stu=new Student();
stu.setSnumber("081101");
stu.setSname("李方方");
stu.setSage(21);
stu.setCourses(courses);
session.save(stu);
//设置完成后即可通过 Session 对象调用 session.save(stu)完成持久化
…
```

在向 student 表插入学生信息的时候，也会往 course 表插入课程信息，往连接表中插入它们的关联信息。

③ 运行程序，测试结果。

因为该程序为 Java Application，所以可以直接运行。在完全没有操作数据库的情况下，程序就完成了对数据的插入。插入数据后，student 表、course 表及连接表 stu_cour 表的内容如图 4.27、图 4.28、图 4.29 所示。

表 - dbo.student | 摘要

ID	SNUMBER	SNAME	SAGE
2	081101	李方方	21

图 4.27 student 表

表 - dbo.course | 摘要

ID	CNUMBER	CNAME
4	102	数据库原理
5	103	计算机原理
6	101	计算机基础

图 4.28 course 表

表 - dbo.stu_cour | 表 - dbo.course | 摘要

SID	CID
2	4
2	5
2	6

图 4.29 stu_cour 表

2. 多对多双向关联

学会多对多单向关联后，只要同时实现两个互逆的多对多单向关联便可轻而易举地实现多对多双向关联。在【例 4.6】中只要修改课程的代码就可以了。

【例 4.7】双向多对多示例。

首先将其 Course 表所对应的 POJO 对象修改成如下代码：

```
package org.model;
import java.util.HashSet;
import java.util.Set;
public class Course implements java.io.Serializable{
```

```
            private int id;
            private String cnumber;
            private String cname;
            private Set stus=new HashSet();              //定义集合，存放多个 Student 对象
            //省略上述各属性的 getter 和 setter 方法
}
```

Course 表与 Course 类的 ORM 映射文件 Course.hbm.xml：

```
…
<hibernate-mapping>
    <class name="org.model.Course" table="course">
        …
            <set name="stus"//set 标签表示此属性为 Set 集合类型，由 name 指定一个属性名称
                table="stu_cour"                          //连接表的名称
                lazy="true"                               //关联为延迟加载
                cascade="all">                            //级联操作为所有
                <key column="CID"></key>                  //指定参照 course 表的外键名称
                <many-to-many class="org.model.Student"   //被关联的类名
                    column="SID"/>                        //指定参照 student 表的外键名称
            </set>
    </class>
</hibernate-mapping>
```

实际用法和单向关联用法相同，只是主控方不同而已，这里不再列举。而且双向关联的操作可以是双向的，也就是说可以从任意一方操作。运行程序，运行结果与单向关联的结果相同。

习 题 4

1. 自己建立一个表，在 MyEclipse 中配置数据源，并用 Hibernate 对其进行反向工程。
2. 寻找生活中的例子，阐述一对一、多对一、多对多的关系。

第 5 章 MVC 框架开发基础

MVC 的思想最早由 Trygve Reenskaug 于 1974 年提出。而作为一种软件设计模式，它是由 Xerox PARC 在 20 世纪 80 年代为编程语言 Smalltalk-80 发明的，后来又被推荐为 Java EE 的标准设计模式，并且受到越来越多 Java EE 应用开发者的欢迎，至今已被广泛使用。

5.1 MVC 基本思想

MVC 是一种通用的 Web 软件设计模式，它强制性地把应用程序的数据处理、数据展示和流程控制分开。MVC 把应用程序分成 3 大基本模块：模型（Model，简称 M）、视图（View，简称 V）和控制器（Controller，简称 C），它们（三者联合即 MVC）分别担当不同的任务。这几个模块各自的职能及相互关系，如图 5.1 所示。

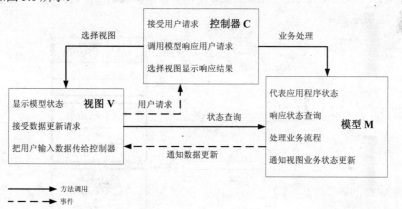

图 5.1　MVC 设计模式

- 模型：用于封装与应用程序业务逻辑相关的数据以及对数据的处理方法。"模型"有对数据直接访问的权力，它不依赖"视图"和"控制器"，也就是说，模型并不关心它会被如何显示或是被如何操作。
- 视图：是用户看到并与之交互的界面。对于老式的 Web 应用程序来说，视图就是由 HTML 元素和 JSP 组成的网页；在新式 Web 应用中，HTML 和 JSP 依旧扮演着重要的角色，但一些新的技术已层出不穷，包括 Macromedia Flash 和像 HTML 5、XML/XSL、WML 等一些标识语言和 Web Services 等。
- 控制器：控制器起到不同层面间的组织作用，用于控制应用程序的流程。它处理事件并作出响应，"事件"包括用户的行为和数据模型上的改变。

5.2 MVC 关键技术

在 Java EE 系统的开发中实现 MVC，需要综合运用一些关键性的技术和框架，下面分别加以介绍。

5.2.1 DAO 技术

1. DAO 原理

DAO（Data Access Object，数据访问对象）是程序员定义的一种接口，它介于数据库资源和业务逻辑之间，其意图是将底层数据访问操作与高层业务逻辑完全分开。

我们知道，数据源不同，访问方式也不同。根据存储的类型（关系数据库、面向对象数据库、文件等）和供应商的不同，持久性存储的访问差别也很大。比如，在一个应用系统中使用 JDBC 对 SQL Server 数据库进行连接和访问，这些 JDBC API 与 SQL 语句分散在系统各个程序文件中，当更换其他 RDBMS（如 MySQL）时，就需要全部重写数据库连接和访问数据库的模块。

一个软件模块（类、方法、代码块等）在扩展性方面应该是开放的，而在更改性方面则必须是封闭的（开闭原则）。要实现这个原则，在软件设计时就要考虑接口封装机制、抽象机制和多态技术。这里的关键是将软件模块的功能部分和不同的实现细节清晰地分开，而在 DAO 中所运用的正是这个原则。

在数据库编程的时候，经常遇到这样的情况：一个用户的数据访问模块，里面的操作方法有 insert、delete、update、select 等，对不同数据库其实现的细节是不同的。因此，不太可能针对每种类型的数据库做一个通用的对象来实现这些操作。这时候，就可以定义一个用户数据访问对象的接口 IUserDAO，提供 insert、delete、update、select 等抽象方法。不同类型数据库的用户访问对象只要实现这个接口就可以了，如图 5.2 所示。

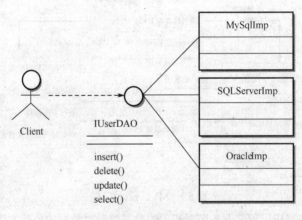

图 5.2　DAO 原理

2. 举例

在【实例五】（4.1.2 节）中，利用 Hibernate 的 ORM 功能实现了对数据库表的对象化操作，然而，validate.jsp（登录验证）的代码中仍然存留有操作数据库的语句，如：

```
……
//查询 userTable 表中的记录
String hql="from UserTable u where u.username=? and u.password=?";
Query query=HibernateSessionFactory.getSession().createQuery(hql);
query.setParameter(0, usr);
query.setParameter(1, pwd);
List users=query.list();
……
```

那么，怎样才能对程序员彻底屏蔽操作数据库的痕迹呢？用 DAO 技术就可以轻易地做到！

【实例六】采用 JSP+DAO+Hibernate 方式开发一个 Web 登录程序。

要求：用 DAO 接口来操作 Hibernate 生成的 UserTable 对象。

（1）创建 **Java EE** 项目

新建 Java EE 项目，项目命名 jsp_dao_hibernate。在项目 src 下创建两个包：org.easybooks.test.factory 和 org.easybooks.test.model.vo。

（2）添加 **Hibernate** 及生成 **POJO** 类

操作方法与【实例五】（4.1.2 节）的第（2）、（3）步完全相同，不再赘述。

（3）定义并实现 **DAO**

在项目 src 下创建包 org.easybooks.test.dao，右击选择菜单【New】→【Interface】，在如图 5.3 所示的【New Java Interface】窗口的 Name 栏输入 IUserTableDAO，单击【Finish】按钮，创建一个 DAO 接口。

图 5.3　创建 DAO 接口

在 IUserTableDAO.java 中定义 DAO 接口，代码如下：

```
package org.easybooks.test.dao;
import org.easybooks.test.model.vo.*;
public interface IUserTableDAO {
    public UserTable validateUser(String username, String password);          //方法：验证用户名密码
}
```

接口中定义了一个 validateUser()方法，用于验证用户，这个方法的具体实现在 org.easybooks.test.dao.impl 包下的 UserTableDAO 类中。

在 src 下创建 org.easybooks.test.dao.impl 包，在包中创建类 UserTableDAO，此类实现了接口中的 validateUser()方法：

```
package org.easybooks.test.dao.impl;
import org.easybooks.test.dao.*;
import org.easybooks.test.model.vo.*;
import org.hibernate.*;
```

```java
import org.easybooks.test.factory.*;
import java.util.*;
public class UserTableDAO implements IUserTableDAO{
    public UserTable validateUser(String username, String password){
        //查询 userTable 表中的记录
        String hql="from UserTable u where u.username=? and u.password=?";
        Query query=HibernateSessionFactory.getSession().createQuery(hql);
        query.setParameter(0, username);                    //第一个参数为用户名
        query.setParameter(1, password);                    //第二个参数为密码
        List users=query.list();                            //执行查询、返回结果
        Iterator it=users.iterator();
        while(it.hasNext())
        {
            if(users.size()!=0){                            //查到有这个用户
                UserTable user=(UserTable)it.next();        //创建持久化对象 user
                return user;
            }
        }
        HibernateSessionFactory.closeSession();             //关闭会话
        return null;
    }
}
```

（4）创建 JSP

本例也有 4 个 JSP 文件，其中 login.jsp、main.jsp 和 error.jsp 这 3 个文件的源码与【实例五】（4.1.2 节）程序的完全相同，但 validate.jsp 文件的代码有了很大的改变。

validate.jsp 文件的代码如下：

```jsp
<%@ page language="java" pageEncoding="gb2312" import="org.easybooks.test.model.vo.UserTable,org.easybooks.test.dao.*,org.easybooks.test.dao.impl.*"%>
<html>
    <head>
        <meta http-equiv="Content-Type" content="text/html;charset=gb2312">
    </head>
    <body>
        <%
            request.setCharacterEncoding("gb2312");              //设置请求编码
            String usr=request.getParameter("username");         //获取提交的用户名
            String pwd=request.getParameter("password");         //获取提交的密码
            boolean validated=false;                             //验证成功标识
            UserTable user=null;
            //先获得 UserTable 对象，如果是第一次访问该页，用户对象肯定为空，但如果是第二次甚至
            //是第三次，就直接登录主页而无须再次重复验证该用户的信息
            user=(UserTable)session.getAttribute("user");
            //如果用户是第一次进入，会话中尚未存储 user 持久化对象，故为 null
            if(user==null){
                IUserTableDAO userTableDAO = new UserTableDAO();
                //直接使用 DAO 接口封装好了的验证功能
                user = userTableDAO.validateUser(usr, pwd);
                if(user!=null){
```

```
                        session.setAttribute("user", user);        //把 user 对象存储在会话中
                        validated=true;                            //标识为 true 表示验证成功通过
                    }
                }
                else{
                    validated=true;    //该用户在之前已登录过并成功验证,故标识为 true 表示无须再验了
                }
                if(validated)
                {
                    //验证成功跳转到 main.jsp
%>
                    <jsp:forward page="main.jsp"/>
<%
                }
                else
                {
                    //验证失败跳转到 error.jsp
%>
                    <jsp:forward page="error.jsp"/>
<%
                }
%>
        </body>
</html>
```

从上面代码的加黑语句可以看到,验证用户时只需直接调用接口中的 validateUser()方法即可,JSP 页代码中不再包含操作数据库的代码,因为这部分代码已经被封装到 IUserTableDAO 接口的 UserTableDAO 实现类中了。

部署运行程序,效果同【实例二】(2.2.4 节),如图 2.13 所示。

5.2.2 整合 Hibernate 与 Struts 2

有了 DAO,再结合使用本书前面介绍的 Struts 2、Hibernate 框架,就能实现基于 MVC 架构的 Java EE 系统。

1. MVC 的实现

在 Java EE 开发中实现 MVC 一般采用如下方案。

① 用 Hibernate 把数据库表映射为 POJO 类,并用 DAO 技术将其封装入接口,形成持久层数据模型(M)。

② JSP 文件单纯地只作为网页视图(V),显示应用程序界面和数据。

③ Struts 2 担任控制器(C)的角色,负责按程序流程调用数据模型和控制网页跳转。

显然,这需要同时整合 Struts 2 和 Hibernate 两个框架,参考第 3 章的图 3.3,得到如图 5.4 所示 Java EE 系统的 MVC 解决方案。

这里用 Hibernate 取代了原来的 JavaBean 和 JDBC,又运用 DAO 技术将 Action 控制模块与底层数据模型隔离开来,如此一来,整个系统可划分为三层:模型层(M)、视图层(V)和控制器层(C)(图中虚线框出),其中视图层负责页面的显示,而控制器层负责处理及跳转工作,模型层则负责数据的访问和存取,这样构造的 Java EE 系统耦合性大大降低,从而提高了整个应用的可扩展性和易维护性!

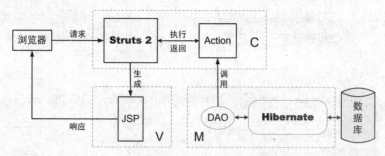

图 5.4 基于 MVC 实现的 Java EE 系统结构

2. 举例

【实例七】采用 JSP+Struts 2+DAO+Hibernate 方式开发一个 Web 登录程序。

要求：将前面介绍过的 Struts 2 和 Hibernate 两大框架整合起来使用，参照图 5.4 所示的系统结构，严格贯彻 MVC 的思想开发。其中，JSP 作为视图 V 显示登录、成功或失败页；Struts 2 作为控制器 C 处理页面跳转；Hibernate 用作数据模型 M，它与前台程序的接口以 DAO 形式提供。

（1）创建 Java EE 项目

新建 Java EE 项目，项目命名 jsp_struts2_dao_hibernate。在项目 src 下创建两个包：org.easybooks.test. factory 和 org.easybooks.test.model.vo。

（2）**M 层开发——添加 Hibernate、生成 POJO 类及编写 DAO**

① 添加 Hibernate。操作方法同【实例五】(4.1.2 节）第（2）步，略。

② 生成 POJO 类。操作方法同【实例五】第（3）步，略。

③ 在项目 src 下创建包 org.easybooks.test.dao 和 org.easybooks.test.dao.impl，分别用于存放 DAO 接口 IUserTableDAO 及其实现类 UserTableDAO。DAO 接口和类的代码与【实例六】的完全相同，在此省略。

经过以上 3 步，M 层就封装好了。

（3）**C 层开发——加载 Struts 2 包、实现 Action 及控制器配置**

① 加载、配置 Struts 2。步骤与【实例四】(3.1.2 节）第（2）、（3）步相同，稍有差别的是，这里仅需加载 Struts 2 的 9 个 jar 包即可，因在刚刚添加 Hibernate 时，数据库的驱动包已被自动载入进来，无须重复加载。

配置文件 web.xml 内容与【实例四】完全相同，不再给出。

② 实现 Action。在项目 src 文件夹下建立包 org.easybooks.test.action，在包里创建 MainAction 类，代码如下：

```
package org.easybooks.test.action;
import java.sql.*;
import java.util.*;
import org.easybooks.test.model.vo.*;
import org.easybooks.test.dao.*;
import org.easybooks.test.dao.impl.*;
import org.easybooks.test.factory.HibernateSessionFactory;
import com.opensymphony.xwork2.*;
public class MainAction extends ActionSupport{
    private UserTable user;
    //处理用户请求的 execute 方法
```

```java
public String execute() throws Exception{
    String usr=user.getUsername();              //获取提交的用户名
    String pwd=user.getPassword();              //获取提交的密码
    boolean validated=false;                    //验证成功标识
    ActionContext context=ActionContext.getContext();
    Map session=context.getSession();           //获得会话对象，用来保存当前登录用户的信息
    UserTable user1=null;
    //先获得 UserTable 对象，如果是第一次访问该页，用户对象肯定为空，但如果是第二次甚至是
    //第三次，就直接登录主页而无须再次重复验证该用户的信息
    user1=(UserTable)session.get("user");
    //如果用户是第一次进入，会话中尚未存储 user1 持久化对象，故为 null
    if(user1==null){
        IUserTableDAO userTableDAO = new UserTableDAO();
        //直接使用 DAO 接口封装好了的验证功能
        user1=userTableDAO.validateUser(usr, pwd);
        if(user1!=null){
            session.put("user", user1);         //把 user1 对象存储在会话中
            validated=true;                     //标识为 true 表示验证成功通过
        }
    }
    else{
        validated=true;         //该用户在之前已登录过并成功验证，故标识为 true 表示无须再验了
    }
    if(validated)
    {
        //验证成功返回字符串"success"
        return "success";
    }
    else{
        //验证失败返回字符串"error"
        return "error";
    }
}
public UserTable getUser(){
    return user;
}
public void setUser(UserTable user){
    this.user=user;
}
```

将上段代码与【实例四】第（6）步的 MainAction 类的代码比较一下，就会发现，其中已没有操作数据库的代码了！由此可见使用 DAO 封装所带来的好处。

③ 配置 Action。在 src 下创建文件 struts.xml，配置内容与【实例四】完全一样，在此省略。

（4）V 层开发——编写 JSP 文件

有了 M、C 这两层的功能，V 层开发的任务就简单多了，只剩下编写 3 个 JSP 文件：login.jsp、main.jsp 和 error.jsp。它们的代码与【实例四】的也完全一样，略。

部署运行程序，效果如图 2.13 所示。

5.3 MVC 综合开发实战

5.3.1 MVC 综合开发实战：学生选课系统（基于 SQL Server）

【综合案例四】采用 MVC（JSP+Struts 2+DAO+Hibernate）方式开发一个学生选课系统。学生登录系统后，可以查看、修改个人信息；查看个人选课情况；选定课程及退选课程。

要求：在【实例七】（5.2.2 节）基础上修改扩充而成，【实例七】已经具备了一个完整的 MVC 项目的框架，但它只有最简单的 Web 登录功能，本例就以它为"蓝本"进一步扩充成一个实现多种应用功能的"学生选课系统"。项目严格遵照 MVC 模式去开发，后台数据库用 SQL Server 2008/2012。

1. 建立数据库及表结构

该系统需要建立登录表（DLB）、学生表（XSB）、专业表（ZYB）、课程表（KCB）以及学生课程表（XS_KCB）即连接表。

其中学生表和专业表是多对一关系，学生表和课程表是多对多关系。具体表结构见附录 A，完成后预先录入样本数据。

2. 创建 Java EE 项目

新建 Java EE 项目，项目命名 Struts_Hibernate。在项目 src 下创建两个包：org.factory 和 org.model。

3. 登录选课系统

（1）M 层开发

① 添加 Hibernate。

操作方法同【实例五】（4.1 节）第（2）步，生成的 HibernateSessionFactory.java 文件置于 org.factory 包中。

② 生成 POJO 类及映射文件。

操作方法同【实例五】第（3）步，不过这里要生成登录表、课程表、学生表和专业表一共 4 个表的 POJO 类及其映射文件，并统一置于 org.model 包下。因各表间有对应的关系，除了登录表、专业表的对应类及映射文件外，其他需要修改（如加黑语句）。

Xsb.java 代码改为：

```
package org.model;
import java.util.*;
/**
 * Xsb entity. @author MyEclipse Persistence Tools
 */
public class Xsb implements java.io.Serializable {
    //Fields
    private String xh;
    private String xm;
    private Short xb;
    private String cssj;
    //private Integer zyId;
    private Integer zxf;
```

```java
        private String bz;
        private byte[] zp;
        private Zyb zyb;                              //增加 zyb 属性
        private Set kcs = new HashSet();
        //Constructors
        /** default constructor */
        public Xsb() {
        }
        /** minimal constructor */
        public Xsb(String xh, String xm, Short xb) {
            this.xh = xh;
            this.xm = xm;
            this.xb = xb;
            //this.zyId = zyId;
        }
        /** full constructor */
        public Xsb(String xh, String xm, Short xb, String cssj,
                   Integer zxf, String bz, byte[] zp, Zyb zyb) {
            this.xh = xh;
            this.xm = xm;
            this.xb = xb;
            this.cssj = cssj;
            //this.zyId = zyId;
            this.zxf = zxf;
            this.bz = bz;
            this.zp = zp;
            this.zyb = zyb;
        }
        //Property accessors
        …
/*
        public Integer getZyId() {
            return this.zyId;
        }
        public void setZyId(Integer zyId) {
            this.zyId = zyId;
        }
*/      //注释掉这对 getter/setter 方法
        …
        public byte[] getZp() {
            return this.zp;
        }
        public void setZp(byte[] zp) {
            this.zp = zp;
        }
        //增加 zyb 和 kcs 属性的 getter/setter 方法
        public Zyb getZyb(){
            return this.zyb;
        }
        public void setZyb(Zyb zyb){
```

```
            this.zyb = zyb;
    }

    public Set getKcs(){
        return this.kcs;
    }
    public void setKcs(Set kcs){
        this.kcs = kcs;
    }
}
```

对应映射文件 Xsb.hbm.xml 代码改为:

```xml
...
<hibernate-mapping>
    <class name="org.model.Xsb" table="XSB" schema="dbo" catalog="XSCJ">
        <id name="xh" type="java.lang.String">
            <column name="XH" length="6" />
            <generator class="assigned" />
        </id>
        <property name="xm" type="java.lang.String">
            <column name="XM" length="8" not-null="true" />
        </property>
        <property name="xb" type="java.lang.Short">
            <column name="XB" not-null="true" />
        </property>
        <property name="cssj" type="java.lang.String">
            <column name="CSSJ" />
        </property>
        <property name="zxf" type="java.lang.Integer">
            <column name="ZXF" />
        </property>
        <property name="bz" type="java.lang.String">
            <column name="BZ" length="500" />
        </property>
        <property name="zp">
            <column name="ZP" />
        </property>
        <!--与专业表是多对一关系-->
        <many-to-one name="zyb" class="org.model.Zyb" fetch="select"
                        cascade="all" lazy="false">
            <column name="ZY_ID" />
        </many-to-one>
        <!--多对多，具体解释见 4.3.4 节-->
        <set name="kcs" table="XS_KCB" lazy="false" cascade="save-update">
            <key column="XH"></key>
            <many-to-many class="org.model.Kcb" column="KCH"></many-to-many>
        </set>
    </class>
</hibernate-mapping>
```

Kcb.java 代码改为:

```
package org.model;
import java.util.*;
/**
 * Kcb entity. @author MyEclipse Persistence Tools
 */
public class Kcb implements java.io.Serializable {
    //Fields
    private String kch;
    private String kcm;
    private Short kxxq;
    private Integer xs;
    private Integer xf;
    private Set xss = new HashSet();
    //Constructors
    …
    //Property accessors
    …
    //增加 xss 属性的 getter/setter 方法
    public Set getXss(){
        return this.xss;
    }
    public void setXss(Set xss){
        this.xss = xss;
    }
}
```

对应映射文件 Kcb.hbm.xml 代码改为：

```
…
<hibernate-mapping>
    <class name="org.model.Kcb" table="KCB" schema="dbo" catalog="XSCJ">
        …
        <!--与学生表是多对多关系-->
        <set name="xss" table="XS_KCB" lazy="true" inverse="true">
          <key column="KCH"></key>
          <many-to-many class="org.model.Xsb" column="XH"></many-to-many>
        </set>
    </class>
</hibernate-mapping>
```

为了使程序能正确处理多对多关系和操作连接表，对自动生成的 hibernate.cfg.xml 配置文件要进行微小的改动，指明所连接到的数据库名称，如下：

```
…
<hibernate-configuration>
    <session-factory>
        <property name="dialect">
            org.hibernate.dialect.SQLServerDialect
        </property>
        <property name="connection.url">
            jdbc:sqlserver://localhost:1433;databaseName=XSCJ
        </property>
```

```
        …
    </session-factory>
</hibernate-configuration>
```

③ DAO 层组件实现。

在项目 src 下创建包 org.dao 和 org.dao.impl，分别用于存放 DAO 接口及其实现类。

● 登录接口。

登录接口中封装了 validate 方法，完成对用户的验证功能，系统根据输入的学号和口令进行用户合法性验证，验证通过才允许进入系统主页面。

DlDao.java 接口，定义如下：

```
package org.dao;
import org.model.Dlb;
public interface DlDao {
    //方法：根据学号和口令查询
    public Dlb validate(String xh, String kl);
}
```

其对应的实现类 DlDaoImp.java，代码如下：

```
package org.dao.imp;
import org.dao.DlDao;
import org.hibernate.*;
import org.factory.*;
import org.model.Dlb;
public class DlDaoImp implements DlDao {
    //验证用户合法性
    public Dlb validate(String xh, String kl) {
        try{
            Session session=HibernateSessionFactory.getSession();
            Transaction ts=session.beginTransaction();
            //查询对应学号和口令的学生
            Query query=session.createQuery("from Dlb where xh=? and kl=?");
            query.setParameter(0, xh);
            query.setParameter(1, kl);
            query.setMaxResults(1);
            Dlb dlb=(Dlb) query.uniqueResult();      //执行查询，返回结果
            if(dlb!=null){                            //结果不为空，存在该生
                return dlb;
            }else{                                    //不存在该生
                return null;
            }
        }catch(Exception e){
            e.printStackTrace();
            return null;
        }
    }
}
```

● 学生接口。

学生接口中封装了 getOneXs 和 update 两个方法，分别用于获取指定学号的学生个人信息和修改某个学生的信息。

XsDao.java 接口，定义如下：

```java
package org.dao;
import org.model.Xsb;
public interface XsDao {
    //方法：根据学号查询学生信息
    public Xsb getOneXs(String xh);
    //方法：修改学生信息
    public void update(Xsb xs);
}
```

其对应的实现类 XsDaoImp.java，代码如下：

```java
package org.dao.imp;
import org.dao.XsDao;
import org.hibernate.*;
import org.factory.*;
import org.model.Xsb;
public class XsDaoImp implements XsDao{
    //获取指定学号的某学生信息
    public Xsb getOneXs(String xh) {
        try{
            Session session=HibernateSessionFactory.getSession();
            Transaction ts=session.beginTransaction();
            Query query=session.createQuery("from Xsb where xh=?");
            query.setParameter(0, xh);
            query.setMaxResults(1);
            Xsb xs=(Xsb) query.uniqueResult();         //执行查询，返回结果
            ts.commit();
            session.clear();
            return xs;
        }catch(Exception e){
            e.printStackTrace();
            return null;
        }
    }
    //修改某个学生的个人信息
    public void update(Xsb xs) {
        try{
            Session session=HibernateSessionFactory.getSession();
            Transaction ts=session.beginTransaction();
            session.update(xs);                        //执行修改操作
            ts.commit();
            HibernateSessionFactory.closeSession();    //关闭会话
        }catch(Exception e){
            e.printStackTrace();
        }
    }
}
```

● 专业接口。

专业接口中封装了 getOneZy 和 getAll 两个方法，分别用于查询某个专业的信息以及获取所有专业信息。

ZyDao.java 接口，定义如下：

```java
package org.dao;
import java.util.*;
import org.model.Zyb;
public interface ZyDao {
    //方法：根据专业 ID 查询专业信息
    public Zyb getOneZy(Integer zyId);
    //方法：查询所有专业信息
    public List getAll();
}
```

对应的实现类 ZyDaoImp.java，代码如下：

```java
package org.dao.imp;
import java.util.*;
import org.dao.ZyDao;
import org.hibernate.*;
import org.factory.*;
import org.model.Zyb;
public class ZyDaoImp implements ZyDao{
    //查询某个专业的信息
    public Zyb getOneZy(Integer zyId) {
        try{
            Session session=HibernateSessionFactory.getSession();
            Transaction ts=session.beginTransaction();
            Query query=session.createQuery("from Zyb where id=?");
            query.setParameter(0, zyId);
            query.setMaxResults(1);
            Zyb zy=(Zyb) query.uniqueResult();         //执行查询，返回结果
            ts.commit();
            HibernateSessionFactory.closeSession();    //关闭会话
            return zy;
        }catch(Exception e){
            e.printStackTrace();
            return null;
        }
    }
    //获取所有专业的信息
    public List getAll() {
        try{
            Session session=HibernateSessionFactory.getSession();
            Transaction ts=session.beginTransaction();
            List list=session.createQuery("from Zyb").list();   //获取结果集列表
            ts.commit();
            HibernateSessionFactory.closeSession();    //关闭会话
            return list;
        }catch(Exception e){
            e.printStackTrace();
            return null;
        }
    }
}
```

- 课程接口。

课程接口中封装了 getOneKc 和 getAll 两个方法，分别用于查询某门课程的信息以及获取所有课程的信息。

KcDao.java 接口，定义如下：

```java
package org.dao;
import java.util.*;
import org.model.Kcb;
public interface KcDao {
    //方法：根据课程号查询课程信息
    public Kcb getOneKc(String kch);
    //方法：查询所有课程的信息
    public List getAll();
}
```

对应的实现类 KcDaoImp.java，代码如下：

```java
package org.dao.imp;
import java.util.*;
import org.dao.KcDao;
import org.hibernate.*;
import org.factory.*;
import org.model.Kcb;
public class KcDaoImp implements KcDao{
    //查询某门课程的信息
    public Kcb getOneKc(String kch) {
        try{
            Session session=HibernateSessionFactory.getSession();
            Transaction ts=session.beginTransaction();
            Query query=session.createQuery("from Kcb where kch=?");
            query.setParameter(0, kch);
            query.setMaxResults(1);
            Kcb kc=(Kcb) query.uniqueResult();          //执行查询，返回结果
            ts.commit();
            session.clear();                            //清除缓存
            return kc;
        }catch(Exception e){
            e.printStackTrace();
            return null;
        }
    }
    //获取所有课程的信息
    public List getAll() {
        try{
            Session session=HibernateSessionFactory.getSession();
            Transaction ts=session.beginTransaction();
            List list=session.createQuery("from Kcb order by kch").list();//执行查询返回结果列表
            ts.commit();
            return list;
        }catch(Exception e){
            e.printStackTrace();
```

```
            return null;
        }
    }
}
```

经以上步骤，M层就封装好了。在后续编程中需要访问数据库的时候，只需直接调用该层接口中的方法即可。

（2）C层开发

① 加载、配置 Struts 2。

步骤与【实例四】（3.1.2节）第（2）、（3）步相同，稍有差别的是，这里仅需加载 Struts 2 的 9 个 jar 包即可，因在添加 Hibernate 时，数据库的驱动包已被自动载入，无须重复加载。

配置文件 web.xml 内容与【实例四】完全相同，不再给出。

② 实现 Action。

在项目 src 文件夹下建立包 org.action，在包里创建 LoginAction 类，代码如下：

```
package org.action;
import java.util.Map;
import org.dao.DIDao;
import org.dao.imp.DIDaoImp;
import org.model.Dlb;
import com.opensymphony.xwork2.*;
public class LoginAction extends ActionSupport{
    //Dlb 类对象，用于存取 Dlb 属性的值
    private Dlb dlb;
    //生成其 getter 和 setter 方法
    public Dlb getDlb() {
        return dlb;
    }
    public void setDlb(Dlb dlb) {
        this.dlb=dlb;
    }
    public String execute() throws Exception {
        DIDao dIDao=new DIDaoImp();                          //得到 DAO 接口对象
        Dlb user=dIDao.validate(dlb.getXh(), dlb.getKl());   //调用 DAO 中的方法
        if(user!=null){
            //如果不为空，保存到 Session 中
            Map session=(Map)ActionContext.getContext().getSession();
            session.put("user", user);
            return SUCCESS;
        }
        else{
            return ERROR;
        }
    }
}
```

加黑语句直接调用 M 层 DAO 接口中的方法，可使 Action 中不包含操作数据库的代码，这就是使用 DAO 封装所带来的好处。

③ 配置 Action。

在 src 下创建文件 struts.xml，配置如下：

```
…
<struts>
```

```xml
<package name="default" extends="struts-default">
    <!-- 用户登录 -->
    <action name="login" class="org.action.LoginAction">
        <result name="success">/main.jsp</result>
        <result name="error">/login.jsp</result>
    </action>
    //这里以后添加 Action 配置，后面配置的 Action 都要添加在这里
</package>
</struts>
```

（3）V 层开发

① 登录界面。

登录界面由 login.jsp 实现，代码如下：

```jsp
<%@ page language="java" pageEncoding="UTF-8"%>
<%@ taglib uri="/struts-tags" prefix="s"%>
<html>
<head>
    <title>学生选课系统</title>
</head>
<body>
    <s:form action="login" method="post">
        <table>
            <tr>
                <td colspan="2"><img src="/Struts_Hibernate/image/head.jpg"></td>
            </tr>
            <tr>
                <s:textfield name="dlb.xh" label="学号" size="20"></s:textfield>
            </tr>
            <tr>
                <s:password name="dlb.kl" label="口令" size="22"></s:password>
            </tr>
            <tr>
                <td align="left"><input type="submit" value="登录" /></td>
                <td><input type="reset" value="重置" /></td>
            </tr>
        </table>
    </s:form>
</body>
</html>
```

其中用到 head.jpg，作为选课系统页面上的主题标头图片，读者可以自己设计绘制、上网下载或直接使用本书源代码包中提供的图片。在项目 WebRoot 目录下建立文件夹 image，把图片放进去就行了。注意文件名要对应！

从 JSP 文件中可以看出，该表单提交给了名为 login 的 Action，它在 C 层开发时已经实现并配置在 struts.xml 中了。

② 主页面。

选课系统的主页面 main.jsp 由 head.jsp、left.jsp 及 rigth.jsp 组合而成，它们的代码分别如下。

● 主页。

主页 main.jsp，代码如下：

```jsp
<%@ page language="java" pageEncoding="UTF-8"%>
<%@ taglib uri="/struts-tags" prefix="s" %>
```

```html
<html>
<head>
     <title>学生选课系统</title>
</head>
<frameset rows="30%,*" border="0">
     <frame src="head.jsp">
     <frameset cols="15%,*" border="1">
          <frame src="left.jsp">
          <frame src="right.jsp" name="right">
     </frameset>
</frameset>
</html>
```

整个页面采用框架网页布局,包括头部和左、右两大块区域。

● 主页头。

主页头部依然是前面的那个主题标头图片,head.jsp 内容为:

```html
<%@ page language="java" pageEncoding="UTF-8"%>
<html>
<body bgcolor="#D9DFAA">
     <img src="/Struts_Hibernate/image/head.jpg">
</body>
</html>
```

● 功能导航。

页面左部是一系列功能导航的链接,单击提交给不同功能的 Action 模块去处理。
left.jsp 代码如下:

```html
<%@ page language="java" pageEncoding="UTF-8"%>
<html>
<body bgcolor="#D9DFAA">
     <a href="xsInfo.action" target="right">查询个人信息</a><p>
     <a href="updateXsInfo.action" target="right">修改个人信息</a><p>
     <a href="getXsKcs.action" target="right">个人选课情况</a><p>
     <a href="getAllKc.action" target="right">所有课程信息</a><p>
</body>
</html>
```

这些功能的 Action 我们在后面的开发中会逐步添加进来。

● 内容区。

页面右部是加载网页显示内容的区域,初始为空白。
right.jsp 是一个仅显示背景色的空页,如下:

```html
<%@ page language="java" pageEncoding="UTF-8"%>
<html>
<body bgcolor="#D9DFAA"></body>
</html>
```

到目前为止,学生选课系统的 MVC 框架及最基本的登录功能已经做好了,部署运行一下查看效果。
初始登录页如图 5.5 所示。
登录成功后进入主界面,如图 5.6 所示。
接下来,再向这个 MVC 框架中逐一加入各个功能模块。

第5章 MVC框架开发基础

图 5.5　登录界面

图 5.6　主界面

4．查询个人信息

主界面左侧第一个导航功能是"查询个人信息",从 left.jsp 中可以发现,其提交给 xsInfo.action,对应 Action 配置如下:

```
<action name="xsInfo" class="org.action.XsAction">
    <result name="success">/xsInfo.jsp</result>
</action>
<action name="getImage" class="org.action.XsAction" method="getImage"></action>
```

由于学生的个人信息中有照片,这里的处理思路是把要处理照片的信息提交给 Action 类来读取,所以要加入名为 getImage 的 Action。编写 XsAction 来实现学生信息的查询。

XsAction.java 的代码如下:

```
package org.action;
import java.io.*;
import java.util.*;
```

```java
import javax.servlet.ServletOutputStream;
import javax.servlet.http.HttpServletResponse;
import org.apache.struts2.ServletActionContext;
import org.dao.*;
import org.dao.imp.*;
import org.model.*;
import com.opensymphony.xwork2.*;
public class XsAction extends ActionSupport{
    XsDao xsDao;
    private Xsb xs;                     //定义学生对象
    private Kcb kcb;                    //定义课程对象
    private File zpFile;                //用于获取照片文件
    private Zyb zyb;                    //定义专业对象
    //生成其 getter 和 setter 方法
    public File getZpFile() {
        return zpFile;
    }
    public void setZpFile(File zpFile) {
        this.zpFile=zpFile;
    }

    public Kcb getKcb() {
        return kcb;
    }
    public void setKcb(Kcb kcb) {
        this.kcb=kcb;
    }

    public Zyb getZyb() {
        return zyb;
    }
    public void setZyb(Zyb zyb) {
        this.zyb=zyb;
    }

    public Xsb getXs() {
        return xs;
    }
    public void setXs(Xsb xs) {
        this.xs=xs;
    }

    //默认情况下,用该方法获得当前学生的个人信息
    public String execute() throws Exception {
        Map session=(Map)ActionContext.getContext().getSession();           //获得 Session 对象
        Dlb user=(Dlb)session.get("user");                                  //从 Session 中取出当前用户
        xsDao=new XsDaoImp();                                               //创建 XsDao 接口对象
        Xsb xs=xsDao.getOneXs(user.getXh());                                //根据登录学号得到该学生信息
        Map request=(Map)ActionContext.getContext().get("request");
        request.put("xs", xs);                                              //保存学生信息
        return SUCCESS;
```

```
}
    //读取照片信息
    public String getImage() throws Exception{
        xsDao=new XsDaoImp();
        byte[] zp=xsDao.getOneXs(xs.getXh()).getZp();         //得到照片的字节数组
        HttpServletResponse response=ServletActionContext.getResponse();
        response.setContentType("image/jpeg");
        ServletOutputStream os=response.getOutputStream();    //得到输出流
        if(zp!=null&&zp.length>0){
            for(int i=0;i<zp.length;i++){
                os.write(zp[i]);
            }
        }
        return NONE;                                          //不去任何页面
    }
    //这里后面还要加入其他方法，先不列出，用到后会列出代码，要加入到此处
}
```

成功后跳转的页面 xsInfo.jsp，代码如下：

```
<%@ page language="java" pageEncoding="UTF-8"%>
<%@ taglib uri="/struts-tags" prefix="s" %>
<html>
<head>
    <title>学生选课系统</title>
</head>
<body bgcolor="#D9DFAA">
    <table width="400">
        <s:set value="#request.xs" name="xs"/>
        <tr>
            <td>学号：</td>
            <td><s:property value="#xs.xh"/></td>
        </tr>
        <tr>
            <td>姓名：</td>
            <td><s:property value="#xs.xm"/></td>
        </tr>
        <tr>
            <td>性别：</td>
            <td>
                <s:if test="#xs.xb==1">男</s:if>
                <s:else>女</s:else>
            </td>
        </tr>
        <tr>
            <td>专业：</td>
            <td><s:property value="#xs.zyb.zym"/></td>
        </tr>
        <tr>
            <td>出生时间：</td>
            <td><s:property value="#xs.cssj"/></td>
        </tr>
        <tr>
```

```
                <td>总学分：</td>
                <td><s:property value="#xs.zxf"/></td>
            </tr>
            <tr>
                <td>备注：</td>
                <td><s:property value="#xs.bz"/></td>
            </tr>
            <tr>
                <td>照片：</td>
                <td>
                    <img src="getImage.action?xs.xh=<s:property value="#xs.xh"/>" width="150">
                </td>
            </tr>
        </table>
    </body>
</html>
```

这样查询学生个人信息的功能就完成了，部署运行程序，登录，单击"查询个人信息"导航链接，可以查看当前用户的个人信息，如图5.7所示。

图5.7 显示个人信息

5．修改个人信息

（1）呈现修改学生信息页

下面再来开发修改学生信息的功能。单击"修改个人信息"超链接，从 left.jsp 中可以看出提交给了 updateXsInfo.action，该 Action 的配置为：

```
<action name="updateXsInfo" class="org.action.XsAction" method="updateXsInfo">
    <result name="success">/updateXsInfo.jsp</result>
</action>
```

程序首先要跳转到修改学生信息的界面，页面上呈现出原有的信息以供修改，但是学号是不能被修改的，专业必须是选择，而不是自己填写。

所以就要在 XsAction 类中加入下面的方法：

```java
//进入修改学生信息页面
public String updateXsInfo() throws Exception{
    //获取当前用户对象
    Map session=(Map)ActionContext.getContext().getSession();
    Dlb user=(Dlb)session.get("user");
    xsDao=new XsDaoImp();
    ZyDao zyDao=new ZyDaoImp();
    //取出所有专业信息,因为在修改学生信息时,专业栏是下拉列表选择专业,而不是学生自己随便填写
    List zys=zyDao.getAll();
    Xsb xs=xsDao.getOneXs(user.getXh());        //得到当前学生的信息
    Map request=(Map)ActionContext.getContext().get("request");
    request.put("zys", zys);
    request.put("xs", xs);
    return SUCCESS;
}
```

修改学生信息页面 updateXsInfo.jsp 的代码如下:

```jsp
<%@ page language="java" pageEncoding="UTF-8"%>
<%@ taglib uri="/struts-tags" prefix="s" %>
<html>
<head>
    <title>学生选课系统</title>
</head>
<body bgcolor="#D9DFAA">
    <s:set name="xs" value="#request.xs"></s:set>
    <!--上传文件时要加入黑体部分-->
    <s:form action="updateXs" method="post" enctype="multipart/form-data">
    <table>
        <tr>
            <td>学号:</td>
            <td>
                <input type="text" name="xs.xh" value="<s:property value="#xs.xh"/>" readOnly/>
            </td>
        </tr>
        <tr>
            <td>姓名:</td>
            <td>
                <input type="text" name="xs.xm" value="<s:property value="#xs.xm"/>" />
            </td>
        </tr>
        <tr>
            <s:radio list="#{1:'男',0:'女'}" value="#xs.xb" label="性别" name="xs.xb"></s:radio>
        </tr>
        <tr>
            <td>专业:</td>
            <td>
                <!--遍历出专业的信息-->
                <select name="zyb.id">
                    <s:iterator id="zy" value="#request.zys">
                        <option value="<s:property value="#zy.id"/>">
                            <s:property value="#zy.zym"/>
                        </option>
```

```html
                    </s:iterator>
                </select>
            </td>
        </tr>
        <tr>
            <td>出生时间:</td>
            <td>
                <input type="text" name="xs.cssj" value="<s:property value="#xs.cssj"/>"/>
            </td>
        </tr>
        <tr>
            <td>备注:</td>
            <td>
                <input type="text" name="xs.bz" value="<s:property value="#xs.bz"/>" />
            </td>
        </tr>
        <tr>
            <td>总学分:</td>
            <td>
                <input type="text" name="xs.zxf" value="<s:property value="#xs.zxf"/>" />
            </td>
        </tr>
        <tr>
            <td>照片:</td>
            <!--上传照片-->
            <td>
                <input type="file" name="zpFile"/>
            </td>
        </tr>
        <tr>
            <td><input type="submit" value="修改"/></td>
        </tr>
    </table>
</s:form>
</body>
</html>
```

(2) 修改操作的实现

当单击【修改】按钮后，就把学生自己填写的内容提交给了 updateXs.action，对应 Action 的配置如下：

```xml
<action name="updateXs" class="org.action.XsAction" method="updateXs">
    <result name="success">/updateXs_success.jsp</result>
</action>
```

XsAction 类中要加入下面的代码来处理请求：

```java
//修改学生信息
public String updateXs() throws Exception{
    xsDao=new XsDaoImp();
    ZyDao zyDao=new ZyDaoImp();
    Xsb stu=new Xsb();                          //创建一个学生对象，用于存放要修改的学生信息
    stu.setXh(xs.getXh());                      //设置学生学号
    stu.setXm(xs.getXm());                      //设置用户填写的姓名
    stu.setXb(xs.getXb());                      //设置性别
    stu.setCssj(xs.getCssj());                  //设置出生时间
```

```
            stu.setZxf(xs.getZxf());                       //设置总学分
            stu.setBz(xs.getBz());                         //设置备注
            //处理照片信息
            if(this.getZpFile()!=null){
                FileInputStream fis=new FileInputStream(this.getZpFile());  //得到输入流
                byte[] buffer=new byte[fis.available()];   //创建大小为 fis.available() 的字节数组
                fis.read(buffer);                          //把输入流读到字节数组中
                stu.setZp(buffer);
            }
            Zyb zy=zyDao.getOneZy(zyb.getId());
            //专业，这里要设置对象，所以下拉列表中传值是要传专业的 ID
            stu.setZyb(zy);
            //由于没有修改学生对应的选修课程，所以直接取出不用改变
            //Hibernate 级联到第三张表，所以要设置，如果不设置，会认为设置为空，会把连接表中有关内容删除
            Set list=xsDao.getOneXs(xs.getXh()).getKcs();
            stu.setKcs(list);                              //设置学生对应多项课程的 Set
            xsDao.update(stu);                             //执行修改操作
            return SUCCESS;
        }
```

修改成功后跳转到 updateXs_success.jsp 页面，代码如下：

```
<%@ page language="java" pageEncoding="UTF-8"%>
<html>
<body bgcolor="#D9DFAA">
    恭喜你，修改成功！
</body>
</html>
```

部署运行程序，登录、单击主页上的"修改个人信息"导航链接，程序以控件表单的方式呈现出该用户原来的旧信息以供修改，如图 5.8 所示。

把用户信息修改为如图 5.9 所示状态：姓名"王林"改为"周何骏"；专业下拉改选为"通信工程"；出生时间改为"1995-09-25"（必须严格按此格式填写）；增加备注信息"辅修计算机"；总学分改为 100；单击【浏览...】按钮，弹出对话框，选择某个路径下预先保存的照片。

图 5.8 修改个人信息页表单

图 5.9 修改学生信息

完成后单击【修改】按钮提交，系统会提示用户修改成功。然后再单击"查询个人信息"超链接就会出现新的个人信息页，如图 5.10 所示。

图 5.10 新的个人信息

6. 选课与退选课程

（1）查看个人选课情况

left.jsp 文件的第三个超链接是查询学生的选课情况，这个功能很容易实现。只要查出该学生信息，由于级联到第三张表的信息，所以只要取出该生信息的 Set 集合的内容，遍历出来就行了。

下面是 Action 配置代码：

```
<action name="getXsKcs" class="org.action.XsAction" method="getXsKcs">
    <result name="success">/xsKcs.jsp</result>
</action>
```

对应的 XsAction 类中的处理方法，代码如下：

```
//得到学生选修的课程
public String getXsKcs() throws Exception{
    Map session=(Map)ActionContext.getContext().getSession();
    Dlb user=(Dlb)session.get("user");
    String xh=user.getXh();
    Xsb xsb=new XsDaoImp().getOneXs(xh);         //得到当前学生的信息
    Set list=xsb.getKcs();                        //取出选修的课程 Set
    Map request=(Map)ActionContext.getContext().get("request");
    request.put("list",list);                     //保存
    return SUCCESS;
}
```

查询成功后的 xsKcs.jsp 页面，代码如下：

```
<%@ page language="java" pageEncoding="UTF-8"%>
<%@ taglib uri="/struts-tags" prefix="s" %>
<html>
<head>
    <title>学生选课系统</title>
```

```html
</head>
<body bgcolor="#D9DFAA">
    <table width="400" border=1>
    <caption>您选课信息如下：</caption>
        <tr>
            <th>课程号</th><th>课程名</th><th>开学学期</th><th>学时</th><th>学分</th><th>操作</th>
        </tr>
        <s:iterator value="#request.list" id="kc">
        <tr>
            <td align="center"><s:property value="#kc.kch"/></td>
            <td align="center"><s:property value="#kc.kcm"/></td>
            <td align="center"><s:property value="#kc.kxxq"/></td>
            <td align="center"><s:property value="#kc.xs"/></td>
            <td align="center"><s:property value="#kc.xf"/></td>
            <td align="center">
                <!--退选该课程，这里用 JavaScript 来确定是否退选-->
                <a href="deleteKc.action?kcb.kch=<s:property value="#kc.kch"/>"
                onClick="if(!confirm('您确定退选该课程吗？'))return false;else return true;">
                退选</a>
            </td>
        </tr>
        </s:iterator>
    </table>
</body>
</html>
```

部署运行程序，登录后单击"**个人选课情况**"超链接，可以查看当前用户的个人选课情况，如图 5.11 所示。

图 5.11　查看个人选课情况界面

（2）查询所有课程信息

在 left.jsp 中还有一个链接就是查询所有课程，其实查询出所有课程就是为了方便让学生选课，其 Action 配置如下：

```
<action name="getAllKc" class="org.action.KcAction">
```

```xml
        <result name="success">/allKc.jsp</result>
</action>
```

对应 Action 实现类，可以发现一个新的 Action 类名为 KcAction.java，代码如下：

```java
package org.action;
import java.util.*;
import org.dao.*;
import org.dao.imp.*;
import com.opensymphony.xwork2.*;
public class KcAction extends ActionSupport{
    public String execute()throws Exception{
        KcDao kcDao=new KcDaoImp();
        List list=kcDao.getAll();                              //获取所有课程信息
        Map request=(Map)ActionContext.getContext().get("request");
        request.put("list", list);                             //保存到 request
        return SUCCESS;
    }
}
```

显示所有课程信息列表的 JSP 页 allKc.jsp，代码如下：

```jsp
<%@ page language="java" pageEncoding="UTF-8"%>
<%@ taglib uri="/struts-tags" prefix="s" %>
<html>
<head>
    <title>学生选课系统</title>
</head>
<body bgcolor="#D9DFAA">
    <table width="400" border="1">
        <caption>所有课程信息</caption>
        <tr>
            <th>课程号</th><th>课程名</th><th>开学学期</th><th>学时</th><th>学分</th><th>操作</th>
        </tr>
        <s:iterator value="#request.list" id="kc">
        <tr>
            <td align="center"><s:property value="#kc.kch"/></td>
            <td align="center"><s:property value="#kc.kcm"/></td>
            <td align="center"><s:property value="#kc.kxxq"/></td>
            <td align="center"><s:property value="#kc.xs"/></td>
            <td align="center"><s:property value="#kc.xf"/></td>
            <td align="center">
                <a href="selectKc.action?kcb.kch=<s:property value="#kc.kch"/>"
                    onClick="if(!confirm('您确定选修该课程吗？'))
                    return false;else return true;">选修</a>
            </td>
        </tr>
        </s:iterator>
    </table>
</body>
</html>
```

部署运行程序，登录、在主页上单击"所有课程信息"超链接，可显示所有课程的信息列表，如图 5.12 所示。

图 5.12　显示所有课程的信息列表

（3）选修课程

在图 5.12 中，每个课程的后面都有个 "选修" 超链接，提交给 selectKc.action，该 Action 的配置如下：

```
<action name="selectKc" class="org.action.XsAction" method="selectKc">
    <result name="success">/selectKc_success.jsp</result>
    <result name="error">/selectKc_fail.jsp</result>
</action>
```

对应 Action 实现类的方法（由于是学生选课，所以该方法在 XsAction 中），代码如下：

```
//选定课程
public String selectKc() throws Exception{
    Map session=(Map)ActionContext.getContext().getSession();
    String xh=((Dlb)session.get("user")).getXh();
    xsDao=new XsDaoImp();
    Xsb xs3=xsDao.getOneXs(xh);
    Set list=xs3.getKcs();
    Iterator iter=list.iterator();
    //选修课程时先遍历已经选的课程，如果在已经选修的课程中找到就返回 ERROR
    while(iter.hasNext()){
        Kcb kc3=(Kcb)iter.next();
        if(kc3.getKch().equals(kcb.getKch())){
            return ERROR;
        }
    }
    list.add(new KcDaoImp().getOneKc(kcb.getKch()));        //如果没找到，就添加到集合中
    xs3.setKcs(list);
    xsDao.update(xs3);
    return SUCCESS;
}
```

成功页面 selectKc_success.jsp，代码如下：

```
<%@ page language="java" pageEncoding="UTF-8"%>
<html>
```

```
<body bgcolor="#D9DFAA">
    你已经成功选择该课程!
</body>
</html>
```

失败页面 selectKc_fail.jsp，代码如下：

```
<%@ page language="java" pageEncoding="UTF-8"%>
<html>
<body bgcolor="#D9DFAA">
    你已经选择该课程，请不要重复选取！
</body>
</html>
```

部署运行程序，登录、单击"所有课程信息"，单击课程信息表格（如图5.12所示）中某门课右边的"选修"链接，如图5.13所示（这里以选302号"软件工程"课为例演示），后台就会判断该用户是否已经选修了该门课，如果已经选修就会提示用户已选，不要重复选取；如果没有选修，就会提示用户选修成功。

然后再查看个人选课情况，会多出刚刚选修的课程信息，如图5.14所示，说明选课成功！

图5.13 选修课程

图5.14 选课成功

（4）退选课程

退选操作很简单，只要把该学生的这个课程从 Set 中 remove 就行了。对应的 Action 配置如下：

```
<action name="deleteKc" class="org.action.XsAction" method="deleteKc">
    <result name="success">/deleteKc_success.jsp</result>
</action>
```

对应 XsAction 类中的处理方法，代码如下：

```
//退选课程
public String deleteKc() throws Exception{
    Map session=(Map)ActionContext.getContext().getSession();
    String xh=((Dlb)session.get("user")).getXh();
    xsDao=new XsDaoImp();
    Xsb xs2=xsDao.getOneXs(xh);
    Set list=xs2.getKcs();
    Iterator iter=list.iterator();
    while(iter.hasNext()){                        //取出所有选择的课程进行迭代
        Kcb kc2=(Kcb)iter.next();
        if(kc2.getKch().equals(kcb.getKch())){    //如果遍历到退选的课程的课程号就从 list 中删除
```

```
                        iter.remove();
            }
        }
        xs2.setKcs(list);                              //设置课程的 Set
        xsDao.update(xs2);
        return SUCCESS;
    }
}
```

退选课程成功界面 deleteKc_success.jsp，代码如下：

```
<%@ page language="java" pageEncoding="UTF-8"%>
<html>
<body bgcolor="#D9DFAA">
    退选成功！
</body>
</html>
```

部署运行程序，登录、在个人选课情况界面（见图 5.14）上，单击表格中"软件工程"课信息右边的"退选"链接，即可退选该课，读者可自行操作测试一下效果。

至此，一个功能完整的学生选课系统就开发完成了。在这个过程中，我们严格遵照 MVC 的模式开发，一旦系统框架搭好，后续只需往其中添加和配置一个个 Action 模块，即可不断增加新功能，可见基于 MVC 框架的 Java EE 系统具有很强的可扩展性。

5.3.2 MVC 综合开发实战：学生选课系统（基于 MySQL）

【综合案例五】把【综合案例四】刚刚开发的选课系统后台数据库改为 MySQL，系统功能及界面不变。

要求：仅 DBMS 换用 MySQL，数据库、表及其中样本数据均不变。

1. 安装配置 MySQL

本书用的 MySQL 版本为 5.6，其安装包可从 http://dev.mysql.com/downloads/ 上免费下载，下载得到的安装文件名：mysql-installer-community-5.6.17.0.msi（本书随源码提供），双击该安装文件，按照向导的指引安装和配置 MySQL 数据库。详细的操作读者可参考 MySQL 相关的书籍，本书不展开讲述。

2. 建立数据库及表

同【综合案例四】第 1 步建的数据库及表，参见本书附录 A，录入的样本数据也不变。有关在 MySQL 中创建数据库和表的具体操作，也请读者参考 MySQL 相关的书籍，本书不展开讲述。

3. 创建数据库连接

在 MyEclipse 2014 中创建对 MySQL 5.6 的数据源连接，其操作与本书第 1 章【实例一】（1.3.2 节）第（2）步类同，但所用的 JDBC 驱动程序包为 mysql-connector-java-5.1.22-bin.jar，创建的连接名为 mysql，该连接的具体配置细节如图 5.15 所示。

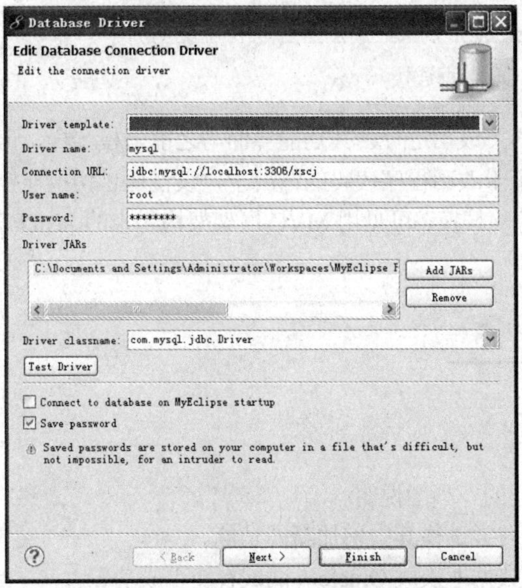

图 5.15 建好的 MySQL 连接

4. 切换后台数据库

双击原项目的 hibernate.cfg.xml 文件，在其配置页将数据库驱动连接改为 mysql，如图 5.16 所示，保存。

5. 修改映射文件

因 MySQL 不支持数据库及表名称大写，默认显示是小写，故必须修改原项目的 ORM 映射文件，将其中的数据库及表名统一改成小写的形式，并去掉其中对数据库所有者 dbo 的属性设定。

例如，原项目映射文件 Xsb.hbm.xml 中的语句：

<class name="org.model.Xsb" table="**XSB**" **schema="dbo"** catalog="**XSCJ**">

要改成：

<class name="org.model.Xsb" table="**xsb**" catalog="**xscj**">

项目中一共是 4 个映射文件，凡是涉及数据库名、表名大小写的地方都要改，详见本书提供的源码。

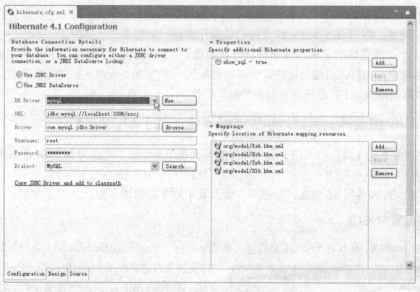

图 5.16 切换为 MySQL 数据连接

经过了以上修改之后，重新部署、运行这个项目，可成功运行，其功能界面与之前一模一样，但后台数据库已经由 SQL Server 换成了 MySQL！在丝毫未改动程序代码的情况下，仅仅通过切换连接配置和修改映射文件，就顺利地实现了后台异构数据库的替换，可见用 MVC 框架架构起来的 Java EE 应用系统具有良好的可移植性。

习 题 5

1. 简述 MVC 的基本思想。
2. 什么是 DAO？有什么作用？
3. 基于 MVC 架构实现的 Java EE 系统结构是怎样的？画图说明。
4. 模仿书中实例开发一个简单的学生选课系统，并尝试往其中增加新的功能。
5. 在不改动程序代码的前提下，将学生选课系统数据库换成 Oracle，试试看能否成功？

第 6 章 Spring 基础及应用

通过前面的学习，读者已经知道了框架对于开发一个 Java EE 应用的重要性，但每个框架各有其专长，现实开发中往往要用到不止一种框架，如何有效地组织这些框架，将它们集成为一个高效运作的整体，这都要借助 Spring 来实现。

6.1 使用 Spring 的动机

6.1.1 工厂模式

实际的 Java EE 应用系统往往由很多个组件构成，这些组件可以是用户自己编写的（如 Action、DAO 实现类），也可以是现成的第三方软件框架（如本书之前介绍的 Struts 2、Hibernate），开发人员必须想方设法将这些组件有机地整合在一起才能架构出一个完整的软件系统。在 Java 开发领域，组件的集成普遍采用"工厂模式"。

工厂模式是指当应用程序中甲组件需要乙组件协助时，并不是直接创建乙组件的实例对象，而是通过乙组件的工厂——该工厂可以生成某一类型组件的实例对象。在这种模式下，甲组件无须与乙组件以硬编码方式耦合在一起，而只需要与乙组件的工厂耦合。

【例 6.1】工厂模式的实现。

创建一个 Java Project，命名为 "FactoryExample"。在 src 文件夹下建立包 face，在该包下建立接口 Human，代码如下：

```java
package face;
public interface Human {
    void eat();
    void walk();
}
```

在 src 文件夹下建立包 iface，在该包下建立 Chinese 类和 American 类，分别实现 Human 接口。Chinese.java 代码如下：

```java
package iface;
import face.Human;
public class Chinese implements Human{
    public void eat() {
        System.out.println("中国人很会吃！");
    }
    public void walk() {
        System.out.println("中国人健步如飞！");
    }
}
```

American.java 代码如下：

```java
package iface;
import face.Human;
```

```java
public class American implements Human{
    public void eat() {
        System.out.println("美国人吃西餐！");
    }
    public void walk() {
        System.out.println("美国人经常坐车！");
    }
}
```

在 src 文件夹下建包 factory，在该包内建立工厂类 Factory，代码如下：

```java
package factory;
import iface.American;
import iface.Chinese;
import face.Human;
public class Factory {
    public Human getHuman(String name){
        if(name.equals("Chinese")){
            return new Chinese();
        }else if(name.equals("American")){
            return new American();
        }else{
            throw new IllegalArgumentException("参数不正确");
        }
    }
}
```

在 src 文件夹下建包 test，在该包内建立测试类 Test，代码如下：

```java
package test;
import face.Human;
import factory.Factory;
public class Test {
    public static void main(String[] args) {
        Human human=null;
        human=new Factory().getHuman("Chinese");
        human.eat();
        human.walk();
        human=new Factory().getHuman("American");
        human.eat();
        human.walk();
    }
}
```

该程序为 Java 应用程序，直接运行可得结果，如图 6.1 所示。

可以看出，在测试类中，要用 Chinese 类的对象和 American 类的对象，传统的方法是直接创建，但这里并没有直接创建它们的对象，而是通过工厂类来获得。这样大大降低了程序的耦合性。

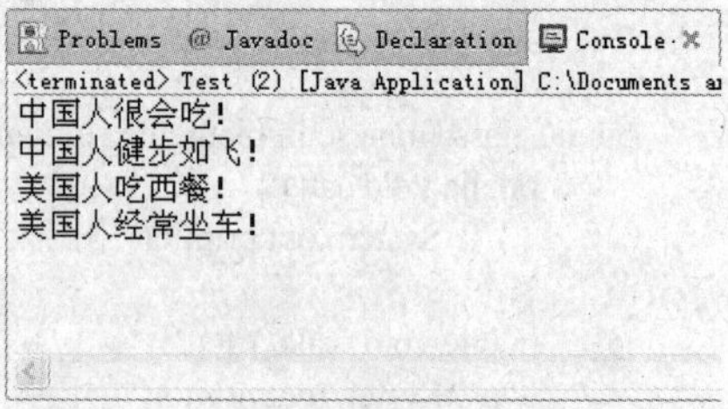

图 6.1 工厂模式运行结果

6.1.2 Spring 框架概述

Spring 框架是由世界著名的 Java EE 大师罗德·约翰逊（Rod Johnson）发明的，起初是为解决经典企业级 Java EE 开发中 EJB 的臃肿、低效和复杂性而设计的，2004 年 3 月 24 日发布 Spring 1.0 正式版，之后竟引发了 Java EE 应用框架的轻量化革命！

Spring 是一个开源框架，它的功能都是从实际开发中抽取出来的，完成了大量 Java EE 开发中的通用步骤。Spring 的主要优势之一是其分层架构，整个框架由 7 个定义良好的模块（或组件）组成，它们都统一构建在核心容器之上，如图 6.2 所示，分层架构允许用户选择使用任意一个组件。

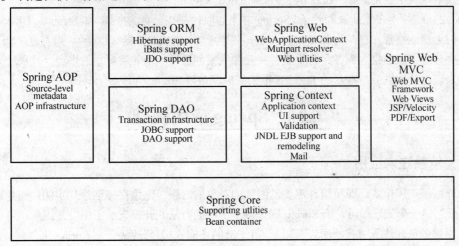

图 6.2 Spring 分层的组件化结构

组成 Spring 的每个组件都可以单独存在，也可与其他一个或多个组件联合起来使用，由图 6.2 可以看到，之前学过的 ORM、DAO、MVC 等在 Spring 中都有与之对应的组件！各组件的功能如下。

1. Spring Core

核心容器，提供 Spring 框架的基本功能，其主要组件 BeanFactory 也就是前述工厂模式的实现。它通过控制反转机制，将应用程序配置和依赖性规范与实际的程序代码分离开。

2. Spring Context

向 Spring 框架提供上下文信息，包括企业服务，如 JNDI、EJB、电子邮件、国际化、校验和调度等。

3. Spring AOP

通过配置管理特性，可以很容易地使 Spring 框架管理的任何对象支持 AOP。Spring AOP 模块直接将面向方面编程的功能集成到 Spring 框架中。它为基于 Spring 应用程序的对象提供了事务管理服务。通过它，不用依赖 EJB，就可以将声明性事务管理集成到应用程序中。

4. Spring DAO

JDBC DAO 抽象层提供了有用的异常层次结构，用来管理异常处理和不同数据库供应商抛出的错误消息。异常层次结构简化了错误处理，并且极大地降低了需要编写的异常代码数量（如打开和关闭连接）。面向 JDBC 的异常符合通用的 DAO 异常层次结构。

5. Spring ORM

Spring 框架插入了若干 ORM 框架，提供 ORM 的对象关系工具，其中包括 JDO、Hibernate 和 iBatis SQL Map，并且都遵从 Spring 的通用事务和 DAO 异常层次结构。

6. Spring Web

它为基于 Web 的应用程序提供上下文。它建立在应用程序上下文模块之上，简化了处理多份请求及将请求参数绑定到域对象的工作。Spring 框架支持与 Jakarta Struts 的集成。

7. Spring Web MVC

它是一个全功能构建 Web 应用程序的 MVC 实现。通过策略接口实现高度可配置，MVC 容纳了大量视图技术，其中包括 JSP、Velocity、Tiles、iText 和 POI。

Spring 的理念：不去重新发明轮子！Spring 并不想取代那些已有的框架（如 Struts 2、Hibernate 等），而是与它们无缝地整合，旨在为 Java EE 应用开发提供一个集成的容器（框架），换言之，Spring 其实是所有这些开源框架的集大成者，为集成各种开源成果创造了一个非常理想的平台。在现实开发中，经常用它来整合其他框架，本章的 Java EE 框架集成就是以 Spring 为核心工具的。

6.2 Spring 应用基础

6.2.1 依赖注入应用

前面介绍了工厂模式，即甲组件需要乙组件的对象的时候，无须直接创建其实例，而是通过工厂获得，只要创建一个工厂即可。而 Spring 则提供了更好的办法，开发人员不用创建工厂，可以直接应用 Spring 提供的依赖注入方式，所以可以把 6.1.1 节的【例 6.1】修改为使用 Spring 来创建对象。

【例 6.2】Spring 的简单应用。

1. 为项目添加 Spring 开发能力

右击项目名，选择【MyEclipse】→【Project Facets [Capabilities]】→【Install Spring Facet】菜单项，将出现如图 6.3 所示的对话框，选中要应用的 Spring 的版本（本书用最新的 Spring 3.1）。

选择结束后，单击【Next】按钮，出现如图 6.4 所示的界面，用于创建 Spring 的配置文件，配置文件默认存放在项目 src 文件夹下，名为 applicationContext.xml。

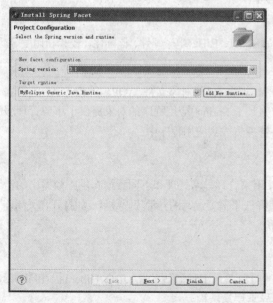

图 6.3 选择 Spring 版本

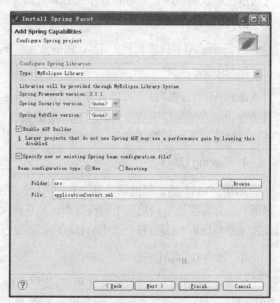

图 6.4 创建 Spring 的配置文件

单击【Next】按钮，出现如图 6.5 所示的界面，选择 Spring 的核心类库，单击【Finish】按钮完成。这样，就为项目添加了 Spring 开发能力，在接下来的编程中就可以应用 Spring 的功能了。

2. 修改配置文件 applicationContext.xml

以上操作完成后,项目的 src 文件夹下会出现名为 applicationContext.xml 的文件,如图 6.6 所示,这就是 Spring 的核心配置文件。

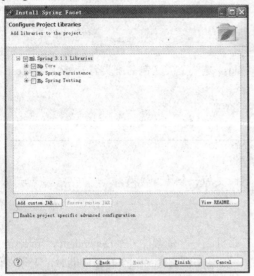

图 6.5 选择 Spring 核心类库

图 6.6 添加了 Spring 能力的项目

修改后,其代码如下:

```xml
<?xml version="1.0" encoding="UTF-8"?>
<beans
    xmlns="http://www.springframework.org/schema/beans"
    xmlns:xsi="http://www.w3.org/2001/XMLSchema-instance"
    xsi:schemaLocation="http://www.springframework.org/schema/beans
    http://www.springframework.org/schema/beans/spring-beans-2.0.xsd">
    <bean id="chinese" class="iface.Chinese"></bean>
    <bean id="american" class="iface.American"></bean>
</beans>
```

3. 修改测试类

配置完成后,即可修改 Test 类,代码如下:

```java
package test;
import org.springframework.context.ApplicationContext;
import org.springframework.context.support.FileSystemXmlApplicationContext;
import face.Human;
public class Test {
    public static void main(String[] args) {
        ApplicationContext ctx=new FileSystemXmlApplicationContext("src/applicationContext.xml");
        Human human = null;
        human = (Human) ctx.getBean("chinese");        //依赖注入获取"chinese"
        human.eat();
        human.walk();
        human = (Human) ctx.getBean("american");       //依赖注入获取"american"
        human.eat();
        human.walk();
    }
}
```

4. 运行结果及分析

运行该测试类，结果同图 6.1 所示。

从这个程序可以看到，对象 ctx 就相当于原来的 Factory 工厂，而原来的 Factory 可以删除了。再回头看 applicationContext.xml 文件配置：

```
<bean id="chinese" class="iface.Chinese"></bean>
<bean id="american" class="iface.American"></bean>
```

id 是 ctx.getBean 的参数值（一个字符串），class 是一个类（包名＋类名）。然后在 Test 类里获得 Chinese 对象和 American 对象：

```
human = (Human) ctx.getBean("chinese");
human = (Human) ctx.getBean("american");
```

> 说明：
> getBean 方法返回的是 Object 类型，所以前面要加一个类型转换。

6.2.2 注入的两种方式

以上通过一个简单的例子说明了 Spring 的核心机制——依赖注入（Dependency Inversion），也称为控制反转。所谓依赖注入，就是指运行过程中，如果需要调用另一个对象协助时，无须在代码中创建被调用者，而是依赖于外部的注入。Spring 的依赖注入对调用者和被调用者几乎没有任何要求，完全支持 POJO 之间依赖关系的管理。依赖注入通常有两种：设置注入与构造注入。

1．设置注入

设置注入是通过 setter 方法注入被调用者的实例，这种方式简单、直观、很容易理解，因而被大量使用，下面举例说明（注意，后面不再一步一步手把手地做，而是介绍主要代码及解释，具体步骤和 6.2.1 节【例 6.2】是一样的）。

【例 6.3】设置注入示例。

创建一个 Java Project，命名为 "FactoryExample1"。在项目的 src 文件夹下建立下面的源文件。
Human 的接口 Human.java，代码如下：

```java
public interface Human {
    void speak();
}
```

Language 接口 Language.java，代码如下：

```java
public interface Language {
    public String kind();
}
```

下面是 Human 实现类 Chinese.java 代码：

```java
public class Chinese implements Human{
    private Language lan;
    public void speak() {
        System.out.println(lan.kind());
    }
    public void setLan(Language lan) {
        this.lan = lan;
    }
}
```

下面是 Language 实现类 English.java 代码：

```java
public class English implements Language{
    public String kind() {
        return "中国人也会说英语！";
    }
}
```

可以看出，在 Human 的实现类中，要用到 Language 的对象。当然，Language 是一个接口，要用它的实现类为其创建对象，而这里只是为其写了一个 set 方法，下面通过 Spring 的配置文件来完成其对象的注入。代码如下：

```xml
<?xml version="1.0" encoding="UTF-8"?>
<beans
    xmlns="http://www.springframework.org/schema/beans"
    xmlns:xsi="http://www.w3.org/2001/XMLSchema-instance"
    xsi:schemaLocation="http://www.springframework.org/schema/beans
    http://www.springframework.org/schema/beans/spring-beans-2.0.xsd">
    <!-- 定义第一个 Bean，注入 Chinese 类对象 -->
    <bean id="chinese" class="Chinese">
        <!-- property 元素用来指定需要容器注入的属性，lan 属性需要容器注入
             ref 就指向 lan 注入的 id -->
        <property name="lan" ref="english"></property>
    </bean>
    <!-- 注入 English -->
    <bean id="english" class="English"></bean>
</beans>
```

从配置文件可以看到 Spring 管理 Bean 的好处，各个 Bean 之间的依赖关系放在配置文件中完成，而不是用代码来体现。通过配置文件，Spring 能精确地为每个 Bean 注入属性。注意，配置文件的 Bean 的 class 属性值不能是接口，必须是真正的实现类。

Spring 会自动接管每个 Bean 定义里的 property 元素定义。Spring 会在执行无参数的构造器并创建默认的 Bean 实例后，调用对应的 set 方法为程序注入属性值。

每个 Bean 的 id 属性是该 Bean 的唯一标识，程序通过 id 属性访问 Bean，而且各个 Bean 之间的依赖关系也通过 id 属性关联。

测试代码如下：

```java
import org.springframework.context.ApplicationContext;
import org.springframework.context.support.FileSystemXmlApplicationContext;
public class Test {
    public static void main(String[] args) {
        ApplicationContext ctx = new FileSystemXmlApplicationContext("src/applicationContext.xml");
        Human human = null;
        human = (Human) ctx.getBean("chinese");
        human.speak();
    }
}
```

程序运行结果如图 6.7 所示。

2．构造注入

利用构造函数来设置依赖注入的方式，称为构造注入。这种方式在构造实例时，就已经为其完成了属性的初始化。

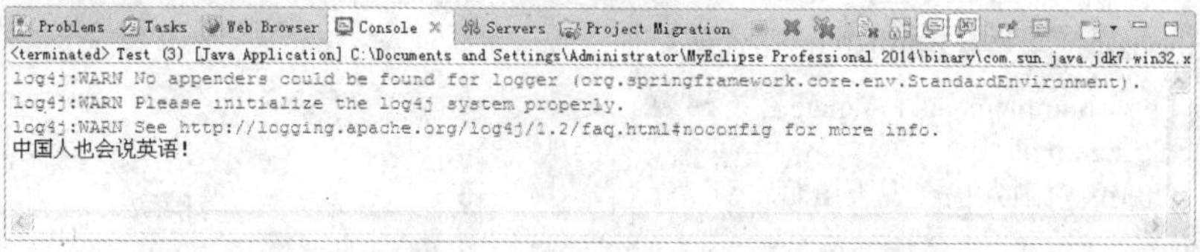

图 6.7 程序运行结果

例如，只要对前面的 Chinese 类进行简单的修改：

```
public class Chinese implements Human{
    private Language lan;
    public Chinese(){};
    //构造注入所需要的带参数的构造函数
    public Chinese(Language lan){
        this.lan=lan;
    }
    public void speak() {
        System.out.println(lan.kind());
    }
}
```

此时，Chinese 类无须 lan 属性的 set 方法，在构造 Human 实例的时候，Spring 为 Human 实例注入所依赖的 Language 实例。

配置文件也需要进行简单的修改：

```
<?xml version="1.0" encoding="UTF-8"?>
<beans
    xmlns="http://www.springframework.org/schema/beans"
    xmlns:xsi="http://www.w3.org/2001/XMLSchema-instance"
    xsi:schemaLocation="http://www.springframework.org/schema/beans
    http://www.springframework.org/schema/beans/spring-beans-2.0.xsd">
    <!-- 定义第一个 Bean，注入 Chinese 类对象 -->
    <bean id="chinese" class="Chinese">
    <!-- 使用构造注入，为 Chinese 实例注入 Language 实例 -->
        <constructor-arg ref="english"></constructor-arg>
    </bean>
    <!-- 注入 English -->
    <bean id="english" class="English"></bean>
</beans>
```

测试用例不变，其结果与使用设置注入时完全一样。区别在于创建 Human 实例中的 Language 属性的时间不同。设置注入是先创建一个默认的 Bean 实例，然后调用对应的 set 方法注入依赖关系；而构造注入则在创建 Bean 实例时，已经完成了依赖关系的注入。

以上两种注入方式各有千秋，在实际开发中一般采用以设置注入为主、构造注入为辅的注入策略。

6.3 Spring 核心接口及配置

6.3.1 Spring 核心接口

Spring 有两个核心接口：BeanFactory（Bean 工厂，由 org.springframework.beans.factory.BeanFactory 接口定义）和 ApplicationContext（应用上下文，由 org.springframework.context.ApplicationContext 接口定义），其中 ApplicationContext 是 BeanFactory 的子接口。它们代表了 Spring 容器。

1. BeanFactory

BeanFactory 采用了工厂设计模式。这个接口负责创建和分发 Bean，但与其他工厂模式的实现不同，它们只分发一种类型的对象。Bean Factory 是一个通用的工厂，可以创建和分发各种类型的 Bean。

在 Spring 中有几种 BeanFactory 的实现，其中最常使用的是 org.springframework.bean.factory.xml.XmlBeanFactory。它根据 XML 文件中的定义装载 Bean。

要创建 XmlBeanFactory，需要传递一个 java.io.InputStream 对象给构造函数。InputStream 对象提供 XML 文件给工厂。例如，下面的代码片段使用一个 java.io.FileInputStream 对象把 Bean XML 定义文件给 XmlBeanFactory：

```
BeanFactory factory = new XmlBeanFactory(new FileInputStream(" applicationContext.xml"));
```

这行简单的代码告诉 Bean Factory 从 XML 文件中读取 Bean 的定义信息，但是现在 Bean Factory 没有实例化 Bean，Bean 被延迟载入到 Bean Factory 中，即 Bean Factory 会立即把 Bean 定义信息载入进来，但是 Bean 只有在需要的时候才被实例化。

为了从 BeanFactory 得到 Bean，只要简单地调用 getBean()方法，把需要的 Bean 的名字当作参数传递进去即可。由于得到的是 Object 类型，所以要进行强制类型转化。

```
MyBean myBean = (MyBean)factory.getBean("myBean");
```

当 getBean()方法被调用的时候，工厂就会实例化 Bean，并使用依赖注入开始设置 Bean 的属性。这样就在 Spring 容器中开始了 Bean 的生命周期。

2. ApplicationContext

BeanFactory 对简单应用来说已经很好了，但是为了获得 Spring 框架的强大功能，需要使用 Spring 更加高级的容器——ApplicationContext（应用上下文）。

表面上，ApplicationContext 和 BeanFactory 差不多，两者都是载入 Bean 定义信息，装配 Bean，根据需要分发 Bean，但是 ApplicationContext 提供了更多功能。

① 应用上下文提供了文本信息解析工具，包括对国际化的支持。
② 应用上下文提供了载入文本资源的通用方法，如载入图片。
③ 应用上下文可以向注册为监听器的 Bean 发送事件。

由于它提供的附加功能，几乎所有的应用系统都选择 ApplicationContext，而不是 BeanFactory。

在 ApplicationContext 的诸多实现中，有如下三个常用的实现。

- ClassPathXmlApplicationContext：从类路径中的 XML 文件载入上下文定义信息，把上下文定义文件当成类路径资源。
- FileSystemXmlApplicationContext：从文件系统中的 XML 文件载入上下文定义信息。
- XmlWebApplicationContext：从 Web 系统中的 XML 文件载入上下文定义信息。

例如：

```
ApplicationContext context=new FileSystemXmlApplicationContext ("c:/foo.xml");
ApplicationContext context=new ClassPathXmlApplicationContext ("foo.xml");
ApplicationContext context=
      WebApplicationContextUtils.getWebApplicationContext (request.getSession().getServletContext ());
```

FileSystemXmlApplicationContext 和 ClassPathXmlApplicationContext 的区别是：FileSystemXmlApplicationContext 只能在指定的路径中寻找 foo.xml 文件，而 ClassPathXmlApplicationContext 可以在整个类路径中寻找 foo.xml。

除了 ApplicationContext 提供的附加功能外，ApplicationContext 与 BeanFactory 的另一个重要区别

是单实例 Bean 如何被加载。BeanFactory 延迟载入所有的 Bean，直到 getBean()方法被调用时，Bean 才被创建。ApplicationContext 则聪明一点，它会在上下文启动后预载入所有的单实例 Bean。通过预载入单实例 Bean，确保当需要的时候它们已经准备好了，应用程序不需要等待它们被创建。

6.3.2　Spring 基本配置

在 Spring 容器内拼接 Bean 称为装配。装配 Bean 实际上是告诉容器需要哪些 Bean，以及容器如何使用依赖注入，将它们配合起来。

1. 使用 XML 装配

理论上，Bean 装配可以从任何配置资源获得。但实际上，XML 是最常见的 Spring 应用系统配置源。

如下的 XML 文件展示了一个简单的 Spring 上下文定义文件：

```
<?xml version="1.0" encoding="UTF-8"?>
...
<beans ...>                                        //根元素
    <bean id="foo" class="com.spring.Foo"/>        //Bean 实例
    <bean id="bar" class="com.spring.Bar"/>        //Bean 实例
</beans>
```

在 XML 文件定义 Bean，上下文定义文件的根元素<beans>。<beans>有多个<bean>子元素。每个<bean>元素定义了一个 Bean（任何一个 Java 对象）如何被装配到 Spring 容器中。

这个简单的 Bean 装配 XML 文件在 Spring 中配置了两个 Bean，分别是 foo 和 bar。

2. 添加一个 Bean

在 Spring 中对一个 Bean 的最基本配置包括 Bean 的 id 和它的全称类名。向 Spring 容器中添加一个 Bean 只需要向 XML 文件中添加一个<bean>元素。如下面的语句：

```
<bean id="foo" class="com.spring.Foo"/>
```

当通过 Spring 容器创建一个 Bean 实例时，不仅可以完成 Bean 实例的实例化，还可以为 Bean 指定特定的作用域。

① 原型模式与单实例模式。Spring 中的 Bean 默认情况下是单实例模式。在容器分配 Bean 的时候，它总是返回同一个实例。但是，如果每次向 ApplicationContext 请求一个 Bean 的时候需要得到一个不同的实例，需要将 Bean 定义为原型模式。

<bean>的 singleton 属性告诉 ApplicationContext 这个 Bean 是不是单实例 Bean，默认是 true，但是把它设置为 false 的话，就把这个 Bean 定义成了原型 Bean。

```
<bean id="foo" class="com.spring.Foo" singleton="false"/>        //原型模式 Bean
```

② request 或 session。对于每次 HTTP 请求或 HttpSession，使用 request 或 session 定义的 Bean 都将产生一个新实例，即每次 HTTP 请求或 HttpSession 将会产生不同的 Bean 实例。只有在 Web 应用中使用 Spring 时，该作用域才有效。

③ global session。每个全局的 HttpSession 对应一个 Bean 实例。典型情况下，仅在使用 portlet context 的时候有效。只有在 Web 应用中使用 Spring 时，该作用域才有效。

当一个 Bean 实例化的时候，有时需要做一些初始化的工作，然后才能使用。同样，当 Bean 不再需要，从容器中删除时，需要按顺序做一些清理工作。因此，Spring 可以在创建和拆卸 Bean 的时候调用 Bean 的两个生命周期方法。

在 Bean 的定义中设置自己的 init-method，这个方法在 Bean 被实例化时马上被调用。同样，也可以设置自己的 destroy-method，这个方法在 Bean 从容器中删除之前调用。

一个典型的例子是连接池 Bean。

```
public class MyConnectionPool{
    …
    public void initalize(){//initialize connection pool}
    public void close(){ //release connection}
    …
}
```

Bean 的定义如下：

```
<bean id="connectionPool" class="com.spring.MyConnectionPool"
    init-method="initialize"        //当 Bean 被载入容器时调用 initialize 方法
    destroy-method="close">         //当 Bean 从容器中删除时调用 close 方法
</bean>
```

按照这样的配置，MyConnectionPool 被实例化后，initialize()方法马上被调用，给 Bean 初始化的机会。在 Bean 从容器中删除之前，close()方法将释放数据库连接。

6.4 Spring AOP

6.4.1 代理机制初探

1. 问题的由来

程序中经常需要为某些动作或事件作记录，以便随时检查程序运行过程和排除错误信息。来看一个简单的例子，当需要在执行某些方法时留下日志信息，可能会这样写：

```
import java.util.logging.*;
public class HelloSpeaker{
pirvate Logger logger=Logger.getLogger(this.getClass().getName());
    public void hello(String name){
        logger.log(Level.INFO, "hello method starts…");      //方法开始执行时留下日志
        Sytem.out.println("hello, "+name);                    //程序的主要功能
        Logger.log(Level.INFO, "hello method ends…");         //方法执行完毕时留下日志
    }
}
```

在 HelloSpeaker 类中，当执行 hello()方法时，程序员希望该方法执行开始与执行完毕时都留下日志。最简单的做法是用上面的程序设计，在方法执行的前后加上日志动作。然而对于 HelloSpeaker 来说，日志的这种动作并不属于 HelloSpeaker 逻辑，这使得 HelloSpeaker 增加了额外的职责。

如果程序中这种日志动作到处都有需求，以上的写法势必造成程序员必须到处撰写这些日志动作的代码。这将使得维护日志代码的困难加大。如果需要的服务不只是日志动作，有一些非类本身职责的相关动作也混入到类中，如权限检查、事务管理等，会使得类的负担加重，甚至混淆类本身的职责。

另一方面，使用以上的写法，如果有一天不再需要日志（或权限检查、交易管理等）的服务，将需要修改所有留下日志动作的程序，无法简单地将这些相关服务从现有的程序中移除。

可以使用代理（Proxy）机制来解决这个问题，有两种代理方式：静态代理（Static Proxy）和动态代理（Dynamic Proxy）。

2. 静态代理

在静态代理的实现中，代理类与被代理的类必须实现同一个接口。在代理类中可以实现记录等相关服务，并在需要的时候再呼叫被代理类。这样被代理类就可以仅仅保留业务相关的职责了。

【例6.4】静态代理示例。

首先定义一个 IHello 接口，IHello.java 代码如下：

```java
public interface IHello{
    public void hello(String name);
}
```

然后让实现业务逻辑的 HelloSpeaker 类实现 IHello 接口，HelloSpeaker.java 代码如下：

```java
public class HelloSpeaker implements IHello{
    public void hello(String name){
        System.out.println("hello,"+name);
    }
}
```

可以看到，在 HelloSpeaker 类中没有任何日志的代码插入其中，日志服务的实现将被放到代理类中，代理类同样要实现 IHello 接口。

HelloProxy.java 代码如下：

```java
import java.util.logging.*;
public class HelloProxy implements IHello{
    private Logger logger=Logger.getLogger(this.getClass().getName());
    private IHello helloObject;
    public HelloProxy(IHello helloObject){
        this.helloObject=helloObject;
    }
    public void hello(String name){
        log("hello method starts…");           //日志服务
        helloObject.hello(name);                //执行业务逻辑
        log("hello method ends…");              //日志服务
    }
    private void log(String msg){
        logger.log(Level.INFO,msg);
    }
}
```

在 HelloProxy 类的 hello()方法中，真正实现业务逻辑前后安排记录服务，可以实际撰写一个测试程序来看看如何使用代理类。

```java
public class ProxyDemo{
    public static void main(String[] args){
        IHello proxy=new HelloProxy(new HelloSpeaker());
        proxy.hello("Justin");
    }
}
```

程序运行结果如图 6.8 所示。

这是静态代理的基本示例，但是可以看到，代理类的一

图 6.8 程序运行结果

个接口只能服务于一种类型的类，而且如果要代理的方法很多，势必要为每个方法进行代理。静态代理在程序规模稍大时必定无法胜任。

3. 动态代理

JDK 1.3 之后加入了可协助开发动态代理功能的 API 等相关类别,不需要为特定类和方法编写特定的代理类,即使用动态代理。使用动态代理可以使得一个处理者(Handler)为各个类服务。

【例6.5】动态代理示例。

要实现动态代理,同样需要定义所要代理的接口。

IHello.java 代码如下:

```java
public interface IHello{
    public void hello(String name);
}
```

然后让实现业务逻辑的 HelloSpeaker 类实现 IHello 接口。

HelloSpeaker.java 代码如下:

```java
public class HelloSpeaker implements IHello{
    public void hello(String name){
        System.out.println("Hello,"+name);
    }
}
```

与上例不同的是,这里要实现不同的代理类:

```java
import java.lang.reflect.InvocationHandler;
import java.lang.reflect.Method;
public class LogHandler implements InvocationHandler{
    private Object sub;
    public LogHandler() {
    }
    public LogHandler(Object obj){
        sub = obj;
    }
    public Object invoke(Object proxy, Method method, Object[] args)
            throws Throwable{
        System.out.println("before you do thing");
        method.invoke(sub, args);
        System.out.println("after you do thing");
        return null;
    }
}
```

下面写一个测试程序,使用 LogHandler 来绑定被代理类。

ProxyDemo.java 代码如下:

```java
import java.lang.reflect.Proxy;
public class ProxyDemo {
    public static void main(String[] args) {
        HelloSpeaker helloSpeaker=new HelloSpeaker();
        LogHandler logHandler=new LogHandler(helloSpeaker);
        Class cls=helloSpeaker.getClass();
        IHello iHello=
            (IHello)Proxy.newProxyInstance(cls.getClassLoader(),cls.getInterfaces(),logHandler);
        iHello.hello("Justin");
    }
}
```

程序运行结果如图 6.9 所示。

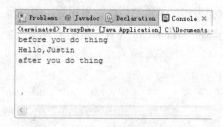

图 6.9　程序运行结果

HelloSpeaker 本身的职责是显示文字，却必须插入日志动作，这使得 HelloSpeaker 的职责加重。日志的程序代码横切（cross-cutting）到 HelloSpeaker 的程序执行流程中，日志这样的动作在 AOP 术语中被称为横切关注点（cross-cutting concerns）。

使用代理类将记录与业务逻辑无关的动作提取出来，设计为一个服务类，如同前面的范例 HelloProxy 或者 LogHandler，这样的类称为切面（Aspect）。

AOP 中的 Aspect 所指的可以是像日志这类的动作或服务，将这些动作（cross-cutting concerns）设计为通用，不介入特定业务类的一个职责清楚的 Aspect 类，这就是所谓的 Aspect-Oriented Programming（AOP）。

6.4.2　AOP 术语与概念

1. cross-cutting concerns

在 DynamicProxyDemo 例子中，记录的动作原先被横切（cross-cutting）到 HelloSpeaker 本身所负责的业务流程中。类似于日志这类的动作，如安全检查、事务等服务，在一个应用程序中常被安排到各个类的处理流程之中。这些动作在 AOP 的术语中称为 cross-cutting concerns。如图 6.10 所示，原来的业务流程是很单纯的。

cross-cutting concerns 如果直接写在负责某业务类的流程中，使得维护程序的成本增加。如果以后要修改类的记录功能或者移除这些服务，则必须修改所有撰写曾记录服务的程序，然后重新编译。另一方面，cross-cutting concerns 混杂在业务逻辑之中，使得业务类本身的逻辑或程序的撰写更为复杂。

为了加入日志与安全检查等服务，类的程序代码中被硬生生地写入了相关的 Logging、Security 程序片段，如图 6.11 所示。

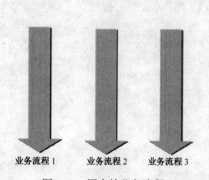

图 6.10　原来的业务流程

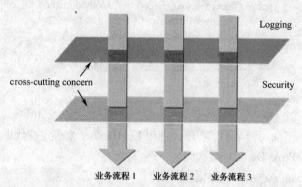

图 6.11　加入各种服务的业务流程

2. Aspect

将散落在各个业务类中的 cross-cutting concerns 收集起来，设计各自独立可重用的类，这种类称为 Aspect。例如，在动态代理中将日志的动作设计为 LogHandler 类，LogHandler 类在 AOP 术语中就是 Aspect 的一个具体实例。在需要该服务的时候，缝合 Weave 到应用程序中；不需要服务的时候，也可以马上从应用程序中脱离。应用程序中的可重用组件不用做任何的修改。例如，在动态代理中的 HelloSpeaker 所代表的角色就是应用程序中可重用的组件，在它需要日志服务时并不用修改本身的程序代码。

另外，对于应用程序中可重用的组件来说，以 AOP 的设计方式，它不用知道处理提供服务的类的存在。与服务相关的 API 不会出现在可重用的应用组件中，因而可提高这些组件的重用性，可以将这些组件应用到其他的应用程序中，而不会因为目前加入了某个服务或与目前的应用框架发生耦合。

不同的 AOP 框架对 AOP 概念有不同的实现方式，主要差别在于所提供的 Aspect 的丰富程度，以及它们如何被缝合到应用程序中。

6.4.3 通知（Advice）

Spring 提供了 5 种通知（Advice）类型：Interception Around、Before、After Returning、Throw 和 Introduction。它们分别在以下情况被调用。

- Interception Around Advice：在目标对象的方法执行前后被调用。
- Before Advice：在目标对象的方法执行前被调用。
- After Returning Advice：在目标对象的方法执行后被调用。
- Throw Advice：在目标对象的方法抛出异常时被调用。
- Introduction Advice：一种特殊类型的拦截通知，只有在目标对象的方法调用完毕后执行。

这里，用前置通知 Before Advice 来说明。

【例 6.6】前置通知 Before Advice 示例。

创建一个 Before Advice 的 Web 项目，步骤如下。

① 创建一个 Web 项目，命名为"Spring_Advices"。

② 编写 Java 类。

Before Advice 会在目标对象的方法执行之前被呼叫。如同在便利店里，在客户购买东西之前，老板要给客户一个热情的招呼。为了实现这一点，需要扩展 MethodBeforeAdvice 接口。这个接口提供了获取目标方法、参数及目标对象。

MethodBeforeAdvice 接口的代码如下：

```
import java.lang.ref.*;
import java.lang.reflect.Method;
public interface MethodBeforeAdvice{
    void before(Method method, Object[] args, Object target) throws Exception;
}
```

用实例来示范如何使用 Before Advice。首先要定义目标对象必须实现的接口 IHello。

IHello.java 代码如下：

```
public interface IHello{
    public void hello(String name);
}
```

接着定义一个 HelloSpeaker，实现 IHello 接口。

HelloSpeaker.java 代码如下：

```
public class HelloSpeaker implements IHello{
    public void hello(String name){
        System.out.println("Hello,"+name);
    }
}
```

在对 HelloSpeader 不进行任何修改的情况下，想要在 hello()方法执行之前可以记录一些信息。有一个组件，但没有源代码，可对它增加一些日志的服务。

LogBeforeAdvice.java 代码如下：

```java
import java.lang.reflect.*;
import java.util.logging.Level;
import java.util.logging.Logger;
import org.springframework.aop.MethodBeforeAdvice;
public class LogBeforeAdvice implements MethodBeforeAdvice{
    private Logger logger=Logger.getLogger(this.getClass().getName());
    public void before(Method method,Object[] args,Object target) throws Exception{
        logger.log(Level.INFO, "method starts…"+method);
    }
}
```

在 before()方法中，加入了一些记录信息的程序代码。LogBeforeAdvice 类被设计为一个独立的服务。

③ 添加 Spring 开发能力。

步骤同 6.2.1 节【例 6.2】，applicationContext.xml 的代码修改如下：

```xml
<?xml version="1.0" encoding="UTF-8"?>
<beans xmlns="http://www.springframework.org/schema/beans"
    xmlns:xsi="http://www.w3.org/2001/XMLSchema-instance"
    xsi:schemaLocation="http://www.springframework.org/schema/beans
    http://www.springframework.org/schema/beans/spring-beans-2.0.xsd">
    <bean id="logBeforeAdvice" class="LogBeforeAdvice" />
    <bean id="helloSpeaker" class="HelloSpeaker" />
    <bean id="helloProxy"
        class="org.springframework.aop.framework.ProxyFactoryBean">
        <property name="proxyInterfaces">
            <value>IHello</value>
        </property>
        <property name="target">
            <ref bean="helloSpeaker" />
        </property>
        <property name="interceptorNames">
            <list>
                <value>logBeforeAdvice</value>
            </list>
        </property>
    </bean>
</beans>
```

> **注意：**
> 除了建立 Advice 和 Target 实例之外，还使用了 org.springframework.aop.framework.ProxyFactoryBean。这个类会被 BeanFactory 或 ApplicationContext 用来建立代理对象。需要在 proxyInterfaces 属性中告诉代理可运行的界面，在 Target 属性中告诉 Target 对象，在 interceptorNames 属性中告诉要应用的 Advice 实例，在不指定目标方法的时候，Before Advice 会被缝合到界面上多处有定义的方法之前。

④ 运行程序，测试结果。

写一个程序测试一下 BeforeAdvice 的运行。

SpringAOPDemo.java 代码如下：

```java
import org.springframework.context.ApplicationContext;
import org.springframework.context.support.FileSystemXmlApplicationContext;
```

```java
public class SpringAOPDemo{
    public static void main(String[] args){
        ApplicationContext context=new FileSystemXmlApplicationContext("
            /WebRoot/WEB-INF/classes/applicationContext.xml");
        IHello helloProxy=(IHello)context.getBean("helloProxy");
        helloProxy.hello("Justin");
    }
}
```

程序运行结果如图 6.12 所示。

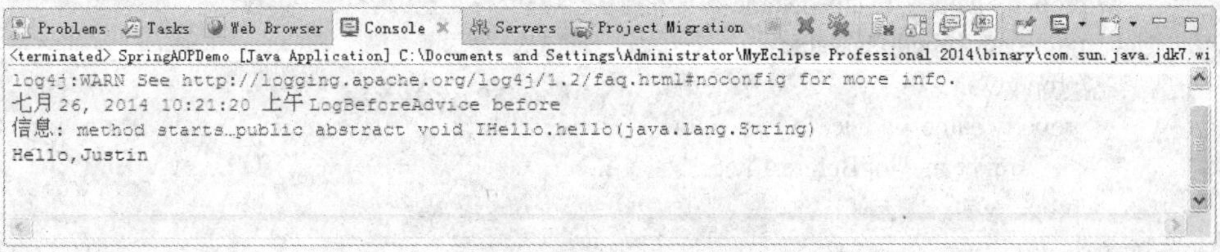

图 6.12　程序运行结果

HelloSpeaker 与 LogBeforeAdvice 是两个独立的类。对于 HelloSpeaker 来说，它不用知道 LogBeforeAdvice 的存在；而 LogBeforeAdvice 也可以运行到其他类之上。HelloSpeaker 与 LogBeforeAdvice 都可以重复使用。

6.4.4　切入点（Pointcut）

Pointcut 定义了通知 Advice 应用的时机。从一个实例开始，介绍如何使用 Spring 提供的 org.springframework.aop.support.NameMatchMethodPointcutAdvisor。可以指定 Advice 所要应用目标上的方法名称，或者用"*"来指定。例如，hello*表示调用代理对象上以 hello 作为开头的方法名称时，都会应用指定的 Advice。

【例 6.7】切入点 Pointcut 示例。

创建一个切入点 Pointcut 项目，步骤如下。

① 创建一个 Web 项目，命名为"Spring_Pointcut"。

② 编写 Java 类。

IHello.java 代码如下：

```java
public interface IHello{
    public void helloNewbie(String name);
    public void helloMaster(String name);
}
```

HelloSpeaker 类实现 IHello 接口。HelloSpeaker.java 代码如下：

```java
public class HelloSpeaker implements IHello{
    public void helloNewbie(String name){
        System.out.println("Hello, "+name+"newbie! ");
    }
    public void helloMaster(String name){
        System.out.println("Hello, "+name+"master! ");
    }
}
```

③ 添加 Spring 开发能力。

步骤同 6.2.1 节【例 6.2】，applicationContext.xml 的代码修改如下：

```xml
<?xml version="1.0" encoding="UTF-8"?>
<beans xmlns="http://www.springframework.org/schema/beans"
    xmlns:xsi="http://www.w3.org/2001/XMLSchema-instance"
    xsi:schemaLocation="http://www.springframework.org/schema/beans
    http://www.springframework.org/schema/beans/spring-beans-2.0.xsd">
    <bean id="logBeforeAdvice" class="LogBeforeAdvice" />
    <bean id="helloAdvisor"
        class="org.springframework.aop.support.NameMatchMethodPointcutAdvisor">
        <property name="mappedName">
            <value>hello*</value>
        </property>
        <property name="advice">
            <ref bean="logBeforeAdvice" />
        </property>
    </bean>
    <bean id="helloSpeaker" class="HelloSpeaker" />
    <bean id="helloProxy"
        class="org.springframework.aop.framework.ProxyFactoryBean">
        <property name="proxyInterfaces">
            <value>IHello</value>
        </property>
        <property name="target">
            <ref bean="helloSpeaker" />
        </property>
        <property name="interceptorNames">
            <list>
                <value>helloAdvisor</value>
            </list>
        </property>
    </bean>
</beans>
```

在 NameMatchMethodPointcutAdvisor 的 mappedName 属性上，指定了 hello*，所以当调用 helloNewbie()或 helloMaster()方法时，由于方法名称的开头符合 hello，就会应用 LogBeforeAdvice 的服务逻辑，可以编写程序测试一下。

④ 运行程序，测试结果。

SpringAOPDemo.java 代码如下：

```java
import org.springframework.context.ApplicationContext;
import org.springframework.context.support.FileSystemXmlApplicationContext;
public class SpringAOPDemo {
    public static void main(String[] args) {
        ApplicationContext context = new FileSystemXmlApplicationContext(
                "/WebRoot/WEB-INF/classes/applicationContext.xml");
        IHello helloProxy = (IHello) context.getBean("helloProxy");
        helloProxy.helloNewbie("Justin");
        helloProxy.helloMaster("Tom");
    }
}
```

程序运行结果如图 6.13 所示。

图 6.13　程序运行结果

在 Spring 中，使用 PointcutAdvisor 把 Pointcut 与 Advice 结合为一个对象。Spring 中大部分内建的 Pointcut 都有对应的 PointAdvisor。org.springframework.aop.support.NameMatch MethodPointcutAdvisor 是最简单的 PointAdvisor，它是 Spring 中静态的 Pointcut 实例。使用 org.springframework. aop.support. RegexpMethodPointcut 可以实现静态切入点。RegexpMethod Pointcut 是一个通用的正则表达式切入点，它是通过 Jakarta ORO 来实现的。

静态切入点只限于给定的方法和目标类，而不考虑方法的参数。动态切入点与静态切入点的区别是，动态切入点不仅限定于给定的方法和类，还可以指定方法的参数。当切入点需要在执行时根据参数值来调用通知时，就需要使用动态切入点。大多数的切入点，可以使用静态切入点，很少有机会创建动态切入点。

6.5　Spring 事务支持

Spring 的事务管理不需要与任何特定的事务 API 耦合。Spring 同时支持编程式事务策略和声明式事务策略，大部分时候都采用声明式事务策略。声明式事务管理的优势非常明显：代码中无须关注事务逻辑，让 Spring 声明式事务管理负责事务逻辑，声明式事务管理无须与具体的事务逻辑耦合，可以方便地在不同事务逻辑之间切换。

声明式事务管理的配置方式，通常有以下 4 种：

① 使用 TransactionProxyFactoryBean 为目标 Bean 生成事务代理的配置。此方式是最传统、配置文件最臃肿、最难以阅读的方式。

② 采用 Bean 继承的事务代理配置方式，比较简洁，但依然是增量式配置。

③ 采用 BeanNameAutoProxyCreator，根据 Bean Name 自动生成事务代理的方式。这是直接利用 Spring 的 AOP 框架配置事务代理的方式，需要对 Spring 的 AOP 框架有所理解。但这种方式避免了增量式配置，效果非常不错。

④ 采用 DefaultAdvisorAutoProxyCreator，直接利用 Spring 的 AOP 框架配置事务代理的方式，效果非常不错，只是这种配置方式的可读性不如第 3 种方式。

有关这几种方式的配置文件和具体说明参见本书提供的网络文档。

6.6　用 Spring 集成 Java EE 各框架

6.6.1　Spring/Hibernate 集成应用

1．原理

在第 5 章【实例六】（5.2.1 节）中借助 Hibernate 和 DAO 技术造就了一个数据访问的"持久层"，对程序员屏蔽了后台数据库的动作，但是，持久层与前端的 JSP 程序依然存在着一定的耦合性。请看下面的代码（取自【实例六】项目的 validate.jsp 文件）：

```
if(user==null){
    IUserTableDAO userTableDAO = new UserTableDAO();
    //直接使用 DAO 接口封装好了的验证功能
    user = userTableDAO.validateUser(usr, pwd);
    if(user!=null){
        session.setAttribute("user", user);       //把 user 对象存储在会话中
        validated=true;                            //标识为 true 表示验证成功通过
    }
}
```

其中的两行加黑语句，先要用 new 关键字生成接口 IUserTableDAO 的实例化对象 userTableDAO，可一旦接口的实现类（UserTableDAO）变了，这条语句也必须做出相应的更改。通过 6.2 节的学习，我们已经知道可以运用 Spring 的依赖注入来彻底消除这种耦合性，其解决方案如图 6.14 所示。

图 6.14　Spring 整合 Hibernate 方案

可见，其基本的思路是：把 DAO 类和 Hibernate 框架都置于 Spring 容器中，Spring 就像一个"工厂"，向前端 JSP 程序提供所需的 DAO，同时管理 Hibernate 对数据库的操作。

2．举例

【实例八】采用 JSP+Spring+DAO+Hibernate 方式开发一个 Web 登录程序。

要求：用 Spring 向前端提供 DAO 及管理 Hibernate。

（1）创建 Java EE 项目

新建 Java EE 项目，项目命名 jsp_spring_dao_hibernate。

（2）添加 Spring 开发能力

具体操作见 6.2.1 节【例 6.2】，但稍有不同的是，在选择 Spring 核心类库时要补充勾选"Spring Persistence"，如图 6.15 所示。

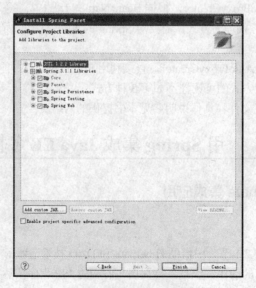

图 6.15　添加 Spring 类库

(3) 添加 Hibernate 框架

右击项目名，选择菜单【MyEclipse】→【Project Facets [Capabilities]】→【Install Hibernate Facet】启动向导，出现如图 6.16 所示的窗口，选择 Hibernate 版本。

单击【Next】按钮，出现如图 6.17 所示对话框，取消选择"Create SessionFactory class?"复选项。上方"Spring Config:"后的下拉列表会自动填入 Spring 配置文件的路径，"SessionFactory Id:"就是为 Hibernate 注入的一个新 ID，此处取默认项"sessionFactory"。

这一步操作实际上是配置用 Spring 来对 Hibernate 进行管理，这样最后生成的工程中就不再包含 hibernate.cfg.xml 按钮，如此一来，在 Spring 的配置文件（applicationContext.xml）中就可对 Hibernate 进行管理了。

单击【Next】按钮完成后续的步骤，包括选择 Hibernate 所用的连接、核心类库等，详见【实例五】(4.1.2 节)。

图 6.16　选择 Hibernate 版本　　　　　图 6.17　将 Hibernate 交由 Spring 管理

完成后，还要在 applicationContext.xml 中配置数据库驱动，代码如下：

```xml
<?xml version="1.0" encoding="UTF-8"?>
<beans
…
    <bean id="dataSource"
        class="org.apache.commons.dbcp.BasicDataSource">
        <property name="driverClassName"
            value="com.microsoft.sqlserver.jdbc.SQLServerDriver">
        </property>
        <property name="url" value="jdbc:sqlserver://localhost:1433"></property>
        <property name="username" value="sa"></property>
        <property name="password" value="123456"></property>
    </bean>
…
</beans>
```

(4) 为 userTable 表生成持久化对象

在项目 src 下创建包 org.easybooks.test.model.vo，最终生成的 POJO 类及映射文件存放于该包里。操作方法同【实例五】中的第（3）步，略。

（5）定义、实现并注册 DAO 组件

在项目 src 下创建包 org.easybooks.test.dao，在此包下建立一个基类（BaseDAO）和一个接口（IUserTableDAO）。

基类 BaseDAO 的代码如下：

```java
package org.easybooks.test.dao;
import org.hibernate.*;
public class BaseDAO {
    private SessionFactory sessionFactory;
    public SessionFactory getSessionFactory(){
        return sessionFactory;
    }
    public void setSessionFactory(SessionFactory sessionFactory){
        this.sessionFactory=sessionFactory;
    }
    public Session getSession(){
        Session session=sessionFactory.openSession();
        return session;
    }
}
```

接口 IUserTableDAO 定义代码如下：

```java
package org.easybooks.test.dao;
import org.easybooks.test.model.vo.*;
public interface IUserTableDAO {
    public UserTable validateUser(String username, String password);    //方法：验证用户名密码
}
```

在 src 下创建 org.easybooks.test.dao.impl 包，在包中创建类 UserTableDAO，此类实现了接口中的 validateUser()方法：

```java
package org.easybooks.test.dao.impl;
import org.easybooks.test.dao.*;
import org.easybooks.test.model.vo.*;
import org.hibernate.*;
//import org.easybooks.test.factory.*;             //注释掉这句
import java.util.*;
public class UserTableDAO extends BaseDAO implements IUserTableDAO{
    public UserTable validateUser(String username, String password){
        //查询 userTable 表中的记录
        String hql="from UserTable u where u.username=? and u.password=?";
        Session session=getSession();              //从 BaseDAO 继承的方法中获得会话
        Query query=session.createQuery(hql);
        query.setParameter(0, username);
        query.setParameter(1, password);
        List users=query.list();
        Iterator it=users.iterator();
        while(it.hasNext())
        {
            if(users.size()!=0){
                UserTable user=(UserTable)it.next();    //创建持久化的 JavaBean 对象 user
                return user;
            }
```

```
            }
            session.close();                              //关闭会话
            return null;
        }
}
```

从加黑的语句可见，本例是从基类 BaseDAO 继承的方法中获得会话对象的，而不是由 HibernateSessionFactory 获得的。

最后要将以上编写的 BaseDAO、UserTableDAO 组件都注册到 Spring 容器中，方法是修改 applicationContext.xml 文件，添加注册信息（加黑语句）如下：

```xml
<?xml version="1.0" encoding="UTF-8"?>
<beans
…
    <bean id="dataSource"
        …
    </bean>
    <bean id="sessionFactory"
        class="org.springframework.orm.hibernate4.LocalSessionFactoryBean">
        <property name="dataSource">
            <ref bean="dataSource" />
        </property>
        <property name="hibernateProperties">
            <props>
                <prop key="hibernate.dialect">
                    org.hibernate.dialect.SQLServerDialect
                </prop>
            </props>
        </property>
        <property name="mappingResources">
            <list>
                <value>
                    org/easybooks/test/model/vo/UserTable.hbm.xml
                </value></list>
        </property></bean>
    <bean id="transactionManager"
        class="org.springframework.orm.hibernate4.HibernateTransactionManager">
        <property name="sessionFactory" ref="sessionFactory" />
    </bean>
    <tx:annotation-driven transaction-manager="transactionManager" />
    <bean id="baseDAO" class="org.easybooks.test.dao.BaseDAO">
        <property name="sessionFactory">
            <ref bean="sessionFactory"/>
        </property>
    </bean>
    <bean id="userTableDAO" class="org.easybooks.test.dao.impl.UserTableDAO"
            parent="baseDAO"/>
</beans>
```

（6）创建 JSP

本例也有 4 个 JSP 文件，其中 login.jsp（登录页）、main.jsp（主页）和 error.jsp（出错页）这 3 个文件的源码与【实例五】程序的完全相同，仅 validate.jsp（验证页）的代码稍有改动。

validate.jsp 代码如下：

```jsp
<%@ page language="java" pageEncoding="gb2312" import="org.springframework.context.*,
org.springframework.context.support.*,org.easybooks.test.model.vo.UserTable,org.easybooks.test.dao.*,org
.easybooks.test.dao.impl.*"%>
<html>
    <head>
        <meta http-equiv="Content-Type" content="text/html;charset=gb2312">
    </head>
    <body>
        <%
            request.setCharacterEncoding("gb2312");              //设置请求编码
            String usr=request.getParameter("username");         //获取提交的用户名
            String pwd=request.getParameter("password");         //获取提交的密码
            boolean validated=false;                             //验证成功标识
            ApplicationContext context=new FileSystemXmlApplicationContext
                ("file:C:/Documents and Settings/Administrator/Workspaces/MyEclipse
                Professional 2014/jsp_spring_dao_hibernate/src/applicationContext.xml");
                                                                 //指明 Spring 配置文件所在路径
            UserTable user=null;
            //先获得 UserTable 对象，如果是第一次访问该页，用户对象肯定为空，但如果是第二次甚至是
              第三次，就直接登录主页而无须再次重复验证该用户的信息
            user=(UserTable)session.getAttribute("user");
            //如果用户是第一次进入，会话中尚未存储 user 持久化对象，故为 null
            if(user==null){
                IUserTableDAO userTableDAO = (IUserTableDAO)context.
                    getBean("userTableDAO");                     //从 Spring 容器中获取 DAO 组件
                user=userTableDAO.validateUser(usr, pwd);
                if(user!=null){
                    session.setAttribute("user", user);          //把 user 对象存储在会话中
                    validated=true;                              //标识为 true 表示验证成功通过
                }
            }
            else{
                validated=true;    //该用户在之前已登录过并成功验证，故标识为 true 表示无须再验了
            }
            if(validated)
            {
                //验证成功跳转到 main.jsp
        %>
                <jsp:forward page="main.jsp"/>
        <%
            }
            else
            {
                //验证失败跳转到 error.jsp
        %>
                <jsp:forward page="error.jsp"/>
        <%
            }
        %>
```

```
</body>
</html>
```

部署运行程序,效果同【实例二】(2.2.4 节),如图 2.13 所示。

6.6.2 Struts 2/Spring 集成应用

1. 原理

既然 Spring 可作为容器容纳注册过的 DAO 组件,那么 Struts 2 的控制器 Action 模块可否也交给它管呢?当然可以!

实现对前端各个控制器的统一管理和部署——这是将 Struts 2 与 Spring 集成起来应用的根本动机。如图 6.18 所示为这种组合的解决方案。

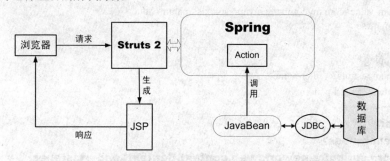

图 6.18 Spring 与 Struts 2 集成方案

可见,其基本的思路是:把用户自己开发的 Action 模块也交给 Spring 管理,从而实现 Struts 2 与 Action 间的完全解耦。

2. 举例

【实例九】采用 JSP+Struts 2+Spring+JavaBean+JDBC 方式开发一个 Web 登录程序。

要求:用 Spring 管理 Struts 2 的 Action 模块。

(1) 创建 Java EE 项目

新建 Java EE 项目,项目命名 jsp_struts2_spring_javabean_jdbc。

(2) 添加 **Struts 2** 框架

操作同【实例四】(3.1.25 节)第(2)、(3)步,从略。

(3) 构造 **JavaBean**、创建 **JDBC**、编写 **JSP**、实现并配置 **Action**

步骤同【实例四】第(4)~(7)步,代码也完全一样,略。完成后先部署、运行一下程序,测试 Struts 2 能否正常工作,接着再继续后面的工作。

(4) 添加 **Spring** 开发能力

详见 6.2.1 节中的【例 6.2】,由于本例暂时不用 Hibernate,故在选择类库时不用勾选"Spring Persistence"。

(5) 集成 **Spring** 与 **Struts 2**

① 添加 Spring 支持包。

要使得 Struts 2 与 Spring 这两个框架能集成在一起,就要在项目的\WebRoot\WEB-INF\lib 目录下添加一个 Spring 支持包,其 Jar 文件名为 struts2-spring-plugin-2.3.16.3.jar,位于 struts-2.3.16.3-all.zip\struts-2.3.16.3\lib(【实例四】第(2)步所下载的 Struts 2 完整版软件包内)目录下。

此包的加载方式同 Struts 2 的其他包，在此不再赘述。

② 修改 web.xml 内容。

修改 web.xml 内容，使得程序增加对 Spring 的支持（加黑部分），代码如下：

```xml
<?xml version="1.0" encoding="UTF-8"?>
<web-app xmlns:xsi="http://www.w3.org/2001/XMLSchema-instance" xmlns="http://xmlns.jcp.org/xml/ns/javaee" xsi:schemaLocation="http://xmlns.jcp.org/xml/ns/javaee http://xmlns.jcp.org/xml/ns/javaee/web-app_3_1.xsd" id="WebApp_ID" version="3.1">
    <filter>
        <filter-name>struts2</filter-name>
        <filter-class>org.apache.struts2.dispatcher.ng.filter.StrutsPrepareAndExecuteFilter</filter-class>
        <init-param>
            <param-name>actionPackages</param-name>
            <param-value>com.mycompany.myapp.actions</param-value>
        </init-param>
    </filter>
    <filter-mapping>
        <filter-name>struts2</filter-name>
        <url-pattern>/*</url-pattern>
    </filter-mapping>
    <listener>
        <listener-class>
            org.springframework.web.context.ContextLoaderListener
        </listener-class>
    </listener>
    <context-param>
        <param-name>contextConfigLocation</param-name>
        <param-value>
            /WEB-INF/classes/applicationContext.xml
        </param-value>
    </context-param>
    <display-name>jsp_struts2_spring_javabean_jdbc</display-name>
    <welcome-file-list>
        <welcome-file>login.jsp</welcome-file>
    </welcome-file-list>
</web-app>
```

其中，Listener 是 Servlet 的监听器，它可以监听客户端的请求、服务器的操作等。通过监听器，可以自动激发一些操作，比如监听到在线用户的数量。当增加一个 HttpSession 时，就激发 sessionCreated 方法。

监听器需要知道 applicationContext.xml 配置文件的位置，通过节点<context-param>来配置。

③ 指定 Spring 为容器。

在 src 目录下创建 struts.properties 文件，把 Struts 2 类的生成交给 Spring 去完成。文件内容如下：

```
struts.objectFactory =spring
```

（6）注册 Action 组件

修改 Spring 的配置文件 applicationContext.xml，在其中注册 Action 组件：

```xml
<?xml version="1.0" encoding="UTF-8"?>
<beans
```

```
            xmlns="http://www.springframework.org/schema/beans"
            xmlns:xsi="http://www.w3.org/2001/XMLSchema-instance"
            xmlns:p="http://www.springframework.org/schema/p"
            xsi:schemaLocation="http://www.springframework.org/schema/beans http://www.springframework.org/
                                                    schema/beans/spring-beans-3.1.xsd">
        <bean id="main" class="org.easybooks.test.action.MainAction"/>
</beans>
```

经注册后的 Action 组件会在运行时由 Spring 框架自动生成，原来的 struts.xml 文件进行如下修改：

```
...
<struts>
    <package name="default" extends="struts-default">
        <!-- 用户登录 -->
        <action name="main" class="main">
            <result name="success">/main.jsp</result>
            <result name="error">/error.jsp</result>
        </action>
    </package>
    <constant name="struts.i18n.encoding" value="gb2312"></constant>
</struts>
```

这里元素<action.../>的 class 属性设为 main（bean 的 id 值），就无须再指明其所对应的 Action 类名，也就实现了 Struts 2 与 Action 间的解耦。

部署运行程序，效果同【实例二】（2.2.4 节），如图 2.13 所示。

6.6.3 SSH2 多框架整合

以上讲的是 Java EE 框架两两之间的集成应用，这个时候，肯定有读者会想：若是将 Struts 2、Spring 和 Hibernate 这三者来一个大集成，又会是怎样一种壮观的效果呢？

1．原理

Struts 2/Spring/Hibernate 三者全集成（简称 SSH2）的基本思路是：Spring 作为一个统一的大容器来用，在它里面容纳（注册）Action、DAO 和 Hibernate 这些组件。结合图 6.14、图 6.18，很容易得出 SSH2 全整合的架构，如图 6.19 所示。

Struts 2 将 JSP 中的控制分离出来，当它要执行控制逻辑的具体处理时就直接使用 Spring 中的 Action 组件；Action 组件在处理中若要访问数据库，则通过 DAO 组件提供的接口；而 Hibernate 才是直接与数据库打交道的。所有 Action 模块、DAO 类以及 Hibernate 全都由 Spring 来统一管理，整个系统是以 Spring 为核心的。

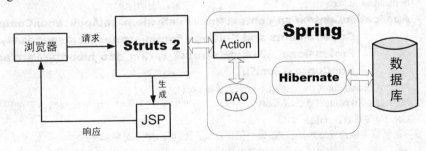

图 6.19　SSH2 全整合架构

2. 举例

【实例十】 采用 JSP+Struts 2+Spring+DAO+Hibernate 方式开发一个 Web 登录程序。

要求：用 Spring 管理全部的组件，系统采用 SSH2 架构。

（1）创建 Java EE 项目

新建 Java EE 项目，项目命名 jsp_struts2_spring_dao_hibernate。

（2）添加 Spring 核心容器

步骤同【实例八】第（2）步，略。

（3）添加 Hibernate 并持久化 userTable 表

步骤同【实例八】第（3）、（4）步，略。

（4）添加 Struts 2 框架

操作同【实例四】（3.1.2 节）第（2）、（3）步，略。

（5）定义、实现并注册 DAO 组件

步骤同【实例八】第（5）步，并且 BaseDAO.java、IUserTableDAO.java 及其实现类 UserTableDAO.java 的代码也与【实例八】的完全一样。

（6）集成 Spring 与 Struts 2

步骤同【实例九】第（5）步，略。

（7）实现、注册 Action 组件

在 src 目录下建立包 org.easybooks.test.action，用于存放控制器组件的源代码。

MainAction.java 代码如下：

```
package org.easybooks.test.action;
import java.sql.*;
import java.util.*;
import org.easybooks.test.dao.*;
import org.easybooks.test.dao.impl.*;
import org.easybooks.test.model.vo.*;
import com.opensymphony.xwork2.*;
import org.springframework.context.*;
import org.springframework.context.support.*;
public class MainAction extends ActionSupport{
    private UserTable user;
    //处理用户请求的 execute 方法
    public String execute() throws Exception{
        String usr=user.getUsername();         //获取提交的用户名
        String pwd=user.getPassword();         //获取提交的密码
        boolean validated=false;               //验证成功标识
        ApplicationContext sp_context=new FileSystemXmlApplicationContext("file:
            C:/Documents and Settings/Administrator/Workspaces/MyEclipse
            Professional 2014/jsp_struts2_spring_dao_hibernate/src/applica-
            tionContext.xml");
        ActionContext context=ActionContext.getContext();
        Map session=context.getSession();      //获得会话对象，用来保存当前登录用户的信息
        UserTable user1=null;
        //先获得 UserTable 对象，如果是第一次访问该页，用户对象肯定为空，但如果是第二次甚至是
        //第三次，就直接登录主页而无须再次重复验证该用户的信息
        user1=(UserTable)session.get("user");
```

```
            //如果用户是第一次进入，会话中尚未存储 user1 持久化对象，故为 null
            if(user1==null){
                IUserTableDAO userTableDAO=(IUserTableDAO)sp_context.getBean
                    ("userTableDAO");
                //直接调用接口的 validateUser(usr, pwd)方法验证用户
                user1=userTableDAO.validateUser(usr, pwd);
                if(user1!=null){
                    session.put("user", user1);          //把 user1 对象存储在会话中
                    validated=true;                       //标识为 true 表示验证成功通过
                }
            }
            else{
                validated=true;         //该用户在之前已登录过并成功验证，故标识为 true 表示无须再验了
            }
            if(validated)
            {
                //验证成功返回字符串"success"
                return "success";
            }
            else{
                //验证失败返回字符串"error"
                return "error";
            }
        }
        public UserTable getUser(){
            return user;
        }
        public void setUser(UserTable user){
            this.user=user;
        }
    }
```

上段代码中的加黑部分通过 Spring 容器的应用上下文获得 DAO 组件，用于验证用户名和密码。之后，在 applicationContext.xml 注册该 Action 组件，代码如下：

```
<bean id="main" class="org.easybooks.test.action.MainAction"/>
```

注册之后再在 struts.xml 文件中配置 Action，代码如下：

```
…
<struts>
    <package name="default" extends="struts-default">
        <!-- 用户登录 -->
        <action name="main" class="main">
            <result name="success">/main.jsp</result>
            <result name="error">/error.jsp</result>
        </action>
    </package>
    <constant name="struts.i18n.encoding" value="gb2312"></constant>
</struts>
```

在 MainAction 的代码中，用语句 sp_context.getBean()仅需给出 DAO 组件的 id 标识 userTableDAO 即可获得 bean 组件对象，而在使用这个组件对象的时候也只需要简单地调用 DAO 接口中已公开的

validateUser()方法即可，程序员只要知道 Spring 配置文件 applicationContext.xml 的路径，而根本不需要知道有"UserTableDAO"这个类的存在！

（8）编写 JSP

本例同样包含 3 个 JSP 文件：login.jsp（登录页）、main.jsp（主页）和 error.jsp（出错页），它们的源代码与【实例九】的完全一样，此处不再列出。

部署运行程序，效果同【实例二】（2.2.4 节），如图 2.13 所示。

通过本节这 3 个实例（【实例八】、【实例九】和【实例十】），读者可以看到，Spring 在 Java EE 开发中的主要作用是作为容器来使用，在这个容器里可以"放"Hibernate、DAO 类（组件）、Struts 2 的 Action……整个系统在 Spring 的统一管理下十分协调地运作着，由此可知 Spring 作为容器在 Java EE 系统架构中举足轻重的地位！

习 题 6

1. 开发一个工厂模式的实例，掌握工厂模式的应用。
2. 简述什么是依赖注入，并说明依赖注入的两种方式。
3. 模仿 6.4 节的 AOP 简单示例，自己动手练习。
4. Spring 集成 Java EE 框架有哪三种组合方式，画出这几种组合的系统架构图，并思考以这种方式架构的软件系统在后期的扩展和维护方面有哪些优势？

第 7 章 Java EE 多框架整合开发实战

本书前面的章节分别介绍了 Struts 2、Hibernate 和 Spring 的基础特性,以及它们相互组合的应用,通过之前的学习,读者已然了解了 Java EE 各主流框架的作用和框架间整合集成的基本原理。本章开始进一步深入介绍实际应用中 Java EE 系统的架构方式,并在此基础上开发一个"学生成绩管理系统"的原型。

7.1 大型项目架构原理

本书前面所做的实例程序都只是为了演示某个 Java EE 框架的功能,或者说明几个框架间集成的应用,那么,在实际应用领域,一个完整的 Java EE 程序是如何构成的呢?

7.1.1 业务层的引入

1. 需求

通过之前的实践,读者已经知道,DAO 能将操作数据库的动作细节与前端代码相隔离,但是,DAO 所封装的仅仅是最基本的数据库操作,而实际应用中 Web 网站的每一项功能往往都是以业务(Service)的形式提供给用户的,业务就是一组(包括增、删、改、查在内)操作数据库的动作序列(动作集),对系统某个应用功能的优化和增强,通常要对该功能对应业务中动作的种类、数目和调用次序进行改变和重组。

例如,登录功能的实现原来只要调用 DAO 接口中的 validateUser()方法即可,现在情况发生了变化:考虑到有新加入的用户起初连账号也没有,需要先注册才能登录,为方便使用,现新开发出一个增强的登录功能,要求先后调用 DAO 中的 saveUser()(用于注册)和 validateUser()(再登录验证)两个方法。于是为了简便,将这两个动作(saveUser()+validateUser())进一步加以封装,成为一个服务(Service),前端代码直接使用这个 Service,无须关心为实现它而对 DAO 中的基本方法是如何组织调用的。

实际应用中,这些 Service 就构成了业务层,从编码的视角看,这层最容易被忽视。往往在用户界面层或持久层周围能看到这些业务处理的代码,这其实是不正确的。因为它会造成程序代码的高耦合,随着时间的推移,这些代码将变得很难维护。

下面通过一个程序示例来加深理解。

2. 示例

【**实例十一**】采用 JSP+Struts 2+Spring+Service+DAO+Hibernate 方式开发一个 Web 登录程序。

要求:在第 6 章 SSH2 多框架整合的基础上,引入一个业务层,实现(注册+登录)的增强型登录功能,依然用 Spring 管理系统中的全部组件。

(1)创建 Java EE 项目

新建 Java EE 项目,项目命名为 jsp_struts2_spring_service_dao_hibernate。

(2)添加 Spring 核心容器

步骤同【实例八】(6.6.1 节)第(2)步,略。

(3) 添加 Hibernate 并持久化 userTable 表

步骤同【实例八】第（3）、（4）步，略。

(4) 添加 Struts 2 框架

操作同【实例四】（3.1.2 节）第（2）、（3）步，略。

(5) 集成 Spring 与 Struts 2

步骤同【实例九】（6.6.2 节）第（5）步，略。

至此，整个程序的主体架构搭建完毕，接下来就是编写各组件的代码以及注册组件的工作了。

(6) 开发 DAO 组件

在 src 目录下建立包 org.easybooks.test.dao，包下放置的是基类 BaseDAO 和接口 IUserTableDAO。BaseDAO 代码与【实例十】（6.6.3 节）的完全相同。

IUserTableDAO 接口代码如下：

```
package org.easybooks.test.dao;
import org.easybooks.test.model.vo.*;
public interface IUserTableDAO {
    public UserTable validateUser(String username, String password);
    //添加 saveUser 方法，向数据库写入新注册用户的信息
    public void saveUser(UserTable user);
}
```

注意，与【实例十】相比，在这个接口中新加入了 saveUser()方法，是用于向数据库写入新注册用户信息的。

在 src 下再建立 org.easybooks.test.dao.impl 包，用于放置该接口的实现类 UserTableDAO。UserTableDAO 类代码如下：

```
package org.easybooks.test.dao.impl;
import org.easybooks.test.dao.*;
import org.easybooks.test.model.vo.*;
import org.hibernate.*;
import java.util.*;
public class UserTableDAO extends BaseDAO implements IUserTableDAO{
    public UserTable validateUser(String username, String password){
        //查询 userTable 表中的记录
        String hql="from UserTable u where u.username=? and u.password=?";
        Session session=getSession();
        Query query=session.createQuery(hql);
        query.setParameter(0, username);
        query.setParameter(1, password);
        List users=query.list();
        Iterator it=users.iterator();
        while(it.hasNext())
        {
            if(users.size()!=0){
                UserTable user=(UserTable)it.next();      //创建持久化的 JavaBean 对象 user
                return user;
            }
        }
        session.close();
        return null;
```

```java
}
//新加入的 saveUser()方法的实现
public void saveUser(UserTable user){
    Session session=getSession();
    Transaction tx=session.beginTransaction();
    session.save(user);
    tx.commit();
    session.close();
}
}
```

与【实例十】相比，UserDAO 类不仅要实现 validateUser()方法（验证用户），还要实现 saveUser()方法用于注册用户信息。

(7) 开发 Service 组件

在 src 目录下建立包 org.easybooks.test.service，包中安置一个 IUserTableService 接口。IUserTableService 接口代码如下：

```java
package org.easybooks.test.service;
import org.easybooks.test.model.vo.*;
public interface IUserTableService {
    public UserTable validateUser(String username, String password);
    public UserTable registerUser(UserTable user);   //实现（注册＋登录）的 Service
}
```

接口里放置 validateUser()（仅登录验证）和 registerUser()（包含注册＋验证）两个服务，而服务的具体实现（在 UserTableService 类中）还要借助 DAO 组件。

在 src 下再建立 org.easybooks.test.service.impl 包，用于放置该接口的实现类 UserTableService。UserTableService 类代码如下：

```java
package org.easybooks.test.service.impl;
import org.easybooks.test.service.*;
import org.easybooks.test.dao.*;
import org.easybooks.test.model.vo.*;
public class UserTableService implements IUserTableService{
    private IUserTableDAO userDAO;
    //实现直接（仅验证）的登录服务，适用于已有账号的老用户
    public UserTable validateUser(String username, String password){
        return userDAO.validateUser(username, password);
    }
    //实现（注册＋验证）的登录服务，适用于初次注册的新用户
    public UserTable registerUser(UserTable user){
        //由于这项业务要经过注册、验证登录两个阶段，先后使用 userDAO 接口中的两个方法
        userDAO.saveUser(user);             //把注册的新账号信息写入数据库
        //随即开始验证过程、自动登录
        return userDAO.validateUser(user.getUsername(), user.getPassword());
    }
    //userDAO 的 getter/setter 方法
    ...
}
```

(8) 开发 Action 组件

在 src 目录下建立包 org.easybooks.test.action，用于存放 Action 控制模块的源代码。

MainAction.java 代码如下：

```java
package org.easybooks.test.action;
import java.sql.*;
import java.util.*;
import org.easybooks.test.service.*;
import org.easybooks.test.model.vo.*;
import com.opensymphony.xwork2.*;
public class MainAction extends ActionSupport{
    ActionContext context;
    private UserTable user;
    protected IUserTableService userService;
    //处理用户请求的 execute 方法
    public String execute() throws Exception{
        String usr=user.getUsername();          //获取提交的用户名
        String pwd=user.getPassword();          //获取提交的密码
        boolean validated=false;                //验证成功标识
        context=ActionContext.getContext();
        Map session=context.getSession();       //获得会话对象，用来保存当前登录用户的信息
        UserTable user1=null;
        //先获得 UserTable 对象，如果是第一次访问该页，用户对象肯定为空，但如果是第二次甚至是
        //三次，就直接登录主页而无须再次重复验证该用户的信息
        user1=(UserTable)session.get("user");
        //如果用户是第一次进入，会话中尚未存储 user1 持久化对象，故为 null
        if(user1==null){
            user1=userService.validateUser(usr, pwd);
            if(user1!=null){
                session.put("user", user1);     //把 user1 对象存储在会话中
                validated=true;                 //标识为 true 表示验证成功通过
            }
        }
        else{
          validated=true;   //该用户在之前已登录过并成功验证，故标识为 true 表示无须再验证了
        }
        if(validated)
        {
          //验证成功返回字符串 "success"
          return SUCCESS;
        }
        else{
            //验证失败返回字符串 "error"
          return ERROR;
        }
    }
    //用户注册，由 Service 层帮助完成
    public String register(){
        UserTable u=new UserTable(user.getUsername(), user.getPassword());
        UserTable user1=null;
        user1=userService.registerUser(u);
        if(user1!=null)
        {
```

```
                Map session=context.getSession();        //获得会话对象,用来保存当前登录用户的信息
                session.put("user", user1);
                return SUCCESS;
        }
        return ERROR;
    }
    //省略 user 的 getter/setter 方法
    …
    public IUserTableService getUserService(){
        return userService;
    }
    public void setUserService(IUserTableService userService){
        this.userService = userService;
    }
}
```

可以看到,以上代码直接使用业务接口(userService)公开的 validateUser()和 registerUser()方法,读者会惊奇地发现:代码中再也找不到使用 DAO 的痕迹了!——可见引入业务层的最大好处在于:隔离 Action 控制模块与 DAO 组件,进一步降低系统内组件间的耦合性,提高程序代码的易维护性和扩展性。

完成之后还要创建 struts.xml 文件,在其中配置 Action。

struts.xml 文件内容如下:

```
<?xml version="1.0" encoding="utf-8"?>
<!DOCTYPE struts PUBLIC
    "-//Apache Software Foundation//DTD Struts Configuration 2.0//EN"
    "http://struts.apache.org/dtds/struts-2.0.dtd">
<struts>
    <package name="default" extends="struts-default">
        <!-- 用户登录 -->
        <action name="main" class="main">
            <result name="success">/main.jsp</result>
            <result name="error">/error.jsp</result>
        </action>
        <!-- 新用户注册 -->
        <action name="register" class="main" method="register">
            <result name="success">/main.jsp</result>
            <result name="error">/error.jsp</result>
        </action>
    </package>
    <constant name="struts.i18n.encoding" value="gb2312"></constant>
</struts>
```

(9)在 Spring 容器中注册各个组件

以上第(6)~(8)步所开发出的组件总共分三大类:DAO 组件、Service 组件和 Action 模块,它们均必须在 Spring 配置文件 applicationContext.xml 中注册过才能正常使用。

在 applicationContext.xml 中注册各组件,代码如下:

```
<?xml version="1.0" encoding="UTF-8"?>
<beans…>
    …
```

```xml
<bean id="baseDAO" class="org.easybooks.test.dao.BaseDAO">
    <property name="sessionFactory" ref="sessionFactory"/>
</bean>
<bean id="userDAO" class="org.easybooks.test.dao.impl.UserTableDAO"
                        ="baseDAO"/>
<bean id="userService" class="org.easybooks.test.service.impl.UserTableService">
    <property name="userDAO" ref="userDAO"/>
</bean>
<bean id="main" class="org.easybooks.test.action.MainAction">
    <property name="userService" ref="userService"/>
</bean>
</beans>
```

加黑语句为需要用户自己配置的组件注册信息。

(10) 编写 JSP 文件

最后的工作就是单纯地编写表现网页界面外观的 JSP 文件，本例共包含 4 个 JSP 文件，读者可参考本书【综合案例一】（2.4 节）编写。

登录界面 login.jsp，代码如下：

```jsp
<%@ page language="java" pageEncoding="gb2312"%>
<%@ taglib prefix="s" uri="/struts-tags"%>
<html>
<head>
    <title>简易留言板</title>
</head>
<body bgcolor="#E3E3E3">
<s:form action="main" method="post" theme="simple">
<table>
    <caption>用户登录</caption>
    <tr>
        <td>
            用户名：<s:textfield name="user.username" size="20"/>
        </td>
    </tr>
    <tr>
        <td>
            密  码：<s:password name="user.password" size="21"/>
        </td>
    </tr>
    <tr>
        <td>
            <s:submit value="登录"/>
            <s:reset value="重置"/>
        </td>
    </tr>
</table>
</s:form>
如果没注册单击<a href="register.jsp">这里</a>注册！
</body>
</html>
```

因本例新加了注册功能，页面上也要加入指向注册页面 register.jsp 的链接。
注册页面 register.jsp，代码如下：

```jsp
<%@ page language="java" pageEncoding="gb2312"%>
<html>
<head>
    <title>简易留言板</title>
</head>
<body bgcolor="#E3E3E3">
    <form action="register" method="post">
        <table>
            <caption>用户注册</caption>
            <tr>
                <td>登录名：</td>
                <td><input type="text" name="user.username"/></td>
            </tr>
            <tr>
                <td>密码:</td>
                <td><input type="password" name="user.password"/></td>
            </tr>
        </table>
        <input type="submit" value="提交"/>
        <input type="reset" value="重置"/>
    </form>
</body>
</html>
```

登录（注册）成功后显示的主界面 main.jsp，代码为：

```jsp
<%@ page language="java" pageEncoding="gb2312"%>
<%@ taglib prefix="s" uri="/struts-tags"%>
<html>
<head>
    <title>留言板信息</title>
</head>
<body>
    <s:property value="user.username"/>，您好！欢迎登录留言板。
</body>
</html>
```

登录验证失败转到的错误信息页 error.jsp，代码为：

```jsp
<%@ page language="java" pageEncoding="gb2312"%>
<html>
<head>
    <title>出错</title>
</head>
<body>
    登录失败！单击<a href="login.jsp">这里</a>返回
</body>
</html>
```

（11）部署运行

部署项目、启动 Tomcat 服务器。在 IE 地质栏输入"http://localhost:9080/jsp_struts2_spring_

service_dao_hibernate/"回车，输入用户名、密码（必须是数据库 userTable 表中已有的）。单击【登录】按钮，转到欢迎页面，如图 7.1 所示。

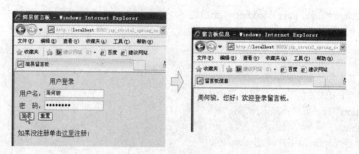

图 7.1 已有账号的老用户直接登录

后退到登录首页，用鼠标单击页面上的"这里"链接，转到注册页面，在注册页面上输入新用户名和密码后提交。此时控制器会调用 IUserTableService 接口里的"注册＋登录"服务（registerUser()方法），该服务又先后调用 DAO 接口中的 saveUser()和 validateUser()方法，从而实现新用户在注册后就立即用新账号自动登录的功能，效果如图 7.2 所示。

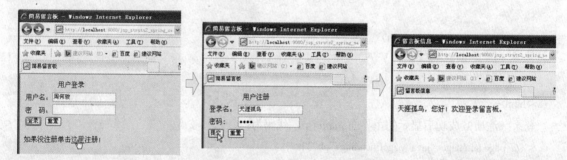

图 7.2 新用户在注册后也自动登录

通过上面这个程序示例，读者应该明白在 Java EE 应用系统的设计中构造一个业务层的必要性和重要性。因此，在稍后的开发实战中会看到，"学生成绩管理系统"中也会专门设计这样一个业务层。

7.1.2 Java EE 系统分层架构

1. 分层模型

总结前述知识，轻量级的 Java EE 系统最适合采用分层的方式架构，下面给出分层模型，如图 7.3 所示。

图 7.3 轻量级 Java EE 系统的分层模型

这是一个通用的架构模型，由表示层、业务层和持久层构成。

● 表示层：这是 Java EE 系统与用户直接交互的层面，它实现 Web 前端界面及业务流程控制功能，表示层使用业务层提供的现成服务（Service）来满足用户多样的需求。

- 业务层：也就是7.1.1节所引入的业务层，由一个个Service构成，每个Service作为一个程序模块（组件）完成一种特定的应用功能，而Service之间则相互独立。Service调用DAO接口中公开的方法，经由持久层间接地操作后台数据库。
- 持久层：主要由DAO组件、持久化POJO类等构成，它屏蔽了底层JDBC连接和操作数据库的细节，为业务层Service提供了简洁、统一、面向对象的数据访问接口。

2. 多框架整合实施方案

在实际的Java EE开发中，往往采用多框架整合的方式来实现上述分层模型。最典型的就是使用本书所讲的三种主流开源框架的解决方案，如图7.4所示。

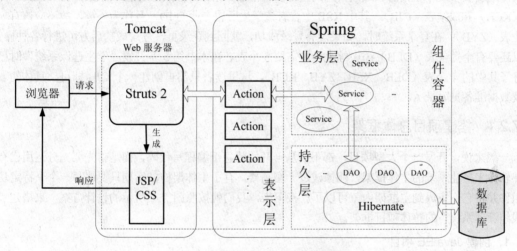

图7.4 轻量级Java EE架构实施方案

在此方案中，表示层包括Web服务器上的JSP页（可含CSS样式）、Struts 2控制器核心以及位于Spring容器中的Action模块；业务层是Service组件的集合，这些组件也都运行在Spring容器中；持久层以DAO为接口，包括DAO实现类（组件）、Hibernate框架（包括其生成的POJO类及映射文件）。

在表示层中，程序员只需编写JSP和开发Action代码块即可，控制逻辑由Struts 2自动承担（在struts.xml中配置）。

在业务层中，程序员需要编写的是各Service接口及其业务实现逻辑。

在持久层中，持久化POJO对象的生成依靠Hibernate的"反向工程"能力，程序员只要编写各DAO接口及其实现类就可以了。

整个系统的所有组件（Action、Service和DAO等）全部交付给Spring统一管理。当用户要扩充系统功能时，只需将新功能做成组件"放入"Spring容器，再适当修改前端JSP页面就可以了，丝毫不会影响到系统已有的结构和功能！

从上述实施方案可知，使用框架的最大好处不仅在于减少重复编程的工作量，缩短开发周期和降低成本，同时，还使系统架构更加明晰、合理，程序运行更加稳定、可靠。出于这些原因，基本上现在的企业级Java EE开发都会选择某些合适的框架，以达到快捷、高效的目的。

本章接下来要做的"学生成绩管理系统"就是基于图7.4所示的方案，整合三大框架开发而成的。

> 注意：
> 此处，请特别注意Java EE三层架构与第5章所讲的MVC三层结构的区别！MVC是一切Web程序（不仅Java EE）的通用开发模式，它的核心是控制器（C），通常由Struts 2担任。而上面所讲

的 Java EE 三层架构则是以组件容器（Spring）为核心的，这里控制器 Struts 2 仅仅承担表示层的控制功能。在 Java EE 三层架构中，表示层囊括了 MVC 的 V（视图）和 C（控制）两层，而业务层和持久层的各组件实际上都是 MVC 广义所谓的 M（模型），只不过在 Java EE 这种更高级的软件系统中，将 MVC 模型又按不同用途加以细分了。有兴趣的读者请将本章图 7.4 与第 5 章的图 5.4 加以对比，就能很容易地理解它们二者间的区别与联系了。

7.2　SSH2＋Service：学生成绩管理系统

本项目要实现学生信息、成绩信息的查询以及增加、删除、修改等功能，需要学生（XSB）、课程表（KCB）和成绩表（CJB）；其中 XSB 中含有该学生所属专业的 ID，且作为外键，故还应该有一个专业表（ZYB）；在登录系统时，如果没有登录成功，就回到登录页，登录成功后方可进行各种操作，所以还要有个登录表（DLB）……综上一共需要 5 个表。在本书第 5 章开发"学生选课系统"时已经建好了其中的 4 个表（DLB、XSB、ZYB、KCB），这里读者只需再创建一个 CJB 即可，具体的表结构及数据准备见附录 A。

7.2.1　搭建项目总体框架

一般来说，开发一个大型项目，都不会从一开始就急于编程写代码，而是首先要充分运用已有的成熟软件来搭建系统的主体框架，就像建造一座高楼，有了主体架构，后期只要编写一个个特定功能的组件并将它们集成到主框架内就可以了。接下来，我们就按照图 7.4 所示的设计方案，来搭建"学生成绩管理系统"的整体项目框架。

1. 创建 Java EE 项目

新建 Java EE 项目，项目命名为 xscjManage。

2. 添加 Spring 核心容器

操作同【实例八】（6.6.1 节）第（2）步，略。

3. 添加 Hibernate 框架

操作同【实例八】第（3）步，略。

4. 添加 Struts 2 框架

操作同【实例四】（3.1.2 节）的第（2）、（3）步，略。

5. 集成 Spring 与 Struts 2

步骤同【实例九】（6.6.2 节）第（5）步，略。

经由以上 5 步，"学生成绩管理系统"的主体架构就搭好了，最终形成的项目工程目录树如图 7.5 所示。

图 7.5　项目工程目录树

为使项目结构更加清晰，一般都会在 src 目录下创建一个个的包，以便分门别类地存放各种组件的源代码文件，图 7.5 中 src 下各子包放置的代码用途分别如下。

- org.action：放置对应的用户自定义的 Action 类。由 Action 类调用业务逻辑来处理用户请求，然后控制流程。
- org.dao：放置 DAO（数据访问对象）的接口，接口中的方法用来和数据库进行交互，这些方法由实现它们的类来实现。

- org.dao.imp：放置实现 DAO 接口的类。
- org.model：放置数据库表对应的 POJO 类及映射文件*.hbm.xml。
- org.service：放置业务逻辑接口。接口中的方法用来处理用户请求，这些方法由实现接口的类来实现。
- org.service.imp：放置实现业务逻辑接口的类。
- org.tool：放置公用的工具类，如分页类等。

一个 Java EE 项目往往很大，在项目开发中需要一个团队而不是一个程序员来完成。这就需要整个团队协同工作，分工进行。所以面向接口编程给团队开发提供了很大的空间，只要有了这些接口，其他程序员就可以直接调用其中的方法，不管这个接口中的方法是如何实现的。开发一个大型项目，一般要先完成持久层数据连接、实现 DAO，接着是编写业务层的业务逻辑，最后才实现表示层页面及控制逻辑。下面就按这种分层的方式来开发"学生成绩管理系统"。

7.2.2 持久层开发

1. 生成 POJO 类及映射

用 Hibernate 的"反向工程"法生成数据库表对应的 POJO 类及相应的映射文件，操作方法同【实例五】（4.1.2 节）第（3）步，在此不再赘述。不过这里要重复操作，使本项目数据库的 5 个表全部生成对应文件，当然也可以一次选中所有表一起生成。最终生成的 POJO 类及映射文件都存于项目 org.model 包下，如图 7.6 所示。

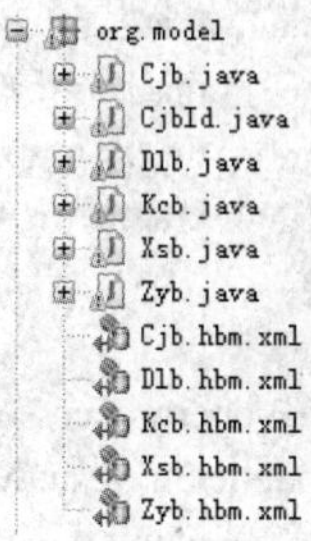

由于 CJB（成绩表）中用的是复合主键，所以会生成两个对应的 POJO，其中 CjbId 类包含两个主键，而 Cjb 类包含 CjbId 对象及其他属性。

图 7.6 生成的 POJO 类及映射

生成文件后还要对这些文件的有些部分稍作修改，以实现表之间的关联。本项目只须对 XSB 对应的类及映射修改即可，如下。

Xsb.java 代码改为：

```
package org.model;
/**
 * Xsb entity. @author MyEclipse Persistence Tools
 */
public class Xsb implements java.io.Serializable {
    //Fields
    private String xh;           //学号
    private String xm;           //姓名
    private Short xb;            //性别
    private String cssj;         //出生时间
    //private Integer zyId;
    private Integer zxf;         //总学分
    private String bz;           //备注
    private byte[] zp;           //照片类型要转换成字节数组
    private Zyb zyb;             //这里是专业的对象


    //Constructors
    /** default constructor */
```

```java
        public Xsb() {
        }
        /** minimal constructor */
        public Xsb(String xh, String xm, Short xb) {
            this.xh = xh;
            this.xm = xm;
            this.xb = xb;
            //this.zyId = zyId;
        }
        /** full constructor */
        public Xsb(String xh, String xm, Short xb, String cssj,
                Integer zxf, String bz, byte[] zp, Zyb zyb) {
            this.xh = xh;
            this.xm = xm;
            this.xb = xb;
            this.cssj = cssj;
            //this.zyId = zyId;
            this.zxf = zxf;
            this.bz = bz;
            this.zp = zp;
            this.zyb = zyb;
        }

        //Property accessors
        public String getXh() {
            return this.xh;
        }
        public void setXh(String xh) {
            this.xh = xh;
        }
        //省略其他属性的 getter/setter 方法
        …
    /*  注销 zyId 属性的 getter/setter 方法
        public Integer getZyId() {
            return this.zyId;
        }
        public void setZyId(Integer zyId) {
            this.zyId = zyId;
        }
    */
        public byte[] getZp() {
            return this.zp;
        }
        public void setZp(byte[] zp) {
            this.zp = zp;
        }
        //增加 zyb 属性的 getter/setter 方法
        public Zyb getZyb(){
            return this.zyb;
        }
```

```
    public void setZyb(Zyb zyb){
        this.zyb = zyb;
    }
}
```

以上代码中加黑部分为需要改动的部分，主要是删除了原代码中的 zyId 属性及其 getter/setter 方法，增加了 Zyb 对象类属性 zyb 及其 getter/setter 方法。另外把照片属性字段改为 byte[]型，即以字节数组的形式存储本项目学生的照片信息数据。

对应的 Xsb.hbm.xml 文件代码改为：

```xml
...
<hibernate-mapping>
    <class name="org.model.Xsb" table="XSB" schema="dbo" catalog="XSCJ">
        <id name="xh" type="java.lang.String">
            <column name="XH" length="6" />
            <generator class="assigned" />
        </id>
        <property name="xm" type="java.lang.String">
            <column name="XM" length="8" not-null="true" />
        </property>
        <property name="xb" type="java.lang.Short">
            <column name="XB" not-null="true" />
        </property>
        <property name="cssj" type="java.lang.String">
            <column name="CSSJ" />
        </property>
        <property name="zxf" type="java.lang.Integer">
            <column name="ZXF" />
        </property>
        <property name="bz" type="java.lang.String">
            <column name="BZ" length="500" />
        </property>
        <property name="zp">
            <column name="ZP" />
        </property>
        <!-- 与专业表是多对一关系 -->
        <many-to-one name="zyb" class="org.model.Zyb" fetch="select" lazy="false">
            <column name="ZY_ID"/>
        </many-to-one>
    </class>
</hibernate-mapping>
```

其中，删除了原 zyId 字段属性配置的元素，删去了 zp 字段类型（type）值，并配置学生表与专业表的多对一关系。

除 XSB 外，其余 4 个表的 POJO 类及映射文件代码均来自 Hibernate 框架的自动生成，不用作任何改动，故这里也不再一一列出。

2. 实现 DAO 接口组件

DAO 组件实现与数据库的交互，进行 CRUD 操作，完成对底层数据库的持久化访问。开发 DAO 包括定义 DAO 接口以及编写 DAO 接口的实现类（组件）两部分工作。

与之前的例子程序一样，本项目所有的 DAO 类都要继承 BaseDAO 基类，故先编写 BaseDAO 类，其代码与【实例十一】(7.1.1 节）的完全一样（不再重复列出），存放于 org.dao 包。

接下来编写本项目要用到的全部 DAO 接口及其实现类的代码，为清楚起见，我们按其应用功能逐一介绍。

（1）系统登录功能用 DAO

定义 DlDao.java 接口，代码为：

```java
package org.dao;
import org.model.*;
public interface DlDao {
    //方法：根据学号和口令查找
    public Dlb find(String xh, String kl);
}
```

其中定义了 find()方法，用于到数据库中查找和验证用户的身份。

对应实现类 DlDaoImp.java，代码如下：

```java
package org.dao.imp;
import java.util.*;
import org.dao.*;
import org.model.*;
import org.hibernate.*;
public class DlDaoImp extends BaseDAO implements DlDao{
    //实现：根据学号和口令查找
    public Dlb find(String xh, String kl){
        //查询 DLB 表中的记录
        String hql="from Dlb u where u.xh=? and u.kl=?";
        Session session=getSession();
        Query query=session.createQuery(hql);
        query.setParameter(0, xh);
        query.setParameter(1, kl);
        List users=query.list();
        Iterator it=users.iterator();
        while(it.hasNext()){
            if(users.size()!=0){
                Dlb user=(Dlb)it.next(); //创建持久化的 JavaBean 对象 user
                return user;
            }
        }
        session.close();
        return null;
    }
}
```

（2）学生信息管理功能用 DAO

学生信息管理功能包括：所有学生信息的查询（用分页列表显示）、查看某学生的详细信息、删除某学生信息、修改某学生信息以及学生信息的录入等子功能。这些子功能在 XsDao 中都提供对应的方法接口。

定义 XsDao.java 接口，代码为：

```java
package org.dao;
import java.util.*;
import org.model.*;
```

```java
public interface XsDao {
    /* 方法：学生信息查询 */
    public List findAll(int pageNow, int pageSize);        //显示所有学生信息
    public int findXsSize();                                //查询一共有多少条学生记录

    /* 方法：查看某个学生的详细信息 */
    public Xsb find(String xh);                             //根据学号查询某学生信息

    /* 方法：删除某学生信息 */
    public void delete(String xh);                          //根据学号删除学生

    /* 方法：修改某学生信息 */
    public void update(Xsb xs);                             //修改学生信息

    /* 方法：学生信息录入 */
    public void save(Xsb xs);                               //插入学生
}
```

对应实现类 XsDaoImp.java，代码如下：

```java
package org.dao.imp;
import java.util.*;
import org.dao.*;
import org.model.*;
import org.hibernate.*;
public class XsDaoImp extends BaseDAO implements XsDao{
    /* 实现：学生信息查询 */
    public List findAll(int pageNow, int pageSize){          //显示所有学生信息
        try{
            Session session=getSession();
            Transaction ts=session.beginTransaction();
            Query query=session.createQuery("from Xsb order by xh");
            int firstResult=(pageNow-1)*pageSize;
            query.setFirstResult(firstResult);
            query.setMaxResults(pageSize);
            List list=query.list();
            ts.commit();
            session.close();
            session=null;
            return list;
        }catch(Exception e){
            e.printStackTrace();
            return null;
        }
    }
    public int findXsSize(){                                 //查询一共有多少条学生记录
        try{
            Session session=getSession();
            Transaction ts=session.beginTransaction();
            return session.createQuery("from Xsb").list().size();
        }catch(Exception e){
            e.printStackTrace();
```

```java
            return 0;
        }
    }
    /* 实现：查看某个学生的详细信息 */
    public Xsb find(String xh){                          //根据学号查询某学生信息
        try{
            Session session=getSession();
            Transaction ts=session.beginTransaction();
            Query query=session.createQuery("from Xsb where xh=?");
            query.setParameter(0, xh);
            query.setMaxResults(1);
            Xsb xs=(Xsb)query.uniqueResult();
            ts.commit();
            session.clear();
            return xs;
        }catch(Exception e){
            e.printStackTrace();
            return null;
        }
    }
    /* 实现：删除某学生信息 */
    public void delete(String xh){                       //根据学号删除学生
        try{
            Session session=getSession();
            Transaction ts=session.beginTransaction();
            Xsb xs=find(xh);
            session.delete(xs);
            ts.commit();
            session.close();
        }catch(Exception e){
            e.printStackTrace();
        }
    }
    /* 实现：修改某学生信息 */
    public void update(Xsb xs){                          //修改学生信息
        try{
            Session session=getSession();
            Transaction ts=session.beginTransaction();
            session.update(xs);
            ts.commit();
            session.close();
        }catch(Exception e){
            e.printStackTrace();
        }
    }
    /* 实现：学生信息录入 */
    public void save(Xsb xs){                            //插入学生
        try{
            Session session=getSession();
            Transaction ts=session.beginTransaction();
            session.save(xs);
```

```
                ts.commit();
                session.close();
        }catch(Exception e){
                e.printStackTrace();
        }
    }
}
```

因在页面上显示学生信息时，必须同时显示该生所在的专业名；而修改（或录入）学生信息时系统也必须提供"专业"下拉列表栏以供用户选择，故还需要开发 ZYB（专业表）对应的 DAO 接口及其实现类，如下。

定义 ZyDao.java 接口，代码为：

```
package org.dao;
import org.model.*;
import java.util.*;
public interface ZyDao {
    /* 方法：学生信息查询 */
    public Zyb getOneZy(Integer zyId);        //根据专业 ID 查找专业信息

    /* 方法：修改某学生信息 */
    public List getAll();                     //查找所有专业信息（为加载专业下拉列表用）
}
```

> **注意：**
> /*…*/间的注释是为了标出该方法对应是在哪个学生信息管理子功能的实现中要用到的，而非该方法本身的功能（方法本身之功能在方法声明后以//注释）。例如，"/* 方法：学生信息查询 */"表示 getOneZy()方法在"学生信息查询"功能的实现中被调用，而该方法本身的功能则是"根据专业 ID 查找专业信息"。在后面其他 DAO 的开发中，若无特别说明，都遵循这样的约定。

对应实现类 ZyDaoImp.java，代码如下：

```
package org.dao.imp;
import java.util.*;
import org.dao.*;
import org.hibernate.*;
import org.model.*;
public class ZyDaoImp extends BaseDAO implements ZyDao{
    /* 实现：学生信息查询 */
    public Zyb getOneZy(Integer zyId){           //根据专业 ID 查找专业信息
        try{
            Session session=getSession();
            Transaction ts=session.beginTransaction();
            Query query=session.createQuery("from Zyb where id=?");
            query.setParameter(0, zyId);
            query.setMaxResults(1);
            return (Zyb)query.uniqueResult();
        }catch(Exception e){
            e.printStackTrace();
            return null;
        }
    }
```

```
        /* 实现：修改某学生信息 */
        public List getAll(){                              //查找所有专业信息（为加载专业下拉列表用）
            try{
                Session session=getSession();
                Transaction ts=session.beginTransaction();
                List list=session.createQuery("from Zyb").list();
                ts.commit();
                session.close();
                return list;
            }catch(Exception e){
                e.printStackTrace();
                return null;
            }
        }
}
```

（3）学生成绩管理功能用 DAO

学生成绩管理功能包括：成绩信息录入、学生成绩查询、查看某个学生的成绩表以及删除学生成绩等子功能。这些子功能在 CjDao 中都提供对应的方法接口。

定义 CjDao.java 接口，代码为：

```
package org.dao;
import java.util.*;
import org.model.*;
public interface CjDao {
        /* 方法：成绩信息录入 */
        public Cjb getXsCj(String xh, String kch);         //根据学号和课程号查询学生成绩
        public void saveorupdateCj(Cjb cj);                //录入学生成绩

        /* 方法：学生成绩查询 */
        public List findAllCj(int pageNow, int pageSize);  //分页显示所有学生成绩
        public int findCjSize();                           //查询一共有多少条成绩记录

        /* 方法：查看某个学生的成绩表 */
        public List getXsCjList(String xh);                //获取某学生的成绩列表

        /* 方法：删除学生成绩 */
        public void deleteCj(String xh, String kch);       //根据学号和课程号删除学生成绩
        public void deleteOneXsCj(String xh);              //删除某学生的成绩（在删除该生信息时对应删除）
}
```

对应实现类 CjDaoImp.java，代码如下：

```
package org.dao.imp;
import java.util.*;
import org.dao.*;
import org.hibernate.*;
import org.model.*;
public class CjDaoImp extends BaseDAO implements CjDao{
        /* 实现：成绩信息录入 */
        public Cjb getXsCj(String xh, String kch){         //根据学号和课程号查询学生成绩
            CjbId cjbId=new CjbId();
            cjbId.setXh(xh);
            cjbId.setKch(kch);
```

```java
        Session session=getSession();
        Transaction ts=session.beginTransaction();
        return (Cjb)session.get(Cjb.class, cjbId);
    }
    public void saveorupdateCj(Cjb cj){                //录入学生成绩
        Session session=getSession();
        Transaction ts=session.beginTransaction();
        session.saveOrUpdate(cj);
        ts.commit();
        session.close();
    }
    /* 实现：学生成绩查询 */
    public List findAllCj(int pageNow, int pageSize){  //分页显示所有学生成绩
        Session session=getSession();
        Transaction ts=session.beginTransaction();
        Query query=session.createQuery("SELECT c.id.xh,a.xm,b.kcm,c.cj,c.xf,c.id.kch FROM Xsb a,
                Kcb b,Cjb c WHERE a.xh=c.id.xh AND b.kch=c.id.kch");
        query.setFirstResult((pageNow-1)*pageSize);     //分页从记录开始查找
        query.setMaxResults(pageSize);                  //查找到的最大条数
        List list=query.list();
        ts.commit();
        session.close();
        return list;
    }
    public int findCjSize(){                           //查询一共有多少条成绩记录
        try{
            Session session=getSession();
            Transaction ts=session.beginTransaction();
            return session.createQuery("from Cjb").list().size();
        }catch(Exception e){
            e.printStackTrace();
            return 0;
        }
    }
    /* 实现：查看某个学生的成绩表 */
    public List getXsCjList(String xh){                //获取某学生的成绩列表
        Session session=getSession();
        Transaction ts=session.beginTransaction();
        Query query=session.createQuery("SELECT c.id.xh,a.xm,b.kcm,c.cj,c.xf FROM Xsb a,Kcb b,Cjb c
                WHERE c.id.xh=? AND a.xh=c.id.xh AND b.kch=c.id.kch");
        query.setParameter(0, xh);
        List list=query.list();
        ts.commit();
        session.close();
        return list;
    }
    /* 实现：删除学生成绩 */
    public void deleteCj(String xh, String kch){       //根据学号和课程号删除学生成绩
        try{
            Session session=getSession();
            Transaction ts=session.beginTransaction();
```

```
                session.delete(getXsCj(xh, kch));
                ts.commit();
                session.close();
            }catch(Exception e){
                e.printStackTrace();
            }
        }
        public void deleteOneXsCj(String xh){          //删除某学生的成绩（在删除该生信息时对应删除）
            try{
                Session session=getSession();
                Transaction ts=session.beginTransaction();
                session.delete(getXsCjList(xh));
                ts.commit();
                session.close();
            }catch(Exception e){
                e.printStackTrace();
            }
        }
    }
```

因在录入成绩时系统必须提供"课程"下拉列表栏以供用户选择；在页面上显示成绩表时，必须同时显示对应的课程名，故还需要开发 KCB（课程表）对应的 DAO 接口及其实现类，如下。

定义 KcDao.java 接口，代码为：

```
package org.dao;
import java.util.*;
import org.model.*;
public interface KcDao {
    /* 方法：成绩信息录入 */
    public List findAll(int pageNow, int pageSize);       //查询所有课程信息
    public int findKcSize();                              //查询一共有多少条课程记录
    public Kcb find(String kch);                          //根据课程号查找课程信息
}
```

对应实现类 KcDaoImp.java，代码如下：

```
package org.dao.imp;
import java.util.List;
import org.dao.*;
import org.hibernate.*;
import org.model.*;
public class KcDaoImp extends BaseDAO implements KcDao{
    /* 实现：成绩信息录入 */
    public List findAll(int pageNow, int pageSize){       //查询所有课程信息
        Session session=getSession();
        Transaction ts=session.beginTransaction();
        Query query=session.createQuery("from Kcb");
        int firstResult=(pageNow-1)*pageSize;
        query.setFirstResult(firstResult);
        query.setMaxResults(pageSize);
        List list=query.list();
        ts.commit();
        session.close();
```

```
                session=null;
                return list;
        }
        public int findKcSize(){                              //查询一共有多少条课程记录
                Session session=getSession();
                Transaction ts=session.beginTransaction();
                return session.createQuery("from Kcb").list().size();
        }
        public Kcb find(String kch){                          //根据课程号查找课程信息
                try{
                        Session session=getSession();
                        Transaction ts=session.beginTransaction();
                        Query query=session.createQuery("from Kcb where kch=?");
                        query.setParameter(0, kch);
                        query.setMaxResults(1);
                        Kcb kc=(Kcb)query.uniqueResult();
                        ts.commit();
                        session.clear();                       //清除缓存
                        return kc;
                }catch(Exception e){
                        e.printStackTrace();
                        return null;
                }
        }
}
```

至此，持久层开发完成。

7.2.3 业务层开发

业务层（又叫业务逻辑层），是由一个个业务逻辑接口及组件（Service）构成的。业务逻辑组件直接为控制器（Action）提供服务，它依赖于持久层的 DAO 组件，是对 DAO 的进一步封装。通过这种封装，让控制器无须访问下层 DAO 的方法，而是调用面向应用的业务逻辑方法，彻底地屏蔽了下层的数据操作，使得其上层（表示层）开发人员可以把主要精力放在编程解决实际的应用问题上。

下面按功能列举本项目用到的业务逻辑接口及实现类，如下。

1. 系统登录功能用 Service

定义 DlService.java 接口，代码为：

```
package org.service;
import org.model.*;
public interface DlService {
        //服务：根据学号和口令查找
        public Dlb find(String xh, String kl);
}
```

对应实现类 DlServiceManage.java，代码如下：

```
package org.service.imp;
import org.dao.*;
import org.service.*;
```

```
import org.model.*;
public class DlServiceManage implements DlService{
    private DlDao dlDao;                    //对 DlDao 进行依赖注入
    //业务实现：根据学号和口令查找
    public Dlb find(String xh, String kl){
        return dlDao.find(xh, kl);
    }
    //DlDao 的 getter/setter 方法
    ...
}
```

由于登录功能比较简单，这里只是对前面 DAO（DlDao 接口）中的 find() 方法进行了一下简单包装。

2. 学生信息管理功能用 Service

定义 XsService.java 接口，代码为：

```
package org.service;
import java.util.*;
import org.model.*;
public interface XsService {
    /* 服务：学生信息查询 */
    public List findAll(int pageNow, int pageSize);    //显示所有学生信息
    public int findXsSize();                            //查询一共有多少条学生记录

    /* 服务：查看某个学生的详细信息 */
    public Xsb find(String xh);                         //根据学号查询某学生信息

    /* 服务：删除某学生信息 */
    public void delete(String xh);                      //根据学号删除学生

    /* 服务：修改某学生信息 */
    public void update(Xsb xs);                         //修改学生信息

    /* 服务：学生信息录入 */
    public void save(Xsb xs);                           //插入学生
}
```

比照前面 DAO（XsDao 接口）中的诸方法，可以发现它们是相对应的，在这里被包装为一个个"服务"。

对应实现类 XsServiceManage.java，代码如下：

```
package org.service.imp;
import java.util.*;
import org.dao.*;
import org.service.*;
import org.model.*;
public class XsServiceManage implements XsService{
    //对 XsDao 和 CjDao 进行依赖注入
    private XsDao xsDao;
    private CjDao cjDao;
    /* 业务实现：学生信息查询 */
    public List findAll(int pageNow, int pageSize){     //显示所有学生信息
        return xsDao.findAll(pageNow, pageSize);
```

```
    }
    public int findXsSize(){                    //查询一共有多少条学生记录
        return xsDao.findXsSize();
    }
    /* 业务实现：查看某个学生的详细信息 */
    public Xsb find(String xh){                 //根据学号查询某学生信息
        return xsDao.find(xh);
    }
    /* 业务实现：删除某学生信息 */
    public void delete(String xh){              //根据学号删除学生
        xsDao.delete(xh);
        cjDao.deleteOneXsCj(xh);                //删除学生的同时要删除该生对应的成绩
    }
    /* 业务实现：修改某学生信息 */
    public void update(Xsb xs){                 //修改学生信息
        xsDao.update(xs);
    }
    /* 业务实现：学生信息录入 */
    public void save(Xsb xs){                   //插入学生
        xsDao.save(xs);
    }
    //省略 XsDao 和 CjDao 的 getter/setter 方法
    …
}
```

可见，由于之前开发好了 DAO 持久层，业务实现基本上都只要直接调用 DAO（XsDao 和 CjDao 接口）里定义好了的方法即可，非常方便。

因在页面上显示、修改和录入学生信息时，系统需要调用 ZYB（专业表）对应 DAO 接口中的方法，故这里也要将 ZyDao 接口及实现类包装为业务逻辑，如下。

定义 ZyService.java 接口，代码为：

```
package org.service;
import java.util.*;
import org.model.*;
public interface ZyService {
    /* 服务：学生信息查询 */
    public Zyb getOneZy(Integer zyId);          //根据专业 ID 查找专业信息

    /* 服务：修改某学生信息 */
    public List getAll();                       //查找所有专业信息（为加载专业下拉列表用）
}
```

这里，注释"/* 服务：…*/"同样也是标示该服务对应在哪个学生信息管理子功能的实现中要用到，而非该服务本身的功能（服务本身之功能在后面以//注释）。

对应实现类 ZyServiceManage.java，代码如下：

```
package org.service.imp;
import java.util.*;
import org.dao.*;
import org.service.*;
import org.model.*;
public class ZyServiceManage implements ZyService{
```

```java
        private ZyDao zyDao;                              //对 ZyDao 进行依赖注入
        /* 业务实现：学生信息查询 */
        public Zyb getOneZy(Integer zyId){                //根据专业 ID 查找专业信息
            return zyDao.getOneZy(zyId);
        }
        /* 业务实现：修改某学生信息 */
        public List getAll(){                             //查找所有专业信息（为加载专业下拉列表用）
            return zyDao.getAll();
        }
        //省略 ZyDao 的 getter/setter 方法
        …
}
```

3. 学生成绩管理功能用 Service

成绩管理功能主要调用 CjDao 中提供的方法接口，将它们包装成对应的业务逻辑即可，如下。
定义 CjService.java 接口，代码为：

```java
package org.service;
import java.util.*;
import org.model.*;
public interface CjService {
        /* 服务：成绩信息录入 */
        public Cjb getXsCj(String xh, String kch);         //根据学号和课程号查询学生成绩
        public void saveorupdateCj(Cjb cj);                //录入学生成绩

        /* 服务：学生成绩查询 */
        public List findAllCj(int pageNow, int pageSize);  //分页显示所有学生成绩
        public int findCjSize();                           //查询一共有多少条成绩记录

        /* 服务：查看某个学生的成绩表 */
        public List getXsCjList(String xh);                //获取某学生的成绩列表

        /* 服务：删除学生成绩 */
        public void deleteCj(String xh, String kch);       //根据学号和课程号删除学生成绩
        public void deleteOneXsCj(String xh);              //删除某学生的成绩（在删除该生信息时对应删除）
}
```

对应实现类 CjServiceManage.java，代码如下：

```java
package org.service.imp;
import java.util.*;
import org.dao.*;
import org.service.*;
import org.model.*;
public class CjServiceManage implements CjService{
        private CjDao cjDao;                               //对 CjDao 进行依赖注入
        /* 业务实现：成绩信息录入 */
        public Cjb getXsCj(String xh, String kch){         //根据学号和课程号查询学生成绩
            return cjDao.getXsCj(xh, kch);
        }
        public void saveorupdateCj(Cjb cj){                //录入学生成绩
            cjDao.saveorupdateCj(cj);
```

```java
        }
        /* 业务实现：学生成绩查询 */
        public List findAllCj(int pageNow, int pageSize){      //分页显示所有学生成绩
            return cjDao.findAllCj(pageNow, pageSize);
        }
        public int findCjSize(){                                //查询一共有多少条成绩记录
            return cjDao.findCjSize();
        }
        /* 业务实现：查看某个学生的成绩表 */
        public List getXsCjList(String xh){                     //获取某学生的成绩列表
            return cjDao.getXsCjList(xh);
        }
        /* 业务实现：删除学生成绩 */
        public void deleteCj(String xh, String kch){            //根据学号和课程号删除学生成绩
            cjDao.deleteCj(xh, kch);
        }
        public void deleteOneXsCj(String xh){                   //删除某学生的成绩（在删除该生信息时对应删除）
            cjDao.deleteOneXsCj(xh);
        }
        //省略 CjDao 的 getter/setter 方法
        …
}
```

因在录入成绩、显示成绩表时，系统需要调用 KCB（课程表）对应 DAO 接口中的方法，故这里也要将 KcDao 接口及实现类包装为业务逻辑，如下。

定义 KcService.java 接口，代码为：

```java
package org.service;
import java.util.*;
import org.model.*;
public interface KcService {
    /* 服务：成绩信息录入 */
    public List findAll(int pageNow, int pageSize);     //查询所有课程信息
    public int findKcSize();                             //查询一共有多少条课程记录
    public Kcb find(String kch);                         //根据课程号查找课程信息
}
```

对应实现类 KcServiceManage.java，代码如下：

```java
package org.service.imp;
import java.util.*;
import org.dao.*;
import org.service.*;
import org.model.*;
public class KcServiceManage implements KcService{
    private KcDao kcDao;                                //对 KcDao 进行依赖注入
    /* 业务实现：成绩信息录入 */
    public List findAll(int pageNow, int pageSize){     //查询所有课程信息
        return kcDao.findAll(pageNow, pageSize);
    }
    public int findKcSize(){                             //查询一共有多少条课程记录
        return kcDao.findKcSize();
    }
```

```java
    public Kcb find(String kch){                    //根据课程号查找课程信息
        return kcDao.find(kch);
    }
    //省略 KcDao 的 getter/setter 方法
    …
}
```

到此为止,业务层开发基本完成了。下面将开发表示层。

7.2.4 表示层开发

表示层是 Java EE 应用的最上层,也是最贴近用户使用体验的一层。表示层开发人员直接使用后台程序员开发好了的业务层服务和持久层接口,实现面向特定应用的功能。

1. 分页实现

从前面的方法可以看出,本项目在显示所有学生信息及成绩表时运用了分页技术,在查询结果中,一般要有首页、前一页、后一页及尾页,所以这里要先写一个 Pager.java 类,实现页面分页操作。代码如下:

```java
package org.tool;                          //该文件放在这个包中
public class Pager {
    private int pageNow;                   //当前页数
    private int pageSize = 8;              //每页显示多少条记录
    private int totalPage;                 //共有多少页
    private int totalSize;                 //一共有多少条记录
    private boolean hasFirst;              //是否有首页
    private boolean hasPre;                //是否有前一页
    private boolean hasNext;               //是否有下一页
    private boolean hasLast;               //是否有最后一页

    public Pager(int pageNow, int totalSize){
        //利用构造方法为变量赋值
        this.pageNow = pageNow;
        this.totalSize = totalSize;
    }

    public int getPageNow() {
        return pageNow;
    }
    public void setPageNow(int pageNow) {
        this.pageNow = pageNow;
    }

    public int getPageSize() {
        return pageSize;
    }
    public void setPageSize(int pageSize) {
        this.pageSize = pageSize;
    }

    public int getTotalPage() {            //一共有多少页的算法
        totalPage=getTotalSize()/getPageSize();
        if(totalSize%pageSize!=0)
```

```java
            totalPage++;
        return totalPage;
    }
    public void setTotalPage(int totalPage) {
        this.totalPage = totalPage;
    }

    public int getTotalSize() {
        return totalSize;
    }
    public void setTotalSize(int totalSize) {
        this.totalSize = totalSize;
    }

    public boolean isHasFirst() {
        if(pageNow==1)                    //如果当前为第一页就没有首页
            return false;
        else
            return true;
    }
    public void setHasFirst(boolean hasFirst) {
        this.hasFirst = hasFirst;
    }

    public boolean isHasPre() {
        if(this.isHasFirst())             //如果有首页就有前一页,因为有首页表明其不是第一页
            return true;
        else
            return false;
    }
    public void setHasPre(boolean hasPre) {
        this.hasPre = hasPre;
    }

    public boolean isHasNext() {
        if(isHasLast())                   //如果有尾页就有下一页,因为有尾页表明其不是最后一页
            return true;
        else
            return false;
    }
    public void setHasNext(boolean hasNext) {
        this.hasNext = hasNext;
    }

    public boolean isHasLast() {
        if(pageNow==this.getTotalPage())  //如果不是最后一页就有尾页
            return false;
        else
            return true;
    }
    public void setHasLast(boolean hasLast) {
        this.hasLast = hasLast;
    }
}
```

2. 主界面设计

学生成绩管理系统运行后，首先出现的是如图 7.7 所示的主界面。

它分为 4 部分，分别是：头部（head.jsp）、左边部分（left.jsp）、右边部分（待载入）和尾部（foot.jsp），用 main.jsp 把它们整合在一起。其中，头部和尾部为固定图片；左边部分的实现是用图片做的超链接，读者可以到本书指定的网站下载源代码，里面包含了这些图片（在项目 WebRoot 的 images 文件夹下）；而右边部分则在系统运行时根据实际情况载入特定的网页（初始为登录页 login.jsp）。

（1）页面头部

头部 head.jsp 代码如下：

```
<%@ page language="java" pageEncoding="UTF-8"%>
<html>
<head>
    <title>学生成绩管理系统</title>
</head>
<body bgcolor="#D9DFAA">
    <img src="images/head.gif"/>
</body>
</html>
```

其中，head.gif 为网站标头图片文件名，在项目 WebRoot 下创建 images 文件夹，将图片资源放进去，刷新项目即可，注意文件名与 JSP 源码中的要一致，下同。

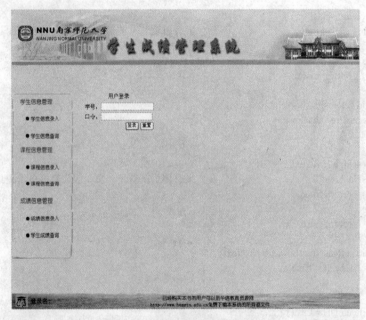

图 7.7　系统初始运行的主界面

（2）页面左部

左边部分 left.jsp 代码如下：

```
<%@ page language="java" pageEncoding="UTF-8"%>
<html>
<head>
    <title>学生成绩管理系统</title>
```

```html
</head>
<body bgcolor="#D9DFAA" link="#D9DFAA" vlink="#D9DFAA">
    <table border="0" cellpadding="0" cellspacing="0">
        <tr>
            <td>
                <img src="images/xsInfo.gif" width="184" height="47" />
            </td>
        </tr>
        <tr>
            <td>
                <a href="addXsView.action" target="right">
                    <img src="images/addXs.gif" width="184" height="40" />
                </a>
            </td>
        </tr>
        <tr>
            <td>
                <a href="xsInfo.action" target="right">
                    <img src="images/findXs.gif" width="184" height="40"/>
                </a>
            </td>
        </tr>
        <tr>
            <td>
                <img src="images/kcInfo.gif" width="184" height="40" />
            </td>
        </tr>
        <tr>
            <td>
                <a href="#" target="right">
                    <img src="images/addKc.gif" width="184" height="39" />
                </a>
            </td>
        </tr>
        <tr>
            <td>
                <a href="#" target="right">
                    <img src="images/findKc.gif" width="184" height="47" />
                </a>
            </td>
        </tr>
        <tr>
            <td>
                <img src="images/cjInfo.gif" width="184" height="40"/>
            </td>
        </tr>
        <tr>
            <td>
                <a href="addXscjView.action" target="right">
                    <img src="images/addCj.gif" width="184" height="40" />
                </a>
```

```
                </td>
            </tr>
            <tr>
                <td>
                    <a href="xscjInfo.action" target="right">
                        <img src="images/findCj.gif" width="184" height="40"/>
                    </a>
                </td>
            </tr>
            <tr>
                <td>
                    <img src="images/bottom.gif" width="184" height="40"/>
                </td>
            </tr>
        </table>
    </body>
</html>
```

上段代码中加黑部分为图片超链接所指向的 Action，其实现代码在稍后的功能开发中会给出。

（3）页面尾部

尾部 foot.jsp 代码如下：

```
<%@ page language="java" pageEncoding="UTF-8"%>
<html>
<head>
    <title>学生成绩管理系统</title>
</head>
<body bgcolor="#D9DFAA">
    <img src="images/foot.gif"/>
</body>
</html>
```

（4）主页框架

主页面框架 main.jsp 代码如下：

```
<%@ page language="java" pageEncoding="UTF-8"%>
<html>
<head>
    <title>学生成绩管理系统</title>
</head>
<frameset rows="25.5%,65.5%,*" border="0">
    <frame src="head.jsp">
    <frameset cols="15%,*">
        <frame src="left.jsp">
        <frame src="login.jsp" name="right">
    </frameset>
    <frame src="foot.jsp">
</frameset>
<body></body>
</html>
```

加黑的 login.jsp 为登录页，作为系统主界面右边部分的初始载入页，用户必须先登录后才能使用系统其他功能。

3. 登录功能实现

（1）登录首页

下面是登录首页 login.jsp 的代码：

```jsp
<%@ page language="java" pageEncoding="UTF-8"%>
<%@ taglib prefix="s" uri="/struts-tags"%>
<html>
<head>
        <title>学生成绩管理系统</title>
</head>
<body bgcolor="#D9DFAA">
<s:form action="login" method="post" theme="simple">
<table>
        <caption>用户登录</caption>
        <tr>
                <td>
                        学号：<s:textfield name="dl.xh" size="20"/>
                </td>
        </tr>
        <tr>
                <td>
                        口令：<s:password name="dl.kl" size="21"/>
                </td>
        </tr>
        <tr>
                <td align="right">
                        <s:submit value="登录"/>
                        <s:reset value="重置"/>
                </td>
        </tr>
</table>
</s:form>
</body>
</html>
```

（2）编写、配置 Action 模块

登录首页提交给了一个名为 login 的 Action，下面就来实现这个 Action 程序模块，在 src 下的 org.action 包中创建 DlAction 类，编写 DlAction.java 代码如下：

```java
package org.action;
import java.util.*;
import org.model.*;
import org.service.*;
import com.opensymphony.xwork2.*;
public class DlAction extends ActionSupport{
    private Dlb dl;
    protected DlService dlService;
    //处理用户请求的 execute 方法
    public String execute() throws Exception{
        boolean validated=false;                                    //验证成功标识
        Map session=ActionContext.getContext().getSession();   //获得会话对象,用来保存当前登录用户的信息
```

```
                Dlb dl1=null;
                //先获得 Dlb 对象,如果是第一次访问该页,用户对象肯定为空,但如果是第二次甚至是第三次,
                //就直接登录主页而无须再次重复验证该用户的信息
                dl1=(Dlb)session.get("dl");
                //如果用户是第一次进入,会话中尚未存储 dl1 持久化对象,故为 null
                if(dl1==null){
                    dl1=dlService.find(dl.getXh(), dl.getKl());
                    if(dl1!=null){
                        session.put("dl", dl1);        //把 dl1 对象存储在会话中
                        validated=true;                //标识为 true 表示验证成功通过
                    }
                }
                else{
                    validated=true;        //该用户在之前已登录过并成功验证,故标识为 true 表示无须再验证了
                }
                if(validated){
                    //验证成功返回字符串 "success"
                    return SUCCESS;
                }
                else{
                    //验证失败返回字符串 "error"
                    return ERROR;
                }
            }
            //省略 dl 和 dlService 的 getter/setter 方法
            …
        }
```

可见,这个 Action 的实现原理与本书贯穿各章节的登录实例程序的基本原理是完全一样的。在 src 下创建 struts.xml 文件,在其中配置:

```
…
<struts>
    <package name="default" extends="struts-default">
        <!-- 用户登录 -->
        <action name="login" class="dl">
            <result name="success">/welcome.jsp</result>
            <result name="error">/error.jsp</result>
        </action>
    </package>
</struts>
```

(3)编写 JSP

登录成功后的欢迎界面 welcome.jsp,代码如下:

```
<%@ page language="java" pageEncoding="UTF-8"%>
<%@ taglib prefix="s" uri="/struts-tags"%>
<html>
<head></head>
<body bgcolor="#D9DFAA">
    <s:set name="dl" value="#session['dl']"/>
    学号<s:property value="#dl.xh"/>登录成功!欢迎使用学生成绩管理系统。
```

若登录失败则转到出错页 error.jsp，代码如下：

```jsp
<%@ page language="java" pageEncoding="UTF-8"%>
<html>
<head></head>
<body bgcolor="#D9DFAA">
    登录失败！单击<a href="login.jsp">这里</a>返回
</body>
</html>
```

用户可单击此页上"这里"链接返回到登录页重新登录。

至此，登录功能代码编写完成，但还需要对该功能所涉及的各个组件进行注册。

（4）注册组件

在 applicationContext.xml 文件中加入注册信息，代码如下：

```xml
<bean id="baseDAO" class="org.dao.BaseDAO">
    <property name="sessionFactory" ref="sessionFactory"/>
</bean>
<bean id="dlDao" class="org.dao.imp.DlDaoImp" parent="baseDAO"/>
<bean id="dlService" class="org.service.imp.DlServiceManage">
    <property name="dlDao" ref="dlDao"/>
</bean>
<bean id="dl" class="org.action.DlAction">
    <property name="dlService" ref="dlService"/>
</bean>
```

这样登录功能就完成了。

（5）测试功能

部署运行程序，在页面上输入学号和口令，单击【登录】按钮，出现欢迎页面，如图 7.8 所示。

图 7.8　登录功能演示

4．"显示所有学生信息"功能实现

（1）编写、配置 Action 模块

在 left.jsp 中有一个"学生信息查询"超链接，如果登录后单击它，就会提交给 xsInfo.action 去处理，下面就来实现这个 Action。

在 src 下的 org.action 包中创建 XsAction 类，编写 XsAction.java 代码如下：

```java
package org.action;
import java.util.*;
import java.io.*;
import org.model.*;
import org.service.*;
import org.tool.*;
import com.opensymphony.xwork2.*;
import javax.servlet.*;
import javax.servlet.http.*;
import org.apache.struts2.*;
public class XsAction extends ActionSupport{
    private int pageNow = 1;
    private int pageSize = 8;
    private Xsb xs;
    private XsService xsService;
    /* Action 模块：修改某学生信息 */
    private ZyService zyService;                //用于查找所有专业信息以加载专业下拉列表
    private File zpFile;                        //用于获取照片文件
    /* Action 模块：学生信息录入 */
    private List list;                          //存放专业集合
    /* Action 模块：学生信息查询 */
    public String execute() throws Exception{   //显示所有学生信息
        List list=xsService.findAll(pageNow,pageSize);
        Map request=(Map)ActionContext.getContext().get("request");
        Pager page=new Pager(getPageNow(),xsService.findXsSize());
        request.put("list", list);
        request.put("page", page);
        return SUCCESS;
    }

    public Xsb getXs(){
        return xs;
    }
    public void setXs(Xsb xs){
        this.xs = xs;
    }

    public XsService getXsService(){
        return xsService;
    }
    public void setXsService(XsService xsService){
        this.xsService = xsService;
    }

    /* Action 模块：修改某学生信息 */
    public ZyService getZyService(){
        return zyService;
    }
    public void setZyService(ZyService zyService){
        this.zyService = zyService;
    }
```

```java
        public File getZpFile(){
            return zpFile;
        }
        public void setZpFile(File zpFile){
            this.zpFile = zpFile;
        }
        //
        /* Action 模块：学生信息录入 */
        public List getList(){
            return zyService.getAll();              //返回专业的集合
        }
        public void setList(List list){
            this.list = list;
        }
        //
        public int getPageNow(){
            return pageNow;
        }
        public void setPageNow(int pageNow){
            this.pageNow = pageNow;
        }

        public int getPageSize(){
            return pageSize;
        }
        public void setPageSize(int pageSize){
            this.pageSize = pageSize;
        }
}
```

> **说明：**
> 因本项目所有与学生信息有关的操作（查询、删除、修改、录入等）都是统一由 XsAction 类中的方法来实现的，而在实现不同功能模块时，有的需要在 Action 中再增加定义一些属性及 getter/setter 方法。为了方便读者编程练习，以上 XsAction 类代码将整个项目要用到的全部属性及 getter/setter 方法一次性地全部给出，并用形如"/* Action 模块：…*/"的注释清楚地说明这个属性是在后面的哪一个功能模块中用到的，于是后面在介绍相应功能模块的实现代码时，只给出其主方法的源代码，不再罗列 Action 中新加入的属性代码语句。

在 struts.xml 文件中配置：

```xml
<!-- 显示所有学生信息 -->
<action name="xsInfo" class="xs">
        <result name="success">/xsInfo.jsp</result>
</action>
```

（2）编写 JSP

成功后跳转到 xsInfo.jsp，分页显示所有学生信息，代码如下：

```jsp
<%@ page language="java" pageEncoding="UTF-8"%>
<%@ taglib uri="/struts-tags" prefix="s"%>
<html>
```

```html
<head></head>
<body bgcolor="#D9DFAA">
    <table border="1" cellspacing="1" cellpadding="8" width="700">
        <tr align="center" bgcolor="silver">
            <th>学号</th><th>姓名</th><th>性别</th><th>专业</th><th>出生时间</th><th>总学分
            </th><th>详细信息</th><th>操作</th><th>操作</th>
        </tr>
        <s:iterator value="#request.list" id="xs">
        <tr>
            <td><s:property value="#xs.xh"/></td>
            <td><s:property value="#xs.xm"/></td>
            <td>
                <s:if test="#xs.xb==1">男</s:if>
                <s:else>女</s:else>
            </td>
            <td><s:property value="#xs.zyb.zym"/></td>
            <td><s:property value="#xs.cssj"/></td>
            <td><s:property value="#xs.zxf"/></td>
            <td>
                <a href="findXs.action?xs.xh=<s:property value="#xs.xh"/>">详细信息</a>
            </td>
            <td>
                <a href="deleteXs.action?xs.xh=<s:property value="#xs.xh"/>" onClick="if(!confirm
                    ('确定删除该生信息吗？'))return false;else return true;">删除</a>
            </td>
            <td>
                <a href="updateXsView.action?xs.xh=<s:property value="#xs.xh"/>">修改</a>
            </td>
        </tr>
        </s:iterator>
        <tr>
            <s:set name="page" value="#request.page"></s:set>
            <s:if test="#page.hasFirst">
                <s:a href="xsInfo.action?pageNow=1">首页</s:a>
            </s:if>
            <s:if test="#page.hasPre">
                <a href="xsInfo.action?pageNow=<s:property value="#page.pageNow-1"/>">上一页</a>
            </s:if>
            <s:if test="#page.hasNext">
                <a href="xsInfo.action?pageNow=<s:property value="#page.pageNow+1"/>">下一页</a>
            </s:if>
            <s:if test="#page.hasLast">
                <a href="xsInfo.action?pageNow=<s:property value="#page.totalPage"/>">尾页</a>
            </s:if>
        </tr>
    </table>
</body>
</html>
```

（3）注册组件

XsAction 类也是由 Spring 管理的，在 applicationContext.xml 文件中加入如下的注册信息：

```xml
<bean id="xsDao" class="org.dao.imp.XsDaoImp" parent="baseDAO"/>
<bean id="zyDao" class="org.dao.imp.ZyDaoImp" parent="baseDAO"/>
<bean id="xsService" class="org.service.imp.XsServiceManage">
```

```xml
        <property name="xsDao" ref="xsDao"/>
    </bean>
    <bean id="zyService" class="org.service.imp.ZyServiceManage">
        <property name="zyDao" ref="zyDao"/>
    </bean>
    <bean id="xs" class="org.action.XsAction">
        <property name="xsService" ref="xsService"/>
        <property name="zyService" ref="zyService"/>
    </bean>
```

在 XsAction 类中，实现修改、录入学生信息功能时用到了专业信息的业务逻辑，所以这里先列出，后面用到时就不必列举了。

（4）测试功能

部署运行程序，登录后单击页面左部"学生信息查询"超链接，则会分页列出所有学生的信息，如图 7.9 所示。

图 7.9 所有学生信息

5．"查看某学生详细信息"功能实现

（1）编写、配置 Action 模块

在 XsAction 类中加入 findXs()方法，用于从数据库中查找某个学生的详细信息，其实现代码如下：

```java
    public String findXs() throws Exception{
        String xh=xs.getXh();
        Xsb stu=xsService.find(xh);              //直接使用 XsService 业务逻辑接口中的 find()方法
        Map request=(Map)ActionContext.getContext().get("request");
        request.put("xs", stu);
        return SUCCESS;
    }
```

因学生详细信息中包含对照片的读取，故还要在 XsAction 类中加入一个 getImage()方法，用于从数据库中读取学生照片，代码如下：

```java
    public String getImage() throws Exception{
        HttpServletResponse response=ServletActionContext.getResponse();
        String xh=xs.getXh();
        Xsb stu=xsService.find(xh);              //直接使用 XsService 业务逻辑接口中的 find()方法
```

```java
            byte[] img=stu.getZp();
            response.setContentType("image/jpeg");
            ServletOutputStream os=response.getOutputStream();
            if(img!=null&&img.length!=0){
                for(int i=0; i<img.length; i++){
                    os.write(img[i]);
                }
                os.flush();
            }
            return NONE;
        }
```

以上编写的两个方法在 struts.xml 中配置如下：

```xml
<!-- 查看某学生详细信息 -->
<action name="findXs" class="xs" method="findXs">
    <result name="success">/moretail.jsp</result>
</action>
<action name="getImage" class="xs" method="getImage"></action>
```

（2）编写 JSP

编写用于显示学生个人详细信息的 moretail.jsp 页面，代码如下：

```jsp
<%@ page language="java" import="java.util.*" pageEncoding="UTF-8"%>
<%@ taglib uri="/struts-tags" prefix="s"%>
<html>
<head></head>
<body bgcolor="#D9DFAA">
    <h3>该学生信息如下：</h3>
    <s:set name="xs" value="#request.xs"></s:set>
    <s:form action="xsInfo" method="post">
        <table border="0" cellpadding="5">
            <tr>
                <td>学号：</td>
                <td width="100">
                    <s:property value="#xs.xh"/>
                </td>
                <td rowspan="7">
                    <img src="getImage.action?xs.xh=<s:property value="#xs.xh"/>" width="120"
                                                                                  height="150">
                </td>
            </tr>
            <tr>
                <td>姓名：</td>
                <td width="100">
                    <s:property value="#xs.xm"/>
                </td>
            </tr>
            <tr>
                <td>性别：</td>
                <td width="100">
                    <s:if test="#xs.xb==1">男</s:if>
                    <s:else>女</s:else>
                </td>
            </tr>
            <tr>
```

```
                <td>专业：</td>
                <td width="100">
                    <s:property value="#xs.zyb.zym"/>
                </td>
            </tr>
            <tr>
                <td>出生时间：</td>
                <td width="100">
                    <s:property value="#xs.cssj"/>
                </td>
            </tr>
            <tr>
                <td>总学分</td>
                <td width="100">
                    <s:property value="#xs.zxf"/>
                </td>
            </tr>
            <tr>
                <td>备注</td>
                <td width="100">
                    <s:property value="#xs.bz"/>
                </td>
            </tr>
            <tr>
                <td align="right">
                    <s:submit value="返回"/>
                </td>
            </tr>
        </table>
    </s:form>
</body>
</html>
```

在该页面中单击【返回】按钮，提交到 xsInfo.action 显示所有学生信息。这里的 Action 及用到的其他相关组件在之前已经注册，无须再重复注册了。

（3）测试功能

部署运行程序，在图 7.9 中每个学生记录的后面都有"详细信息"超链接，单击它就会显示该学生的详细信息（含照片），如图 7.10 所示。

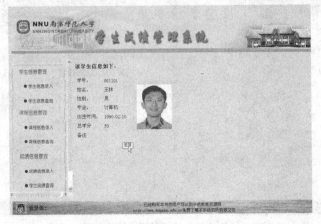

图 7.10　查看某学生的详细信息

6. "删除学生信息"功能实现

（1）编写、配置 Action 模块

删除功能对应 XsAction 类中的 deleteXs()，实现的代码如下：

```java
public String deleteXs() throws Exception{
    String xh=xs.getXh();
    xsService.delete(xh);           //直接使用 XsService 业务逻辑接口中的 delete()方法
    return SUCCESS;
}
```

在 struts.xml 中配置如下：

```xml
<!-- 删除某学生信息 -->
<action name="deleteXs" class="xs" method="deleteXs">
    <result name="success">/success.jsp</result>
</action>
```

（2）编写 JSP

操作成功后会跳转到成功界面 success.jsp，代码如下：

```jsp
<%@ page language="java" pageEncoding="UTF-8"%>
<html>
<head></head>
<body bgcolor="#D9DFAA">
    恭喜你，操作成功！
</body>
</html>
```

同样，删除功能用到的组件之前也都注册过，无须再注册。

（3）测试功能

在所有学生信息的显示页 xsInfo.jsp 中，有如下代码：

```html
<td>
    <a href="deleteXs.action?xs.xh=<s:property value="#xs.xh"/>"
       onClick="if(!confirm('确定删除该生信息吗？'))return false;else return true;">删除</a>
</td>
```

这是为了防止操作人员无意中单击"删除"超链接误删有用的学生信息，故加入了上面的"确定"对话框。部署运行程序，当用户单击"删除"超链接时，会出现如图 7.11 所示的界面。

图 7.11 删除学生信息时弹出"确定"对话框

若单击【确定】按钮,提交到 deleteXs.action 去执行删除操作。

7. "修改学生信息"功能实现

(1) 编写、配置 Action 模块

修改学生信息分两步:首先要显示修改页面,由用户在其表单中修改内容、提交,然后才是执行修改操作,故相应地也要在 XsAction 类中加入两个方法,代码如下:

```java
/* Action 模块:修改某学生信息 */
//显示修改页面
public String updateXsView() throws Exception{
    String xh=xs.getXh();
    Xsb xsInfo=xsService.find(xh);          //直接使用 XsService 业务逻辑接口中的 find()方法
    List zys=zyService.getAll();            //直接使用 ZyService 业务逻辑接口中的 getAll()方法
    Map request=(Map)ActionContext.getContext().get("request");
    request.put("xsInfo", xsInfo);
    request.put("zys", zys);
    return SUCCESS;
}
//执行修改操作
public String updateXs() throws Exception{
    Xsb xs1=xsService.find(xs.getXh());     //直接使用 XsService 业务逻辑接口中的 find()方法
    xs1.setXm(xs.getXm());
    xs1.setXb(xs.getXb());
    //直接使用 ZyService 业务逻辑接口中的 getOneZy()方法
    xs1.setZyb(zyService.getOneZy(xs.getZyb().getId()));
    xs1.setCssj(xs.getCssj());
    xs1.setZxf(xs.getZxf());
    xs1.setBz(xs.getBz());
    if(this.getZpFile()!=null){
        FileInputStream fis=new FileInputStream(this.getZpFile());
        byte[] buffer=new byte[fis.available()];
        fis.read(buffer);
        xs1.setZp(buffer);
    }
    Map request=(Map)ActionContext.getContext().get("request");
    xsService.update(xs1);                  //直接使用 XsService 业务逻辑接口中的 update()方法
    return SUCCESS;
}
```

在 struts.xml 中配置如下:

```xml
<!-- 修改某学生信息 -->
<action name="updateXsView" class="xs" method="updateXsView">
    <result name="success">/updateXsView.jsp</result>
</action>
<action name="updateXs" class="xs" method="updateXs">
    <result name="success">/success.jsp</result>
</action>
```

(2) 编写 JSP

编写修改页面 updateXsView.jsp,代码如下:

```jsp
<%@ page language="java" pageEncoding="UTF-8"%>
<%@ taglib uri="/struts-tags" prefix="s"%>
```

```html
<html>
<head></head>
<body bgcolor="#D9DFAA">
    <s:set name="xs" value="#request.xsInfo"></s:set>
    <s:form action="updateXs" method="post" enctype="multipart/form-data">
        <table border="0" cellspacing="1" cellpadding="8" width="500">
            <tr>
                <td width="80">学号：</td>
                <td>
                    <input type="text" name="xs.xh" value="<s:property value="#xs.xh"/>" readonly/>
                </td>
            </tr>
            <tr>
                <td width="80">姓名：</td>
                <td>
                    <input type="text" name="xs.xm"    value="<s:property value="#xs.xm"/>"/>
                </td>
            </tr>
            <tr>
                <td width="80">
                    <s:radio list="#{1:'男',0:'女'}" value="#xs.xb"  label="性别" name="xs.xb"></s:radio>
                </td>
            </tr>
            <tr>
                <td width="80">专业：</td>
                <td>
                    <select name="xs.zyb.id">
                        <s:iterator value="#request.zys" id="zy">
                            <option value="<s:property value="#zy.id"/>">
                                <s:property value="#zy.zym"/>
                            </option>
                        </s:iterator>
                    </select>
                </td>
            </tr>
            <tr>
                <td width="80">出生时间：</td>
                <td>
                    <input type="text" name="xs.cssj" value="<s:property value="#xs.cssj"/>"/>
                </td>
            </tr>
            <tr>
                <td width="80">总学分：</td>
                <td>
                    <input type="text" name="xs.zxf" value="<s:property value="#xs.zxf"/>"/>
                </td>
            </tr>
            <tr>
                <td width="80">备注：</td>
                <td>
                    <input type="text" name="xs.bz" value="<s:property value="#xs.bz"/>"/>
                </td>
            </tr>
            <tr>
                <td>照片</td>
```

```
                    <td>
                        <input type="file" name="zpFile"/>
                    </td>
                </tr>
            </table>
            <input type="submit" value="修改"/>
            <!-- 返回上一界面 -->
            <input type="button" value="返回" onclick="javascript:history.back();"/>
        </s:form>
        <!-- 这里用 JavaScript 来实现根据该学生的专业 ID 来显示专业名 -->
        <script type="text/javascript">
            document.getElementById("xs.zyb.id").value= <s:property value="#xs.zyb.id"/>;
        </script>
    </body>
</html>
```

本功能用到的组件也都注册过,无须再注册。

(3) 测试功能

部署运行程序,在所有学生信息显示页单击要修改的学生记录后的"修改"超链接,进入该生的信息修改页面,页面表单里已经自动获得了该学生的原信息,如图 7.12 所示。

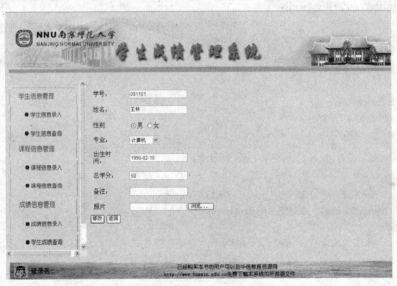

图 7.12　修改学生信息界面

由于学号是不可修改的,所以设为只读;而专业要用到下拉列表,以便于选择(当前显示的是该学生的专业);出生时间必须输入正确的格式(yyyy-mm-dd)。当填写好要修改的内容后,单击【修改】按钮,提交到 updateXs.action 处理。修改成功后,会跳转到 success.jsp,显示操作成功!

8. "学生信息录入"功能实现

(1) 编写、配置 Action 模块

这个功能与"修改学生信息"的功能类似,也分两步:首先要显示录入页面,由用户在其表单中填写新生信息、提交,然后再执行录入操作,相应地在 XsAction 类中加入两个方法,代码如下:

```
/* Action 模块:学生信息录入 */
//显示录入页面
```

```java
    public String addXsView() throws Exception{
        return SUCCESS;
    }
    //执行录入操作
    public String addXs() throws Exception{
        Xsb stu=new Xsb();
        String xh1=xs.getXh();
        //学号已存在，不可重复录入
        if(xsService.find(xh1)!=null){ //使用 XsService 业务逻辑接口中的 find()方法判断
            return ERROR;
        }
        stu.setXh(xs.getXh());
        stu.setXm(xs.getXm());
        stu.setXb(xs.getXb());
        stu.setCssj(xs.getCssj());
        stu.setZxf(xs.getZxf());
        stu.setBz(xs.getBz());
        //直接使用 ZyService 业务逻辑接口中的 getOneZy()方法
        stu.setZyb(zyService.getOneZy(xs.getZyb().getId()));
        if(this.getZpFile()!=null){
            FileInputStream fis=new FileInputStream(this.getZpFile());
            byte[] buffer=new byte[fis.available()];
            fis.read(buffer);
            stu.setZp(buffer);
        }
        xsService.save(stu);
        return SUCCESS;
    }
}
```

之后，在 struts.xml 中配置这两个方法，代码如下：

```xml
<!-- 录入学生信息 -->
<action name="addXsView" class="xs" method="addXsView">
    <result name="success">/addXsInfo.jsp</result>
</action>
<action name="addXs" class="xs" method="addXs">
    <result name="success">/success.jsp</result>
    <result name="error">/existXs.jsp</result>
</action>
```

（2）编写 JSP

编写录入页面 addXsInfo.jsp，代码如下：

```jsp
<%@ page language="java" pageEncoding="UTF-8"%>
<%@ taglib uri="/struts-tags" prefix="s"%>
<html>
<head></head>
<body bgcolor="#D9DFAA">
    <h3>请填写学生信息</h3>
    <hr width="700" align="left">
    <s:form action="addXs" method="post" enctype="multipart/form-data">
        <table border="0" cellspacing="0" cellpadding="1">
            <tr>
```

```
                    <td>
                        <s:textfield name="xs.xh" label="学号" value=""></s:textfield>
                    </td>
                </tr>
                <tr>
                    <td>
                        <s:textfield name="xs.xm" label="姓名" value=""></s:textfield>
                    </td>
                </tr>
                <tr>
                    <td>
                        <s:radio name="xs.xb" value="1" list="#{1:'男',0:'女'}" label="性别"/>
                    </td>
                </tr>
                <tr>
                    <s:select name="xs.zyb.id" list="list" listKey="id" listValue="zym" headerKey="0"
                        headerValue="--请选择专业--" label="专业"></s:select>
                </tr>
                <tr>
                    <s:textfield name="xs.cssj" label="出生时间" value=""></s:textfield>
                </tr>
                <tr>
                    <td>
                        <s:textfield name="xs.zxf" label="总学分" value=""></s:textfield>
                    </td>
                </tr>
                <tr>
                    <td>
                        <s:textfield name="xs.bz" label="备注" value=""></s:textfield>
                    </td>
                </tr>
                <tr>
                    <td>
                        <s:file name="zpFile" label="照片" value=""></s:file>
                    </td>
                </tr>
            </table>
            <p>
            <input type="submit" value="添加"/>
            <input type="reset" value="重置"/>
        </s:form>
    </body>
</html>
```

在 addXs()方法的 Action 配置中可以看出，如果 Action 类返回 ERROR，就会跳转到 existXs.jsp，它是通知该学生已经存在的页面，代码如下：

```
<%@ page language="java" pageEncoding="UTF-8"%>
<html>
<head></head>
<body bgcolor="#D9DFAA">
    学号已经存在！
```

```
</body>
</html>
```

学生信息录入功能所用到的组件也已经注册过了,无须再注册。

(3) 测试功能

部署运行程序,登录后单击页面左部"学生信息录入"超链接,出现如图 7.13 所示界面。

图 7.13 学生信息录入界面

在各栏中录入新生的信息,然后单击【添加】按钮,提交给 addXs.action 处理,执行录入操作。到此为止,学生信息的基本管理功能就全部开发完成了,下面接着开发成绩管理的各功能。

9. "成绩信息录入"功能实现

(1) 编写、配置 Action 模块

学生成绩录入,要先进入成绩录入界面,选择学生姓名、课程名及输入成绩。由于在录入成绩时,学生名和课程名是不能随意填写的,不允许用户填写一个不存在的学生和课程名,所以要从数据库中查询出学生及课程名。可在成绩录入页面中将它们设计成下拉列表,供选择使用,故在一开始就要从数据库中读取所有学生和课程信息并加载到页面下拉列表中,这个功能由 CjAction 类实现,程序模块位于 src 下的 org.action 包中。

编写 CjAction.java,为方便读者编程练习,这里同样也是将该 Action 之后要用到的全部属性及 getter/setter 方法一次性地全部给出,代码如下:

```
package org.action;
import java.util.*;
import org.model.*;
import org.service.*;
import com.opensymphony.xwork2.*;
import org.tool.*;
public class CjAction extends ActionSupport{
    private Cjb cj;
    private XsService xsService;
    private KcService kcService;
```

```java
    private CjService cjService;
    /* Action 模块：学生成绩查询 */
    private int pageNow = 1;                          //默认第一页
    private int pageSize = 8;                         //每页显示 8 条记录
    /* Action 模块：成绩信息录入 */
    public String execute() throws Exception{         //获取已有的所有学生和课程名列表
        List list1=xsService.findAll(1, xsService.findXsSize());    //通过 XsService 接口获取已有学生名
        List list2=kcService.findAll(1, kcService.findKcSize());    //通过 KcService 接口获取已有课程名
        Map request=(Map)ActionContext.getContext().get("request");
        request.put("list1", list1);                  //把所有学生名列表存入请求中返回
        request.put("list2", list2);                  //把所有课程名列表存入请求中返回
        return SUCCESS;
    }
    public String addorupdateXscj() throws Exception{ //执行成绩录入操作
        Cjb cj1 = null;
        CjbId cjId1=new CjbId();
        cjId1.setXh(cj.getId().getXh());
        cjId1.setKch(cj.getId().getKch());
        //通过 CjService 业务逻辑接口中的 getXsCj()方法判断成绩记录是否已存在
        if(cjService.getXsCj(cj.getId().getXh(), cj.getId().getKch())==null){    //成绩记录不存在
            cj1 = new Cjb();
            cj1.setId(cjId1);
        }else{         //成绩记录已经存在
            cj1 = cjService.getXsCj(cj.getId().getXh(), cj.getId().getKch());
        }
        Kcb kc1=kcService.find(cj.getId().getKch());  //通过 KcService 接口获取相应课程的学分值
        cj1.setCj(cj.getCj());
        if(cj.getCj()>60||cj.getCj()==60){            //判断成绩及格，才给学分
            cj1.setXf(kc1.getXf());
        }else
            cj1.setXf(0);                             //不及格的没有学分
        cjService.saveorupdateCj(cj1);                //通过 CjService 业务逻辑接口保存或更新成绩
        return SUCCESS;
    }

    public Cjb getCj(){
        return cj;
    }
    public void setCj(Cjb cj){
        this.cj = cj;
    }

    public XsService getXsService(){
        return xsService;
    }
    public void setXsService(XsService xsService){
        this.xsService = xsService;
    }

    public KcService getKcService(){
        return kcService;
```

```java
    }
    public void setKcService(KcService kcService){
        this.kcService = kcService;
    }

    public CjService getCjService(){
        return cjService;
    }
    public void setCjService(CjService cjService){
        this.cjService = cjService;
    }

    /* Action 模块:学生成绩查询 */
    public int getPageNow(){
        return pageNow;
    }
    public void setPageNow(int pageNow){
        this.pageNow = pageNow;
    }

    public int getPageSize(){
        return pageSize;
    }
    public void setPageSize(int pageSize){
        this.pageSize = pageSize;
    }
}
```

本例先用 CjService 业务接口中的 getXsCj()方法判断成绩记录是否已存在,如果用户选择的学生及课程都是存在的,并且有成绩,这样就会有冲突,所以这里把录入操作设计成"保存"或"更新"操作,这可以从业务方法 saveorupdateCj()在持久层中所对应的最终实现方法(位于 DAO 实现类 CjDaoImp 中)清楚地看出来:

```java
public void saveorupdateCj(Cjb cj){
    Session session=getSession();
    Transaction ts=session.beginTransaction();
    session.saveOrUpdate(cj);        // "保存"或"更新"的复合操作能确保不冲突
    ts.commit();
    session.close();
}
```

用户选择好学生及课程后,就可以填写成绩信息了。读者可以发现,成绩表(CJB)中有学号、课程号、成绩及学分,而在成绩录入时并没有让用户填写学分,原来在实现插入时经过了处理:通过 KcService 业务接口获取相应课程的学分值,当判断成绩大于或等于 60 时,就从课程表中查询出该课程学分,然后赋值;如果成绩小于 60,学分就为 0。

最后,还要在 struts.xml 文件中配置:

```xml
<!-- 录入学生成绩 -->
<action name="addXscjView" class="cj">
    <result name="success">/addCj.jsp</result>
</action>
<action name="addorupdateXscj" class="cj" method="addorupdateXscj">
```

```
        <result name="success">/success.jsp</result>
</action>
```

（2）编写 JSP

编写成绩录入页面 addCj.jsp，代码如下：

```jsp
<%@ page language="java" pageEncoding="UTF-8"%>
<%@ taglib uri="/struts-tags" prefix="s"%>
<html>
<body bgcolor="#D9DFAA">
    <h3>请录入学生成绩</h3>
    <hr>
    <s:form action="addorupdateXscj" method="post">
        <table border="1" cellspacing="1" cellpadding="8" width="400">
            <tr>
                <td width="100">
                    学生：
                </td>
                <td>
                    <select name="cj.id.xh">
                        <s:iterator id="xs" value="#request.list1">
                            <option value="<s:property value="#xs.xh"/>">
                                <s:property value="#xs.xm"/>
                            </option>
                        </s:iterator>
                    </select>
                </td>
            </tr>
            <tr>
                <td width="100">
                    课程：
                </td>
                <td>
                    <select name="cj.id.kch">
                        <s:iterator id="kc" value="#request.list2">
                            <option value="<s:property value="#kc.kch"/>">
                                <s:property value="#kc.kcm"/>
                            </option>
                        </s:iterator>
                    </select>
                </td>
            </tr>
            <tr>
                <s:textfield label="成绩" name="cj.cj" size="15"></s:textfield>
            </tr>
        </table>
        <input type="submit" value="确定"/>
        <input type="reset" value="重置"/>
    </s:form>
</body>
</html>
```

页面中下拉列表里所加载的学生和课程名信息,就是从请求 Action 的 request 列表中获得的。录入成绩后,单击【确定】按钮,交给 addorupdateXscj.action 处理,执行录入("保存"或"更新")操作。

(3) 注册组件

CjAction 类也是由 Spring 管理的,在 applicationContext.xml 文件中加入如下注册信息:

```xml
<bean id="kcDao" class="org.dao.imp.KcDaoImp" parent="baseDAO"/>
<bean id="cjDao" class="org.dao.imp.CjDaoImp" parent="baseDAO"/>
<bean id="kcService" class="org.service.imp.KcServiceManage">
    <property name="kcDao" ref="kcDao"/>
</bean>
<bean id="cjService" class="org.service.imp.CjServiceManage">
    <property name="cjDao" ref="cjDao"/>
</bean>
<bean id="cj" class="org.action.CjAction">
    <property name="xsService" ref="xsService"/>
    <property name="kcService" ref="kcService"/>
    <property name="cjService" ref="cjService"/>
</bean>
```

同样,这里也将"学生成绩管理"各子功能要用到的全部组件一次性地都注册进去,后面用到时就不必再一一注册了。

(4) 测试功能

部署运行程序,登录后单击页面左部"成绩信息录入"超链接,转到如图 7.14 所示的界面。

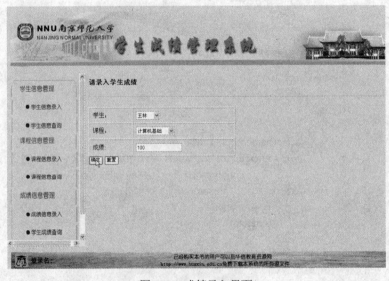

图 7.14 成绩录入界面

填写完成绩后,单击【确定】按钮,如果操作成功就会跳转到成功界面 success.jsp 页面。

10. "显示所有学生成绩"功能实现

(1) 编写、配置 Action 模块

在 CjAction 类中加入 xscjInfo()方法,实现代码如下:

```java
public String xscjInfo() throws Exception{
    //直接使用 CjService 业务逻辑接口中的 findAllCj()方法
```

```
            List list=cjService.findAllCj(this.getPageNow(), this.getPageSize());
            Map request=(Map)ActionContext.getContext().get("request");
            request.put("list",list);
            Pager page=new Pager(this.getPageNow(), cjService.findCjSize());
            request.put("page", page);
            return SUCCESS;
    }
```

（2）编写 JSP

编写成绩显示页面 xscjInfo.jsp，代码如下：

```jsp
<%@ page language="java" pageEncoding="UTF-8"%>
<%@ taglib uri="/struts-tags" prefix="s"%>
<html>
<body bgcolor="#D9DFAA">
    <table border="1" cellspacing="1" cellpadding="8" width="700">
        <tr bgcolor="silver">
            <th>学号</th><th>姓名</th><th>课程名</th><th>成绩</th><th>学分</th><th>删除</th>
        </tr>
        <s:iterator value="#request.list" id="xscj">
        <tr>
            <td>
                <a href="findXscj.action?cj.id.xh=<s:property value="#xscj[0]"/>">
                    <s:property value="#xscj[0]"/>
                </a>
            </td>
            <td><s:property value="#xscj[1]"/></td>
            <td><s:property value="#xscj[2]"/></td>
            <td><s:property value="#xscj[3]"/></td>
            <td><s:property value="#xscj[4]"/></td>
            <td>
                <a href="deleteOneXscj.action?cj.id.xh=<s:property value="#xscj[0]"/>&cj.id.kch=
                    <s:property value="#xscj[5]"/>" onClick="if(!confirm('确定删除该信息吗？'))
                    return false;else return true;">删除</a>
            </td>
        </tr>
        </s:iterator>
        <tr align="left">
            <s:set name="page" value="#request.page"></s:set>
            <s:if test="#page.hasFirst">
                <s:a href="xscjInfo.action?pageNow=1">首页</s:a>
            </s:if>
            <s:if test="#page.hasPre">
                <a href="xscjInfo.action?pageNow=<s:property value="#page.pageNow-1"/>">上一页</a>
            </s:if>
            <s:if test="#page.hasNext">
                <a href="xscjInfo.action?pageNow=<s:property value="#page.pageNow+1"/>">下一页</a>
            </s:if>
            <s:if test="#page.hasLast">
                <a href="xscjInfo.action?pageNow=<s:property value="#page.totalPage"/>">尾页</a>
            </s:if>
        </tr>
```

```
        </table>
    </body>
</html>
```

(3) 测试功能

部署运行程序，登录后单击页面左部"<u>学生成绩查询</u>"超链接，单击它就会分页显示所有学生的成绩，如图7.15所示。

图7.15 学生成绩查询界面

11."查询学生成绩"功能实现

(1) 编写、配置 Action 模块

在显示所有学生成绩的页面 xscjInfo.jsp 中，有如下代码：

```
<td>
    <a href="findXscj.action?cj.id.xh=<s:property value="#xscj[0]"/>">
        <s:property value="#xscj[0]"/>
    </a>
</td>
```

从中不难发现，单击"<u>08****</u>（学号）"超链接，提交给 findXscj.action，对应 CjAction 类的实现方法 findXscj()，代码如下：

```
public String findXscj() throws Exception{
    //使用 CjService 业务逻辑接口中的 getXsCjList()方法获取某学生的成绩列表
    List list=cjService.getXsCjList(cj.getId().getXh());
    if(list.size()>0){        //存在该生的成绩记录
        Map request=(Map)ActionContext.getContext().get("request");
        request.put("list", list);
        return SUCCESS;
    }else
        return ERROR;
}
```

在 struts.xml 中配置：

```
<!-- 查看某个学生的成绩表 -->
<action name="findXscj" class="cj" method="findXscj">
    <result name="success">/oneXscj.jsp</result>
    <result name="error">/noXscj.jsp</result>
</action>
```

（2）编写 JSP

获取成绩表成功后返回页面 oneXscj.jsp，代码如下：

```
<%@ page language="java" pageEncoding="UTF-8"%>
<%@ taglib uri="/struts-tags" prefix="s"%>
<html>
<body bgcolor="#D9DFAA">
    <h3>该学生成绩如下：</h3>
    <hr width="700" align="left">
    <table border="1" cellspacing="1" cellpadding="8" width="700">
        <tr>
            <th>课程名</th><th>成绩</th><th>学分</th>
        </tr>
        <s:iterator value="#request.list" id="xscj">
        <tr>
            <td><s:property value="#xscj[2]"/></td>
            <td><s:property value="#xscj[3]"/></td>
            <td><s:property value="#xscj[4]"/></td>
        </tr>
        </s:iterator>
    </table>
    <input type="button" value="返回" onClick="javaScript:history.back()"/>
</body>
</html>
```

如果失败，则跳转到 noXscj.jsp 页面，代码如下：

```
<%@ page language="java" pageEncoding="UTF-8"%>
<html>
<body bgcolor="#D9DFAA">
    对不起，不存在该学生成绩！
</body>
</html>
```

（3）测试功能

在显示所有学生成绩页面中，将学号设计为超链接，单击学号超链接，就会显示该学生所有课程的成绩。如单击学号"081101"，显示该学生成绩表如图 7.16 所示。

单击【返回】按钮，返回到显示所有学生成绩的页面。

12．"删除学生成绩"功能实现

与删除学生信息相同，单击图 7.15 所示学生成绩记录后的"删除"超链接，提示用户确认，只有用户确定删除才会提交请求。

对应的 CjAction 类中的实现方法如下：

```
public String deleteOneXscj() throws Exception{
```

```
            String xh=cj.getId().getXh();
            String kch=cj.getId().getKch();
            cjService.deleteCj(xh, kch);      //通过 CjService 业务逻辑接口中的 deleteCj()方法执行删除
            return SUCCESS;
        }
```

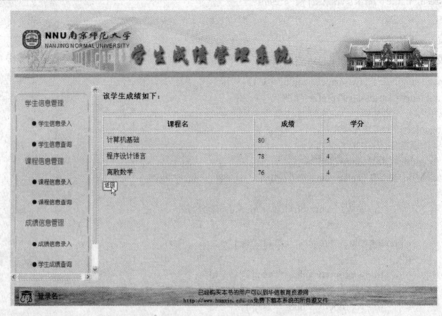

图 7.16　显示某学生的成绩表

在 struts.xml 中配置：

```
<!-- 删除学生成绩 -->
<action name="deleteOneXscj" class="cj" method="deleteOneXscj">
    <result name="success">/success.jsp</result>
</action>
```

在 Action 配置中可以看出，删除成功后也会跳转到成功页面。

到此为止，整个"学生成绩管理系统"开发完成，通过这个案例，读者可以很深刻地体会到 Java EE 程序分层架构思想的精髓所在，以及框架在现代大型软件项目开发中所起的举足轻重的作用！

习　题　7

1. 业务层有什么作用，大型 Java EE 项目开发中为何要引入这一层？
2. 试着画图并简述 Java EE 系统的分层架构模型。
3. 写出 Struts 2、Spring 与 Hibernate 整合搭建项目主体框架的一般步骤。
4. 试着写出"学生成绩管理系统"某个功能的运行流程。
5. 为本章的"学生成绩管理系统"扩展新功能，如课程信息的管理（可参照第 5 章的"学生选课系统"，将选课功能也集成进来）。

第 8 章　Ajax 初步

在前面的项目中，如果要注册一个用户，需等到提交后才能判断用户名是不是存在，然后告诉用户。这样用户就需要等待一个页面刷新的阶段，显然不能令客户满意。Ajax 的出现，正好解决了这个问题。其无刷新机制使得用户注册时能对注册名即时判断，给客户端全新的体验。

8.1　Ajax 概述

Ajax 是异步 JavaScript 和 XML（Asynchronous javascript and xml）的英文缩写。"Ajax" 这个名词是 Jesse James Garrett 首先提出的，而大力推广且使 Ajax 技术炙手可热的是 Google 公司。Google 公司发布的 Gmail、Google Suggest 等应用最终让人们体验了什么是 Ajax。

Ajax 的核心理念是使用 XMLHttpRequest 对象发送异步请求。最初为 XMLHttpRequest 对象提供浏览器支持的是微软公司。早在 1998 年微软公司开发 Web 版 Outlook 时，就已经以 ActiveX 控件的方式为 XMLHttpRequest 提供了支持。

实际上，Ajax 不是一种全新的技术，而是几种技术的融合。每种技术都具有独特之处，融合在一起就形成了一个功能强大的新技术。Ajax 包括如下内容。

- Html/XHtml：实现页面内容的表示。
- CSS：格式化文本内容。
- DOM：对页面内容进行动态更新。
- XML：实现数据交换和格式转化。
- XMLHttpRequest 对象：实现与服务器异步通信。
- JavaScript：实现以上所有技术的融合。

现在，许多应用程序都是在 Web 上创建的。但是，Web 也成为限制 Web 应用程序发展的因素，其原因来自网络延迟的不确定性。网络连接是耗费资源的行为，程序必须序列化，通信协议沟通及路由传输等动作都很浪费时间和资源。在 Web 应用程序中，通常通过表单进行数据提交，在同步情况下，使用者发送表单之后，就只能等待服务器回应了。在这段时间内，使用者无法进一步操作，如图 8.1 所示。

图 8.1 中加阴影部分是发送表单之后使用者必须等待的时间，浏览器预设为使用同步方式送出请求并等待回应。

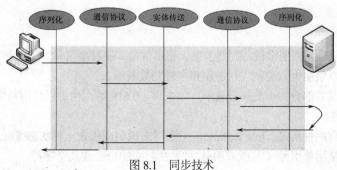

图 8.1　同步技术

如果可以把请求与回应改为非同步进行，也就是发送请求后，浏览器不需要等待服务器的回应，而是让使用者对浏览器中的 Web 应用程序进行其他操作。当服务器处理请求并送出回应时，计算机接收到回应，再呼叫浏览器所设定的对应动作进行处理，如图 8.2 所示。

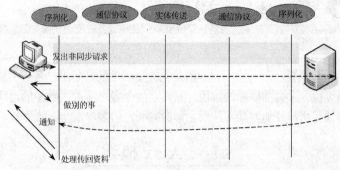

图 8.2 非同步技术

现在的问题是，谁来发送非同步请求？事实上有几种解决方案。在 Ajax 这个名词被提出之前，早就有 Iframe 的方法。

现在谈到 Ajax，着重在 XMLHttpRequest 组件，可以通过 JavaScript 建立。其实在 Firefox、NetScape、Safari、Opera 中叫 XMLHttpRequest；在 Internet Explorer 中，它是 Microsoft XMLHTTP 或 Msxml2.XMLHTTP 的 ActiveX 组件，不过 IE 7 中已更名为 XMLHttpRequest。

Ajax 应用程序必须是由客户端和服务器一同合作的应用程序。JavaScript 是撰写 Ajax 应用程序的客户端语言，XML 则是请求或回应时建议使用的交换信息的格式。

8.2 JavaScript 基础

前面不止一次地提到 JavaScript，它是 Ajax 的核心技术，所以在学习 Ajax 之前，先要了解 JavaScript。

8.2.1 JavaScript 语法基础

1. 基本数据类型

JavaScript 脚本语言同其他语言一样，有自身的基本数据类型、表达式、算术运算符及程序的基本框架结构。JavaScript 有 4 种基本数据类型。

① 数值型，包括整数和实数。
② 字符串型，用""或 '' 括起来的字符。
③ 布尔型，使用 true 和 false 表示。
④ 空值，null。

2. 常量

JavaScript 中常量分为整型常量、实型常量、布尔常量、字符型常量、空值和转义符几种。
① 整型常量可以使用十六进制、八进制和十进制数表示。
② 实型常量由整数部分加小数部分表示，如 3.14、0.618 等。也可以使用科学计数法或标准方法表示，如 1e3、4e5 等。
③ 布尔常量只有两种形式：true 或 false，主要用来说明或代表一种状态或标志。
④ 字符型常量是用单引号（'）或双引号（"）括起来的一个或几个字符。
⑤ 空值 null。当引用没有定义的常量时会返回一个 null 值。

⑥ 转义符。当要引用某些特殊字符时，可以使用"\"。如\n 表示换行，\\表示"\"，\"表示"""。

3. 变量

变量主要用于存取数据及提供存放信息的容器。

JavaScript 中变量的命名规则如下。

① 变量名要以字母或下画线开头，中间可以出现数字。

② 不能使用 JavaScript 中的关键字作为变量。

JavaScript 中变量的声明方式和其他语言不同。在 JavaScript 中，可以用命令 var 声明变量，而不指定变量类型，如下面的语句：

```
var a;
```

在这种情况下，该变量还不知是哪种数据类型，赋值时才清楚，如下面的语句：

```
var a;
a=5;
```

为变量 a 赋予 int 型值 5。也可以在定义变量时直接赋值，如下面的语句：

```
var a= "25";
```

为变量 a 赋予字符串类型值"25"。在 JavaScript 中，变量也可以不做声明，使用时根据数据类型来确定其变量的类型，如下面的语句：

```
i=5;
j="abc";
k=true;
x=0.618;
```

JavaScript 中的变量与 Java 类似，有全局变量和局部变量。全局变量在所有函数体之外，对所有函数均可见，而局部变量定义在函数体内部，只在该函数中可见。

4. 运算符

JavaScript 运算符可分为 3 类：算术运算符（见表 8.1）、比较运算符（见表 8.2）和逻辑运算符（见表 8.3）。

表 8.1 算术运算符

运算符	功能
+	加
-	减
*	乘
/	除
%	取模
|	按位或
&	按位与
<<	左移
>>	右移
>>>	右移、零填充
-	取反
~	取补
++	递加 1
--	递减 1

表 8.2 比较运算符

运算符	功能
<	小于
>	大于
<=	小于或等于
>=	大于或等于
==	等于
!=	不等于

表 8.3 逻辑运算符

运算符	功能
!	取反
&=	与后赋值
&	逻辑与
|=	或后赋值
|	逻辑或
^=	异或之后赋值
^	逻辑异或
?:	三目操作符
||	或
==	等于
!=	不等于

5. 语句

JavaScript 语句包括：if 条件语句、for 循环语句、while 循环语句、break 语句和 continue 语句。这些语句的应用与在 Java 语言中的类似，这里就不进行详细介绍了。

6. 函数

JavaScript 的函数相当于 Java 语言中的方法，用于完成所需要的功能。通常在写一个复杂程序时，总是根据所完成功能的不同，将程序划分为一些相对独立的部分，每部分由一个函数来完成。从而使各部分独立，任务单一，程序清晰、易懂。

JavaScript 中函数定义的基本格式如下：

```
function 函数名(形式参数){
    函数体;
    return 表达式;
}
```

8.2.2 JavaScript 浏览器对象

1. Window 对象

Window 对象描述浏览器窗口特征，它是 Document、Location 和 History 对象的父对象。另外，还可以认为它是其他任何对象的假定父对象。例如，语句"alert("2014 中国梦")"，相当于语句"Window.alert("2014 中国梦")"。

（1）Window 对象属性

- name：指定窗口的名称。浏览器可同时打开多个窗口，窗口名称可以区分它们。用 Window 对象的 open 方法打开一个新窗口时可指定窗口名称；a 标记的 target 属性指定窗口的名称，单击该锚点可链接到该窗口。下例中的超链接将打开一个 name 属性为"IE_Window"的 Window 对象。

```
<a href="http://www.njnu.edu.cn" target="IE_Window">南京师范大学</a>
```

- parent：代表当前窗口（框架）的父窗口，使用它返回对象的方法和属性。
- opener：返回产生当前窗口的窗口对象，使用它返回对象的方法和属性。
- top：代表主窗口，是最顶层的窗口，也是所有其他窗口的父窗口。可通过该对象访问当前窗口的方法和属性。
- self：返回当前窗口的一个对象，可通过该对象访问当前窗口的方法和属性。
- defaultstatus：返回或设置将在浏览器状态栏中显示的默认内容。
- status：返回或设置将在浏览器状态栏中显示的指定内容。例如，在浏览器状态栏中显示浏览当天的日期：

```
status = Dateformat(date);
```

（2）Window 对象的方法

- alert()：显示一个警告对话框，包含一条信息和一个确定按钮。

语法格式如下：

```
alert(参数)
```

它的参数就是提示信息。执行 alert 方法时，脚本的执行过程会暂停下来，直到用户单击【确定】按钮。例如：

```
Window.alert("欢迎访问南京师范大学");
```

- confirm()：显示一个确认对话框，包含一条指定信息，还包含【确定】按钮和【取消】按钮。

语法格式如下：

confirm(参数)

它的参数就是提示信息。单击【确定】按钮，返回 true；单击【取消】按钮，则返回 false。例如下面的语句：

Res=confirm("欢迎访问南京师范大学")
if Res then Form.Submit

- prompt()：显示一个提示对话框，提示用户输入数据。

语法格式如下：

prompt(参数1，参数2)

参数1给出提示信息，参数2指定默认响应。执行 prompt 方法时，将显示一个提示对话框，让用户在文本框中输入字符串，完成输入后，单击【确定】按钮，返回所输入的字符串；单击【取消】按钮，则不返回任何信息。其作用类似于 InputBox 函数。

- open()：打开一个已存在的窗口，或者创建一个新窗口，并在该窗口中加载一个文档。

语法格式如下：

NewWindow = Window.open(url，name，窗口参数设置表)

其中 NewWindow 用于接收 open 方法的返回值，它是一个 Window 对象。参数 url 指定要在窗口中显示文档的 URL；参数 name 指定要打开的窗口名称。如果指定窗口已存在，则在该窗口显示新文档，原有内容被取代；如果指定窗口不存在，则以指定名称创建并打开一个新窗口，并且在该窗口中显示新文档内容。

窗口参数设置表格式：参数1=值，参数2=值，…

窗口参数用于描述打开的窗口，参数可以有多个，是可选项。例如：

Set NewWindow1=Window.open("Jsp.htm","WindowIE","toolbar=no,location=no")

这行语句将在 WindowIE 窗口打开 Jsp.htm 文件，并且产生一个句柄为 NewWindow1 的对象。

- close()：关闭一个打开的窗门。例如，在 Mywin 窗口中打开 example.htm 页面，该窗口没有状态栏、工具栏、菜单栏和地址栏。

Mywin=Window.open("example.htm", "mywin", "Status=no, toolbar=no, menubar=no, location=no");

关闭这个打开的窗口，语句如下：

Mywin.close

- navigate()：在当前窗口中显示指定网页。

语法格式如下：

navigate url

其中 url 参数用于指定要显示的新文档的 URL。例如，在当前窗口打开南京师范大学主页：

Window.navigate "http://www.njnu.edu.cn";

- setTimeout()：设置一个计时器，在经过指定的时间间隔后调用一个过程。

语法格式如下：

变量名=Window.setTimeout（过程名，时间间隔，脚本语言）

其中，变量名保存 setTimeout 方法的返回值，它是一个 Timer 对象。过程名给出到指定的时间间隔要调用的过程或函数的名称。时间间隔以毫秒为单位。例如，打开窗口3s后调用 MyProc 过程：

TID=Window.setTimout("MyProc", 3000, "JavaScript");

- clearTimeout()：给指定的计时器复位。

语法格式如下：

Window.clearTimeout 对象

其中，"对象"是用 SetTimeout 方法返回的计数器对象。例如：

Window.clearTimeout TID

这行代码可以清除名字为"TID"的计数器对象。

- focus()：使一个 Window 对象得到当前焦点。例如，要使 NewWindow 对象得到焦点，使用如下语句：

NewWindow.focus;

- blur()：使一个 Window 对象失去当前焦点。例如，要使 NewWindow 对象失去焦点，使用如下语句：

NewWindow.blur

（3）Window 对象的事件

Window 对象事件如表 8.4 所示。

表 8.4　Window 对象事件

事件	说明
OnLoad	HTML 文件载入浏览器时发生
OnUnLoad	HTML 文件从浏览器删除时发生
OnFocus	窗口获得焦点时发生
OnBlur	窗口失去焦点时发生
OnHelp	用户按下 F1 键时发生
onResize	用户调整窗口大小时发生
OnScroll	用户滚动窗口时发生
OnError	载入 HTML 文件出错时发生

2. Document 对象

Document 对象表示在浏览器窗口或其中一个框架中显示的 HTML 文档，通过该对象的属性和方法可以获得和控制页面对象的外观和内容。

Document 对象包含以下对象和集合：All（文档中所有元素的集合）、Anchors（锚点集合）、Applets（Java 小程序集合）、Body（文档主体对象）、Children（子元素集合）、Embeds（嵌入对象）、Forms（表单集合）、Frames（框架集合）、Images（图像集合）、Links（链接集合）、Plugins（插件集合）、Scripts（脚本集合）、Selection（选择器对象）和 StyleSheets（级联样式表集合）。通过这些集合可以获取网页中某一类型的所有元素，并可通过索引来访问集合中的指定元素。

（1）Document 对象的属性

Document 对象有许多属性，用来设置文档的背景颜色、链接颜色和文档标题等，也可执行更为复杂的操作。

① 与颜色有关的属性。

- fgColor：设置或返回文档的文本颜色。
- bgColor：设置或返回文档的背景颜色。它与 body 标记的 bgcolor 属性功能相同。
- linkColor：设置或返回文档中超链接的颜色。它与 body 标记的 link 属性功能相同。使用方法如下：

Window.document.linkColor = color;

其中 color 是一种颜色的描述。它是颜色名称或颜色的数值表示。例如，颜色的名称可以是 Green，颜色的数值可以是#C00000。

linkColor 的值在网页首次载入时设置，随后可以重新设置和修改。

- alinkColor：设置或返回文档中活动链接的颜色。活动链接是鼠标指针指向一个超链接，按下鼠标左键但尚未释放时的状态。它与 body 标记的 alink 属性功能相同。
- vlinkColor：设置或返回已经访问过的超链接的颜色，与 body 标记中的 vlink 属性功能相同。

② 与 HTML 文件有关的属性。
- title：返回当前文档的标题，在运行期间不能改变。
- location：设置或返回文档的 URL。
- parentWindow：包含此 HTML 文件的上层窗口。
- referrer：返回载入到当前文档的那个文档的 URL。
- lastModified：返回当前文档的最后修改日期。

③ 对象属性。

对象属性就是对象属性的值。例如，通过 length 属性可以返回当前文档中该对象的数目。每个对象被存储在数组中，可以通过索引值来访问该数组中的元素。
- all：返回所有标记和对象。
- anchors：表示文档中的锚点，每个锚点都被存储在 anchors 数组中。
- links：表示文档中的超链接，每个超链接都存储在 links 数组中。
- forms：返回所有表单。
- images：返回所有图像。
- stylesheets：返回所有样式属性对象。
- applets：返回所有 Applet 对象。
- embeds：返回所有嵌入标记。
- scripts：返回所有 Script 程序对象。

（2）Document 对象的方法

Document 对象通过方法对文档内容进行控制。
- open()：打开要输入的文档。执行该方法后，文档中的当前内容被清除，可以使用 write 或 writeLn 方法将新内容写到文档中。

语法格式：Document.open。
- write()：向文档中写入 HTML 代码。

语法格式：Document.write 写入内容。

执行 write 方法后，写入内容插入到文档的当前位置，但该文档要执行 close 方法后才能显示出来。
- writeLn()：向文档中写入 HTML 代码。

语法格式：Document.writeLn 写入内容。

writeLn 方法与 Write 方法类似，不同的是 writeLn 在内容末尾添加一个换行符。
- close()：关闭文档，并显示所有使用 write 或 writeLn 方法写入的内容。
- clear()：清除当前文档的内容，刷新屏幕。

对于 Document 对象的各个方法，浏览器默认的在当前文档中放入数据时的各种方法的顺序通常是：

Document.Open;
Document.Write content;
Document.Close;

其中 content 可以是一个字符串或一个有确定值的变量。

（3）Document 对象的事件

Document 对象的事件主要有鼠标事件和键盘事件，如表 8.5 所示。

表 8.5 Document 对象事件

事件处理名	说明
onClick	单击鼠标
onDbClick	双击鼠标
onMouseDown	按下鼠标左键
onMouseUp	放开鼠标左键
onMouseOver	鼠标移到对象上
onMouseOut	鼠标离开对象
onMouseMove	移动鼠标
onSelectStart	开始选取对象内容
onDragStart	开始以拖动方式移动选取对象内容
onKeyDown	按下键盘按键
onKeyPress	用户按下任意键时,先产生 KeyDown 事件。若用户一直按住按键,则产生连续的 KeyPress 事件

3. History 对象

History 对象包含用户已经浏览过的 URL 集合,提供浏览器导航按钮功能,可以通过文档的历史记录来浏览文档。

(1) History 对象的属性

length:返回历史表中的 URL 地址数目。

(2) History 对象的方法

- back():在历史表中向后搜索。
- forward():在历史表中向前搜索。
- go():在历史表中跳转到指定的项。

4. Navigator 对象

Navigator 对象包含浏览器的信息。

(1) Navigator 对象的属性

- appCodeName:返回浏览器的代码名称。对于 IE 浏览器,返回 Mozilla。
- appName:返回浏览器的名称。对于 IE 浏览器,返回 Microsoft Internet Explorer。
- appVersion:返回浏览器的版本号。
- userLanguage:返回当前用户所使用的语言。如果用户使用简体中文 Windows,则返回 zh-cn。
- cookieEnabled:如果允许使用 cookies,则该属性返回 true,否则返回 false。

(2) Navigator 对象的方法

它提供了一种用于确定浏览器中的 Java 是否可用的方法。

java.Enable ();

如果 Java 可用,返回值为 true,否则为 false。

5. Location 对象

Location 对象包含当前 URL 的信息。

(1) Location 对象的属性

- href:返回或设置当前文档的完整 URL。
- hash:返回或设置当前 URL 中#后面的部分(即书签)的名称。

- host：返回或设置当前 URL 中的主机名和端口部分。
- hostname：返回或设置当前 URL 中的主机名。
- port：返回或设置当前 URL 中的端口部分。
- path：返回或设置当前 URL 中的路径部分。
- protocol：返回或设置当前 URL 中的协议类型。
- search：返回或设置当前 URL 中的查询字符串，即提交给服务器时在 URL 中紧跟在问号后面的内容。如果当前 URL 中不包含查询字符串，则它返回一个空字符串。

（2）**Location** 对象的方法

- reload()：重新加载当前文档。
- replace()：用参数中给出的网址替换当前的网址。
- assign()：将当前 URL 地址设置为其参数所给出的 URL。

6. Link 对象

Link 对象表示文档中的超链接，通过该对象的一些属性可以得到链接目标。Link 对象的基本属性是 length，它返回文档中链接的数目。每个链接都是 Links 数组中的一个元素，可以通过索引值来访问。例如，第一个链接是 Links(0)，第二个链接是 Links(1)，最后一个链接是 Links(Links.Length)。

Link 对象的大多数属性与 Location 对象的属性基本相同，不再赘述。

8.3 Ajax 基础应用

前面提到过，通过 JavaScript 可以在无刷新的情况下验证用户名是否存在。下面就来开发这个实例，用来说明 Ajax 的具体应用。后面会详细解释该实例。

8.3.1 Ajax 应用示例

【例 8.1】Ajax 典型应用示例。

开发一个 Ajax 应用的步骤如下。

1. 建立项目

打开 MyEclipse，建立 Java EE 项目，命名为"AjaxTest"。

注意，下面只列出文件的内容，而不说明在什么地方建立该文件，经过前面的学习，相信读者一定很清楚了，这里列出项目的目录结构如图 8.3 所示。

2. CheckUser.java

学生注册名的唯一性由一个名为"CheckUser"的 HttpServlet 来实现，代码如下：

图 8.3　项目生成的目录

```
import java.io.IOException;
import java.io.PrintWriter;
import javax.servlet.ServletException;
import javax.servlet.http.HttpServlet;
import javax.servlet.http.HttpServletRequest;
import javax.servlet.http.HttpServletResponse;
public class CheckUser extends HttpServlet {
```

```java
        public void doGet(HttpServletRequest request, HttpServletResponse response)
            throws ServletException, IOException {
            response.setContentType("text/html");
            PrintWriter out = response.getWriter();
            //为方便起见,这里假设数据库中有这些学号
            //在实际应用中应该是从数据库中查询得来的
            String [] xhs={"081110","081111","081112","081113"};
            //取得用户填写的学号
            String xh=request.getParameter("xh");
            //设置响应内容
            String responseContext="true";
            for(int i=0;i<xhs.length;i++){
                //如果有该学号,修改响应内容
                if(xh.equals(xhs[i]))
                    responseContext="false";
            }
            //将处理结果返回给客户端
            out.println(responseContext);
            out.flush();
            out.close();
        }
        public void doPost(HttpServletRequest request, HttpServletResponse response)
            throws ServletException, IOException {
            doGet(request,response);
        }
    }
```

3. web.xml

在介绍 Servlet 的时候讲过,有 Servlet 文件存在就要进行相应的配置。

```xml
<?xml version="1.0" encoding="UTF-8"?>
<web-app xmlns:xsi="http://www.w3.org/2001/XMLSchema-instance" xmlns="http://xmlns.jcp.org/xml/ns/javaee" xsi:schemaLocation="http://xmlns.jcp.org/xml/ns/javaee http://xmlns.jcp.org/xml/ns/javaee/web-app_3_1.xsd" id="WebApp_ID" version="3.1">
    <display-name>AjaxTest</display-name>
    <welcome-file-list>
        <welcome-file>index.jsp</welcome-file>
    </welcome-file-list>
    <servlet>
        <description>This is the description of my JavaEE component</description>
        <display-name>This is the display name of my JavaEE component</display-name>
        <servlet-name>CheckUser</servlet-name>
        <servlet-class>CheckUser</servlet-class>
    </servlet>
    <servlet-mapping>
        <servlet-name>CheckUser</servlet-name>
        <url-pattern>/CheckUser</url-pattern>
    </servlet-mapping>
</web-app>
```

4. index.jsp

接下来编写客户端程序,对应代码如下:

```jsp
<%@ page language="java" pageEncoding="UTF-8"%>
<html>
<head>
    <title>Ajax 应用</title>
</head>
    <script type="text/javascript">
    var xmlHttp;
    //创建 XMLHttpRequest 对象
    function createHttpRequest(){
        if(window.ActiveXObject){
            xmlHttp = new ActiveXObject("Microsoft.XMLHTTP");
        }
        else if(window.XMLHttpRequest){
            xmlHttp = new XMLHttpRequest();
        }
    }
    function beginCheck(){
        //得到用户填写的学号
        var xh=document.all.xh.value;
        //如果为空
        if(xh == ""){
            alert("对不起，请输入注册学号！");
            return;
        }
    createHttpRequest();
    //将状态触发器绑定到一个函数
    xmlHttp.onreadystatechange = processor;
    //通过 get 方法向指定的 URL，即 Servlet 对应 URL 建立服务器的调用
    xmlHttp.open("get","CheckUser?xh="+xh);
    //发送请求
    xmlHttp.send(null);
    }
    //处理状态改变函数
    function processor(){
        var responseContext;
        //如果响应完成
        if(xmlHttp.readyState == 4){
            //如果返回成功
            if(xmlHttp.status == 200){
                //取得响应内容
                responseContext = xmlHttp.responseText;
                //如果注册名检查有效
                if(responseContext.indexOf("true")!=-1){
                    alert("恭喜你，该学号有效！");
                }else{
                    alert("对不起，该学号已经被注册！");
                }
            }
        }
    }
    </script>
```

```
<body>
    <form action="">
        学号：
        <!-- 当输入框改变时执行 beginCheck()函数 -->
        <input type="text" name="xh" onchange="beginCheck()"/>
        口令：
        <input type="password" name="kl"/>
        <input type="submit" value="注册"/>
    </form>
</body>
</html>
```

5. 运行

部署运行，可以验证实际效果。当输入已经存在的学号时，就会无刷新页面，提示该学号已经存在，如图 8.4 所示。

图 8.4　运行效果

8.3.2　XMLHttpRequest 对象

XMLHttpRequest 对象提供客户端与 HTTP 服务器异步通信的协议。通过该协议，Ajax 可以使页面像桌面应用程序一样，只同服务器进行数据层的交换，而不用每次都刷新界面，也不用每次将数据处理工作提交给服务器来做。这样既减轻了服务器的负担，又加快了响应速度、缩短了用户等候的时间。

在 Ajax 应用程序中，如果使用的是 Mozilla、Firefox 或 Safari，可以通过 XMLHttpRequest 对象来发送非同步请求；如果使用的是 IE 6 或之前的版本，则使用 ActiveXObject 对象来发送非同步请求。为了满足各种不同浏览器的兼容性，必须先进行测试，取得 XMLHttpRequest 或 ActiveXObject，例如下面的代码：

```
var xmlHttp;
function createXMLHttpRequest(){
    if(window.XMLHttpRequest){              //如果可以取得 XMLHttpRequest
        xmlHttp=new XMLHttpRequest();       //Mozilla、Firefox、Safari
    }
    else if(window.ActiveXObject){          //如果可以取得 ActiveXObject
        xmlHttp=new ActiveXObject("Microsoft.XMLHTTP");    //Internet Explorer
    }
}
```

创建了 XMLHttpRequest 对象后，通过在 JavaScript 脚本中调用 XMLHttpRequest 对象的方法（见表 8.6）和 XMLHttpRequest 对象的属性（见表 8.7），实现 Ajax 的功能。

表 8.6　XMLHttpRequest 对象的方法

方　法　名	描　　述
abort()	停止当前请求
getAllResponseHeaders()	将 HTTP 请求的所有响应首部作为键/值对返回
getResponseHeader("header")	返回指定首部的字符串值
open("method","url"[,asyncFlag[,"userName" [, "password"]]])	建立对服务器的调用，method 参数可以是 GET、POST 或 PUT，url 参数可以是相对或绝对 URL。该方法还有如下 3 个可选参数： asyncFlag=是否非同步标记 username=用户名 password=密码
send(content)	向服务器发送请求
setRequestHeader("header","value")	把指定首部设置为所提供的值，在调用该方法之前必须先调用 open 方法

表 8.7　XMLHttpRequest 对象的属性

属　性　名	描　　述
onreadystatechange	状态改变事件触发器，每个状态改变都会触发这个事件触发器
readyState	对象状态： 0 = 未初始化 1 = 正在加载 2 = 已加载 3 = 交互中 4 = 完成
responseText	服务器的响应，字符串
responseXML	服务器的响应，XML。该对象可以解析为一个 DOM 对象
status	服务器返回的 HTTP 状态码
statusText	HTTP 状态码的相应文本

Ajax 利用浏览器与服务器之间的一个通道来"暗中"完成数据提交或请求。具体方法是，页面的脚本程序通过浏览器提供的空间完成数据的提交和请求，并将返回的数据由 JavaScript 处理后展现到页面上。整个过程由浏览器、JavaScript、JSP 共同完成，Ajax 就是这样一组技术的总称。不同的浏览器对 Ajax 有不同的支持方法，而对于 Web 服务器来说没有任何变化，因为浏览器和服务器之间的这个通道依然是基于 HTTP 请求和响应的，浏览器正常的请求和 Ajax 请求对于 Web 服务器来说没有任何区别。如图 8.5 所示说明了 Ajax 的请求和响应过程。

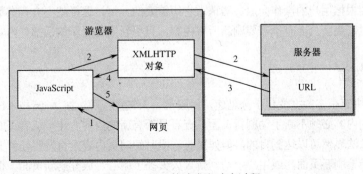

图 8.5　Ajax 的请求和响应过程

Ajax 的请求和响应过程如下。
① 网页调用 JavaScript 程序。
② JavaScript 利用浏览器提供的 XMLHTTP 对象向 Web 服务器发送请求。
③ 请求的 URL 资源处理后返回结果给浏览器的 XMLHTTP 对象。
④ XMLHTTP 对象调用实现设置的处理方法。
⑤ JavaScript 方法解析返回的数据，利用返回的数据更新页面。

8.3.3 Ajax 技术适用场合

Ajax 虽然是一个好的技术，但它不是万能的。在适宜的场合使用 Ajax，才能充分发挥它的长处，改善系统性能和用户体验，绝不可以为了技术而滥用。Ajax 的特点在于异步交互、动态更新 Web 页面，因此它适用于交互较多、频繁读取数据的 Web 应用。下面列举几个 Ajax 常用的场合。

1. 数据验证

在填写表单内容时，有时需要保证数据的唯一性（如新用户注册时填写的用户名），因此必须对用户输入内容进行数据验证。数据验证通常有两种方式：一种是直接填写，然后提交表单，这种方式需要将整个页面提交到服务器端进行验证，整个过程不仅时间长，且给服务器造成不必要的负担；第二种是对第一种方式的改进，用户通过单击相应的验证按钮，打开新窗口查看验证结果。但是这需要新开一个浏览器窗口或对话框，还需要编写相应的专门验证页面，既耗费系统资源，又耗费人力，而且如果这样的验证多了，系统还显得臃肿。如果使用 Ajax 技术，可以由 XMLHttpRequest 对象发出验证请求，根据返回的 HTTP 响应判断验证是否成功，整个过程不需要弹出新窗口，也不需要将整个页面提交到服务器端，快速而又不加重服务器负担，在这种情况下，Ajax 技术是很好的选择。

2. 按需取数据

分类树或树形结构在 Web 应用系统中使用非常普遍。以前每次对分类树的操作都会引起页面刷新，用户需要等待一段刷新的时间。为此，一般不采用每次调用后台的方式，而是一次性将分类结构中的数据全部读取出来并写入数组，然后根据用户的操作需求，用 JavaScript 来控制节点的呈现。这样虽然解决了响应速度慢、需要刷新页面的问题，并且避免向服务器频繁发送请求，但是如果用户不对分类树进行操作，或者只对分类树中的一部分数据进行操作，那么读取的数据就会成为垃圾资源。在分类结构复杂、数据量庞大的情况下，这种方式的弊端就更加明显了。

Ajax 技术改进了分类树的实现机制。在初始化页面时，只获取根部分类数据并显示它们。当用户单击根部分类的某一子节点时，页面会通过 Ajax 向服务器请求当前分类所属的子分类的所有数据；如果再继续请求已经呈现的子分类的子节点，再次向服务器请求当前子分类所属的子分类的所有数据，依此类推。页面会根据用户的操作向服务器请求它所需要的数据，这样就不会存在数据冗余，减少了数据加载量。同时，更新页面时不需要刷新所有内容，只更新需要更新的那部分内容即可，也就是所谓的局部刷新。

3. 自动更新页面

在 Web 应用中有很多数据变化十分迅速，如股市、天气预报等。在 Ajax 技术出现之前，用户为了及时了解相关的内容必须不断手动刷新页面，查看是否有新的内容变化，或者页面本身实现定时刷新的功能。这种做法显然可以达到目的，但如果有一段时间网页内容没有发生任何变化，但是用户并不知道，仍然不断地刷新页面，或用户手动刷新太久失去了耐心，放弃刷新页面，很有可能在此时有新消息出现，这样就错过了得知消息的机会。

Ajax 技术解决了一问题。页面加载以后,通过 Ajax 引擎在后台定时向服务器发送请求,查看是否有最新的消息。如果有,则加载新的数据,并且在页面上动态更新,然后通过一定的方式通知用户。这样既避免了用户不断手动刷新页面的不便,也不会在页面定时重复刷新时造成资源浪费。

8.4 开源 Ajax 框架——DWR

对于程序员来说,需要掌握用 JavaScript 脚本来操作数据。但相对于 Java 语言,JavaScript 语言无论在面向对象,还是数据操作等方面都很弱。

值得高兴的是,针对 Ajax 技术,在 Java EE 领域出现不少解决方案,如 DWR、AjaxAnywhere、JSON-RPC-Java 等。

DWR 是开源框架,类似于 Hibernate。借助于 DWR,开发人员无须具备专业的 JavaScript 知识就可以轻松实现 Ajax,使 Ajax 应用更加 "平民化"。下面通过简单的实例配置,说明怎样将 DWR 部署到项目中。

【例 8.2】DWR 框架应用。

开发一个使用 DWR 的 Java EE 项目,步骤如下。

① 创建 Java EE 项目,命名为 AjaxDwr。

② 添加 DWR 的 Jar 包。

从 DWR 官方网站 http://directwebremoting.org/dwr/downloads/index.html 下载 DWR 开发包 dwr.jar(版本为 2.0.10)。将它复制到项目的 WEB-INF\lib 文件夹下。这里还要把 commons-logging-1.1.3.jar 也放到项目的 WEB-INF\lib 文件夹下,但如果项目中用到 Struts 2 框架,该包已经被导入,就不用重复导入了。

③ 修改项目的 web.xml 文件,添加 Servlet 映射。

在项目的 web.xml 文件中加入下面的代码:

```xml
<?xml version="1.0" encoding="UTF-8"?>
<web-app xmlns:xsi="http://www.w3.org/2001/XMLSchema-instance" xmlns="http://xmlns.jcp.org/xml/ns/javaee" xsi:schemaLocation="http://xmlns.jcp.org/xml/ns/javaee http://xmlns.jcp.org/xml/ns/javaee/web-app_3_1.xsd" id="WebApp_ID" version="3.1">
    <display-name>AjaxDwr</display-name>
    <welcome-file-list>
      <welcome-file>index.jsp</welcome-file>
    </welcome-file-list>
    <servlet>
      <servlet-name>dwr-invoker</servlet-name>
      <servlet-class>org.directwebremoting.servlet.DwrServlet</servlet-class>
      <init-param>
          <param-name>debug</param-name>
          <param-value>true</param-value>
      </init-param>
      <!-- 新加 crossDomainSessionSecurity 参数 -->
      <init-param>
          <param-name>crossDomainSessionSecurity</param-name>
          <param-value>false</param-value>
      </init-param>
    </servlet>
    <servlet-mapping>
       <servlet-name>dwr-invoker</servlet-name>
       <url-pattern>/dwr/*</url-pattern>
    </servlet-mapping>
</web-app>
```

这段内容要放在 web.xml 文件的<web-app>与</web-app>之间，该配置告诉 Web 应用程序，以/dwr/起始的全部 URL 所指向的请求都交给 org.directwebremoting.servlet.DwrServlet 这个 Java Servlet 来处理。

④ 创建 dwr.xml 文件。

在项目的 WEB-INF 文件夹下创建 dwr.xml 部署描述文件，其代码如下：

```xml
<!DOCTYPE dwr PUBLIC
    "-//GetAhead Limited//DTD Direct Web Remoting 1.0//EN"
    "http://www.getahead.ltd.uk/dwr/dwr10.dtd">
<dwr>
    <allow>
        <create creator="new" javascript="AjaxDate">
            <param name="class" value="java.util.Date"/>
        </create>
    </allow>
</dwr>
```

这个配置文件定义哪个 Java 类（这里为 java.util.Date）可以被 DWR 应用创建并通过 JavaScript 远程调用。在上面的配置文件中，定义了可以被 DWR 创建的 Java 类 java.util.Date，并给这个类赋予一个 JavaScript 名称 AjaxDate。通过修改 dwr.xml，也可以将自定义的 Java 类公开给 JavaScript 远程调用。

在该配置文件中，creator 属性是必需的，它指定使用哪种创建器。默认情况下，create 元素的 creator 属性可有三种选择值：new、scripted、spring。最常用的是 new 值，它代表将使用 Java 类默认的无参数构造方法创建类的实例对象。scripted 值表示使用脚本语言来创建 Java 类对象。spring 值表示通过 Spring 框架 Bean 来创建 Java 类对象。

该配置还可以在 create 元素下加入 include 标记，指明要公开给 JavaScript 的方法。例如加入：

```xml
<include method="toString">
```

这表明公开 Date 的 toString 方法。

⑤ 使用 JavaScript 远程调用 Java 类方法。

编写 index.jsp 文件如下：

```jsp
<%@ page language="java" pageEncoding="UTF-8"%>
<html>
<head>
    <title>DWR 应用</title>
    <script language="javascript" src="dwr/interface/AjaxDate.js"></script>
    <script language="javascript" src="dwr/engine.js"></script>
    <script language="javascript" src="dwr/util.js"></script>
    <script language="javascript">
        function doTest() {
            AjaxDate.toString(load);
        }
        <!--获取当前时间 -->
        function load(data) {
            window.alert("现在时间是： "+data);
        }
    </script>
</head>
<body>
    <input type="button" value="查询现在时间" onClick="doTest()">
</body>
</html>
```

⑥ 部署运行。

部署运行，单击【查询现在时间】按钮，看到如图8.6所示的界面。

图 8.6　DWR 测试界面

通过以上实例可以看到，DWR 提供了许多功能。它允许迅速而简单地创建到服务器端 Java 对象的 Ajax 接口，而无须编写任何 Servlet 代码、对象序列化代码或客户端 XMLHttpRequest 代码。

DWR 的工作原理是，动态地把 Java 类生成为 JavaScript。它的代码就像 Ajax 一样，调用就像发生在浏览器端，但是实际上代码调用发生在服务器端，DWR 负责数据的传递和转换。这种从 Java 到 JavaScript 的远程调用功能的方式使 DWR 用起来有些像 RMI 或者 SOAP 的常规 RPC 机制，而且 DWR 的优点在于不需要任何的网页浏览器插件就能在网页上运行。

习　题　8

1. 列举出 JavaScript 的基础语法。
2. 写出 Ajax 的适用场景。
3. 简述应用 DWR 框架进行项目开发的流程。

第 2 部分 实 验 指 导

计算机学科是一门要求动手能力很强的学科,特别是在语言编程方面,学习者要通过大量的实践练习才能从中体会到知识的典型应用。计算机应用能力的培养和提高,要靠大量的上机实验。为配合本书的学习,这里汇集了 Java EE 的上机实验题。读者可以从前面各章节的学习中,选择相应的上机实验题进行练习,加深对 Java EE 的理解,培养实际的编程能力。

实验 1 HTML 应用

实验目的

① 掌握 HTML 文件中属性应用。
② 掌握 HTML 文件中表格、表单及 Frame 的应用。

实验内容

复习 2.1 节的内容,用 HTML 文件实现如图 T1.1 所示的主界面。

图 T1.1 主界面

单击"学生成绩查询"超链接，出现如图 T1.2 所示的界面。

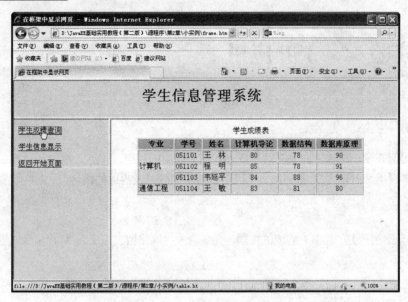

图 T1.2　学生成绩查询界面

单击"学生信息显示"超链接，出现如图 T1.3 所示的界面。

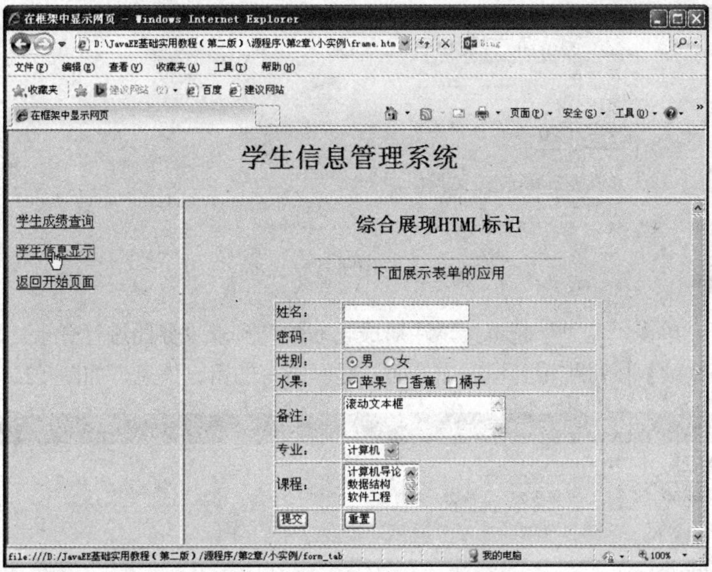

图 T1.3　学生信息显示界面

单击"返回开始页面"超链接，呈现主界面。

思考与练习

在界面的左边再加入一个超链接，单击该超链接，在右边显示想要显示的内容。

实验 2 JSP 应用

实验目的

① 通过实例开发，熟练掌握 JSP 语法及 JSP 相关标签的应用。
② 熟练掌握用 Servlet 作为控制器，实现用户请求的处理及界面的跳转。

实验内容

根据【综合案例一】（2.4 节）实现的步骤，完成开发"网络留言系统"。运行项目，进入登录界面，如图 T2.1 所示。

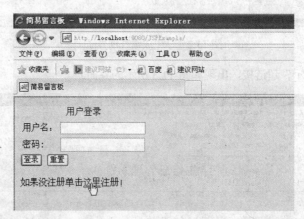

图 T2.1 用户登录界面

如果没有注册，单击"这里"超链接，注册成功后跳转到登录界面进行登录。输入正确的用户名和密码后，单击【登录】按钮跳转到程序主界面，显示所有的留言信息，如图 T2.2 所示。

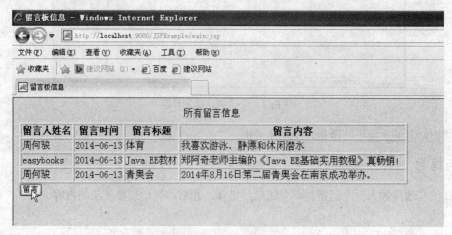

图 T2.2 所有留言信息主界面

单击【留言】按钮,跳转到如图 T2.3 所示的供用户填写留言信息的界面。

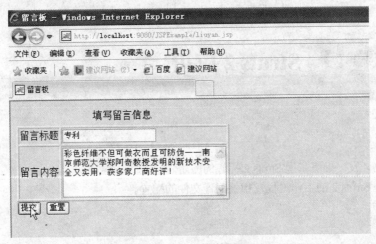

图 T2.3 填写留言信息的界面

填写好留言信息后,单击【提交】按钮跳转到成功界面,单击成功界面的"返回"超链接,跳转到程序主界面,并显示留言的内容,如图 T2.4 所示。

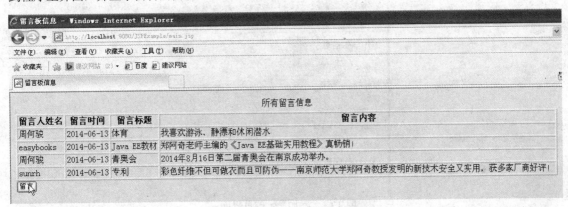

图 T2.4 显示留言信息界面

思考与练习

在该项目基础上,加入计数器,实现网站的访问次数统计。

实验 3　Struts 2 应用

实验目的

① 通过实例开发，熟练掌握 Struts 2 标签的应用。
② 熟练掌握 Struts 2 的工作流程及相关配置文件的配置。

实验内容

根据【综合案例二】（3.8.1 节），完成"添加学生信息"项目，运行项目，实现如图 T3.1 所示的界面。

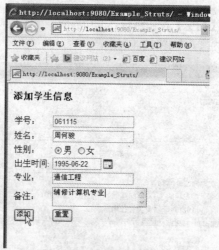

图 T3.1　添加学生信息界面

填写好学生信息后单击【添加】按钮，完成添加。

充分应用 Struts 2 标签，熟练掌握它们的用法、Struts 2 的工作流程及配置文件的正确配置。

思考与练习

① 参照 3.6 节内容，将本项目实现国际化。参照 3.3 节内容实现本项目的验证。
② 根据实验步骤，在原项目的基础上完成课程信息添加。
③ 在原项目的基础上加入注册和登录功能，项目运行主界面设置为登录界面，在登录界面加入注册超链接，并提示如果没有注册就单击注册。

实验 4 Hibernate 与 MVC 应用

实验目的

① 熟练掌握 Hibernate 对数据库的映射，掌握*.hbm.xml 文件的正确配置。
② 熟练掌握 Struts 2 与 Hibernate 整合开发 MVC 结构的 Java EE 项目。

实验内容

【实验 4.1】
根据 4.1.2 节的步骤，实现对数据库的映射，并进行测试，验证其正确性。

【实验 4.2】
根据【综合案例四】（5.3.1 节）内容，完成"学生选课系统"，运行程序进入登录界面，如图 T4.1 所示。

图 T4.1 登录界面

输入正确的学号和口令，单击【登录】按钮。登录成功后进入主界面，如图 T4.2 所示。

图 T4.2 登录成功主界面

单击左边的"查询个人信息"超链接,查看当前用户的个人信息,如图 T4.3 所示。

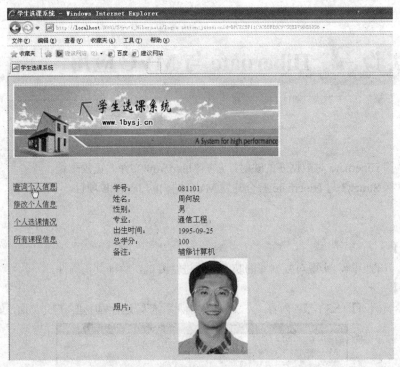

图 T4.3 查询个人信息界面

单击"修改个人信息"超链接,列举用户信息并允许进行修改,单击【确定】按钮提交,提示用户修改成功。然后单击"查询个人信息"超链接,显示新的个人信息。

单击"个人选课情况"超链接,列举当前用户的个人选课情况,如图 T4.4 所示。

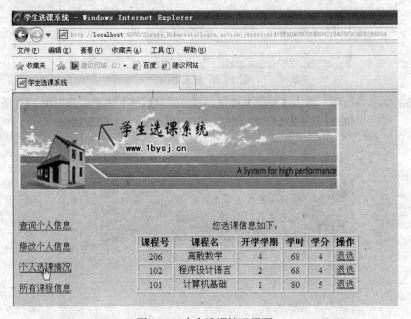

图 T4.4 个人选课情况界面

单击右边的"退选"超链接即可退选该课程。
单击"所有课程信息"超链接，列出所有课程信息，如图 T4.5 所示。

图 T4.5 所有课程信息界面

单击右边的"选修"超链接，后台会判断该用户是否已经选修了该课程，如果已经选修，就提示用户已经选修了该课程，不要重复选取；如果没有选修，就提示用户选修成功。之后在查询个人选课情况时，就会多出刚刚选修的课程信息。

思考与练习

① 完成对数据库中成绩表的映射，成绩表可以参看附录 A。

② 把运行主界面改为 main.jsp，思考利用 Struts 2 的拦截器实现单击左边的超链接时先判断有没有登录，如果没有登录跳转到登录界面（该题目为思考题）。

③ 在不改动源程序代码的前提下，将学生选课系统后台数据库换成 MySQL、Oracle 等，试一试能否成功。

实验 5　Spring 应用

实验目的

① 熟练掌握 Spring 依赖注入的应用。
② 熟练掌握用 Spring 集成 Java EE 各框架。

实验内容

【实验 5.1】

根据 6.6.1 节【实例八】的步骤，完成 Spring 与 Hibernate 的集成。运行项目，观察运行结果，并掌握实现方法。

【实验 5.2】

根据 6.6.2 节【实例九】的步骤，完成 Struts 2 与 Spring 的集成。运行项目，观察运行结果，并掌握实现方法。

【实验 5.3】

根据 6.6.3 节【实例十】的步骤，完成 SSH2 多框架的整合。运行项目，观察运行结果，并掌握实现方法。

思考与练习

在【实验 5.3】的基础上添加注册功能，该功能的 Action 类重新建立为 RegisterAction，并把该类交由 Spring 的容器来管理。

实验 6 多框架整合架构应用

实验目的

熟练掌握带业务层（Service）的 SSH2 架构大型 Java EE 项目的步骤。

实验内容

复习第 7 章的内容，根据该章介绍的步骤，完成"学生成绩管理系统"，运行项目，出现如图 T6.1 所示的主界面。

图 T6.1 项目运行主界面

输入正确的学号和口令，单击【登录】按钮，跳转到登录成功界面。

单击"学生信息录入"超链接，出现如图 T6.2 所示的界面，填写学生信息后，单击【添加】按钮，若信息录入成功就跳转到成功界面。

图 T6.2 录入学生信息界面

单击"学生信息查询"超链接，分页显示所有学生的信息，如图T6.3所示。

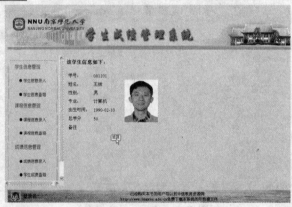

图T6.3　分页显示所有学生的信息界面

单击某个学生的"详细信息"超链接，显示该学生的详细情况，包括照片、备注等。如单击学号为081101学生的"详细信息"超链接，出现如图T6.4所示的界面。

图T6.4　某学生详细信息界面

单击学生信息后面的"删除"超链接，显示如图T6.5所示的界面，提示用户是否要删除该学生信息，以免误操作。单击【确定】按钮删除该学生信息。注意，因为删除了某个学生信息，对应的该学生的成绩也应该不存在了，所以这里不但要删除该学生信息，还要删除该学生对应的成绩信息。

图T6.5　删除学生信息界面

修改学生信息要首先跳转到修改学生信息界面，并且获得该学生的信息，例如，单击学号为081101的学生后面的"修改"超链接，显示如图T6.6所示的界面。该界面包含了该学生的信息，用户可以修改除学号外的其他信息。修改后，单击【修改】按钮，若成功，跳转到修改成功界面。

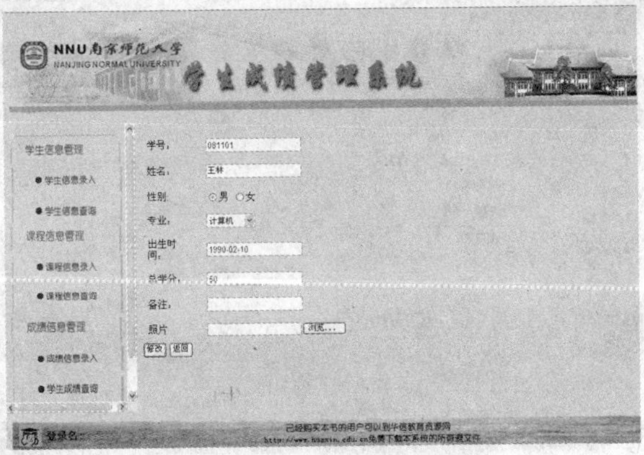

图T6.6　修改学生信息界面

单击左侧"成绩信息录入"超链接，跳转到学生成绩录入界面，如图T6.7所示。由于录入学生成绩时，学生名和课程名是不能随便填写的，不允许用户填写一个不存在的学生名和课程名，需要从数据库中查询学生及课程，所以成绩录入界面设计成下拉列表，供选择使用。

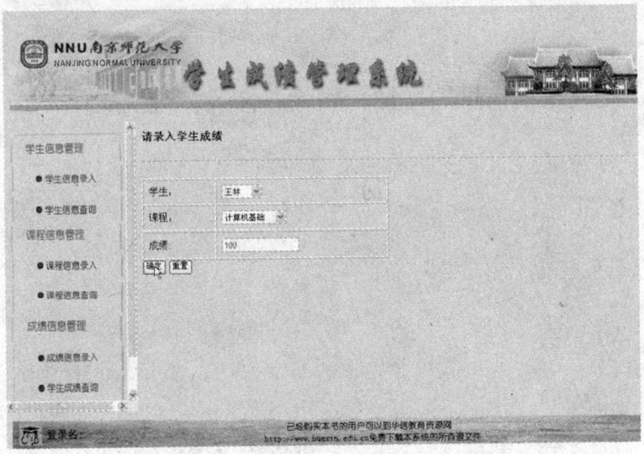

图T6.7　学生成绩录入界面

填写完成后，单击【确定】按钮，如果操作成功就跳转到成功界面。

单击"学生成绩查询"超链接，分页显示所有学生的成绩，如图T6.8所示。

图T6.8　分页显示所有学生成绩的界面

在显示所有学生成绩的界面中，学号设计成超链接，用户单击学生的学号超链接，就会显示该学生所有课程的成绩。如单击"081101"超链接，学生成绩如图 T6.9 所示。

图 T6.9 某学生课程成绩

与删除学生信息相同，在单击"删除"超链接时，会提示用户确认。只有用户确定删除，才会提交请求删除成绩信息。

思考与练习

在本项目的基础上，完成课程信息的增加、删除、修改、查找操作。

实验 7 Ajax 应用

实验目的

① 基本掌握 Ajax 的应用。
② 基本掌握 DWR 框架的应用。

实验内容

【实验 7.1】

根据 8.3.1 节中的步骤,完成 Ajax 的基本应用。思考其实现过程,完成如图 T7.1 所示的学号验证功能。

图 T7.1 运行效果

【实验 7.2】

根据 8.4 节中的步骤,完成 DWR 框架的应用。掌握其实现步骤,完成如图 T7.2 所示的功能。

图 T7.2 DWR 测试界面

思考与练习

用 DWR 框架完成注册用户时的用户名验证。

第 3 部分 综合应用实习

实习 模块化开发：网上购书系统

本实习设计一个具有代表性的网上购书系统，旨在通过该综合案例，使读者对 Java EE 的应用有一个比较全面、深入的掌握，从而能够独立地开发具有一定规模的 Java EE 项目。第 7 章中我们也曾给出一个比较大的项目——学生成绩管理系统，目的是教会读者怎样实现大型项目中 SSH2 多框架的整合，它采用了分层次开发的方法：先开发持久层和业务层，一次性地把 DAO、业务逻辑全都编写好并罗列在读者面前。其实在实际的软件开发中，程序员在搭建好系统主体架构后，并不是刻意地非要一次性把底层这些功能全部都做好了，再去开发上层应用；而是以"应用功能"为驱动，在开发表示层应用的过程中需要用到某个业务服务，才去有针对性地专门开发某个组件，将它集成进来并预留接口，后继开发中再次用到时则查找、重复使用。这可称为分模块（模块化）的开发方式。

本综合实习就采用模块化的方式来开发，其目的是告诉读者，在实际开发中不仅有分层次开发方法，还有分模块开发方法，这两种方法各有其特点，应根据实际需要做出灵活选择。

P.1 系统分析和设计

1. 需求分析

任何软件开发的第一步都是明确系统需求，即系统要实现什么功能，具体的要求是什么。

大部分读者都有过网上购物的经历，在购物网站可以很方便地注册、浏览商品和查询商品，购买时只需点几下鼠标即可。本书的网上购书系统（网上书店）将实现上述的基本功能，用户可以注册、浏览商品、查询购物车等，其主界面如图 P.1 所示。

图 P.1 网上购书系统主界面

系统主要的功能需求如下。

① 用户可以查看图书分类和浏览网站推荐的图书。
② 用户可以根据分类，浏览某一类图书的列表。
③ 用户可以查看具体某本图书的介绍。
④ 用户在图书浏览界面，单击【添加】按钮，可把选定的图书添加到购物车中。
⑤ 用户可以单击"购物车"超链接，查看购物车信息。
⑥ 用户可以单击【结账】按钮下订单（需要登录后才能操作）。
⑦ 用户在注册界面填写注册信息，确认有效注册、成为新用户。
⑧ 用户在登录界面填写用户名和密码，确认正确，可以结账。

由需求得出系统功能模块的划分，如图 P.2 所示。

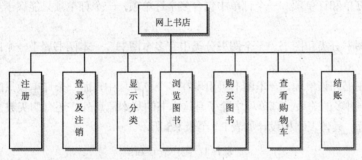

图 P.2　网上购书系统功能模块的划分

2. 数据库设计

网上书店中有以下几个实体：用户、图书分类、图书、订单和订单项，因此系统可以设计如下的数据概念模型，如图 P.3 所示。

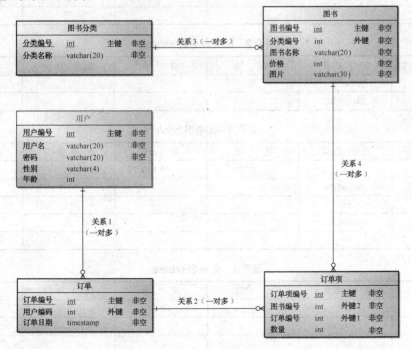

图 P.3　数据概念模型

（1）实体分析

① 用户：代表一个用户实体，主要包括用户信息，如用户名、密码、性别、年龄等。

② 图书分类：代表网上书店中已有的图书种类，如数据库、程序设计、网页开发等。

③ 图书：代表某本图书的具体信息，如书名、价格和封面图片等。

④ 订单：代表用户的订单、购买信息。

⑤ 订单项：代表订单中的具体项，每一个订单的具体订单信息。

（2）关系和表结构设计

其中各实体之间还存在如下对应关系。

① 关系1：用户和订单。一个用户可以拥有多个订单，一个订单只能属于一个用户，它们之间的关系是一对多的关系，在数据库中表现为订单表中有一个用户表的外键。

② 关系2：订单和订单项。一个订单中包含多个订单项，一个订单项只能属于一个订单，是一对多的关系。

③ 关系3：图书分类和图书。一个图书分类中有多本图书，一本图书属于一个图书分类，是一对多的关系。

④ 关系4：图书和订单项。一本图书可出现在多个订单项中，而一个订单项只能是对某一本图书的订购信息，是一对多的关系。订单项中除了有这本书的基本信息外，还有购买数量等。

根据上述分析，具体表结构设计如表 P.1 至表 P.5 所示。

表 P.1　用户表 users

字 段 名 称	数 据 类 型	主　　键	自　　增	允 许 为 空	描　　述
userid	int	是	增1		标志 ID
username	varchar(20)				用户名
password	varchar(20)				密码
sex	varchar(4)			是	性别
age	int			是	年龄

表 P.2　图书分类表 catalog

字 段 名 称	数 据 类 型	主　　键	自　　增	允 许 为 空	描　　述
catalogid	int	是	增1		标志 ID
catalogname	varchar(20)				图书分类名

表 P.3　图书表 book

字 段 名 称	数 据 类 型	主　　键	自　　增	允 许 为 空	描　　述
bookid	int	是	增1		标志 ID
bookname	varchar(20)				图书名
price	int				图书价格
picture	varchar(30)			是	图书封面
catalogid	int				分类（外键）

表 P.4　订单表 orders

字 段 名 称	数 据 类 型	主　　键	自　　增	允 许 为 空	描　　述
orderid	int	是	增1		标志 ID
orderdate	datetime				订单时间
userid	int				用户 ID

表 P.5 订单项表 orderitem

字段名称	数据类型	主键	自增	允许为空	描述
orderitemid	int	是	增1		标志 ID
quantity	int				数量
orderid	int				所属订单（外键）
bookid	int				所属图书（外键）

在 SQL Server 2008/2012 中新建数据库 bookStore，在其中创建上面的 5 个表，表结构建好后，读者可以给这些表添加一些数据，以备测试之用。笔者在测试功能时已经添加了数据，此处不再列举，读者可以根据需求自己添加数据。

P.2 搭建系统框架

本项目采用与第 7 章"学生成绩管理系统"一样的主体框架（Struts 2+Spring+Service+DAO+Hibernate），即典型的 SSH2 架构。

1. 创建项目工程

新建 Java EE 项目，项目命名 bookstore，主要步骤如下。
① 添加 Spring 核心容器。
② 添加 Hibernate 框架。
③ 添加 Struts 2 框架。
④ 集成 Spring 与 Struts 2。

要注意添加各框架的次序：Spring 作为核心容器必须最先加入！然后添加的另两个框架都配置为交付给 Spring 管理。具体操作同第 7 章"学生成绩管理系统"，为方便后面的开发，在第 2 步添加了 Hibernate 后，可以顺带就将 bookStore 中 5 个表全都用"反向工程"法生成 POJO 对象及映射文件，并在项目 src 下创建包 org.bookstore.model 以存放这些文件。最终形成的项目工程目录树如图 P.4 所示。

其中，src 下各子包放置的代码用途简述如下。

- org.bookstore.action：放置 Struts 2 的 Action 控制模块。
- org.bookstore.dao：放置 DAO 接口。
- org.bookstore.dao.impl：放置 DAO 实现类。
- org.bookstore.model：放置 POJO 类及映射文件。
- org.bookstore.service：放置业务逻辑接口。
- org.bookstore.service.impl：放置业务逻辑实现类。
- org.bookstore.tool：放置模型类，如购物车类。
- org.bookstore.util：放置公用的工具类，如分页类等。

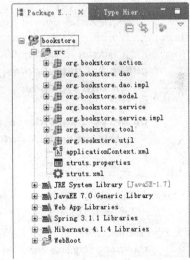

图 P.4 项目工程目录树

在 src 文件夹下添加 struts.xml 文件，内容如下：

```
<?xml version="1.0" encoding="utf-8"?>
<!DOCTYPE struts PUBLIC
    "-//Apache Software Foundation//DTD Struts Configuration 2.0//EN"
    "http://struts.apache.org/dtds/struts-2.0.dtd">
<struts
```

```xml
<package name="default" extends="struts-default">
    …//以后在这里添加 action
</package>
<constant name="struts.i18n.encoding" value="gb2312"></constant>
</struts>
```

2. 修改 POJO 类及映射关联

因为 model 中的类和映射文件都是 Hibernate 自动生成的,需要对一些关联进行修改。下面列出修改的部分,见加黑部分代码。

Users.java 代码如下:

```java
package org.bookstore.model;
import java.util.*;
/**
 * Users entity. @author MyEclipse Persistence Tools
 */
public class Users implements java.io.Serializable {
    // Fields
    private Integer userid;
    private String username;
    private String password;
    private String sex;
    private Integer age;
    private Set orderses = new HashSet(0);            //该用户的订单
    // Constructors
    //省略构造方法
    …
    // Property accessors
    //省略其他属性的 setter 和 getter 方法
    …
    //增加 orderses 属性的 setter 和 getter 方法
    public Set getOrderses() {
        return orderses;
    }
    public void setOrderses(Set orderses) {
        this.orderses = orderses;
    }
}
```

Users.hbm.xml 代码如下:

```xml
…
<hibernate-mapping>
    <class name="org.bookstore.model.Users" table="users" schema="dbo" catalog="bookStore">
        …
        <set name="orderses" inverse="true">
            <key>
                <column name="userid" />
            </key>
            <one-to-many class="org.bookstore.model.Orders" />
        </set>
```

```
    </class>
</hibernate-mapping>
```

配置用户与订单的"一对多"关系。

Book.java 代码如下:

```
...
public class Book implements java.io.Serializable {
    // Fields
    private Integer bookid;
    private String bookname;
    private Integer price;
    private String picture;
    //private Integer catalogid;
    private Catalog catalog;              //该书所属分类
    // Constructors
    /** default constructor */
    public Book() {
    }
    /** minimal constructor */
    public Book(String bookname, Integer price) {
        this.bookname = bookname;
        this.price = price;
        //this.catalogid = catalogid;
    }
    /** full constructor */
    public Book(String bookname, Integer price, String picture,
            Catalog catalog) {
        this.bookname = bookname;
        this.price = price;
        this.picture = picture;
        //this.catalogid = catalogid;
        this.catalog = catalog;
    }
    // Property accessors
    //省略其他属性的 getter 和 setter 方法
    ...
/*   注销 catalogid 属性的 getter 和 setter 方法
    public Integer getCatalogid() {
        return this.catalogid;
    }

    public void setCatalogid(Integer catalogid) {
        this.catalogid = catalogid;
    }
*/
    //增加 catalog 属性的 getter 和 setter 方法
    public Catalog getCatalog() {
        return catalog;
    }
    public void setCatalog(Catalog catalog) {
```

```
            this.catalog = catalog;
    }
}
```

Book.hbm.xml 代码修改如下:

```xml
...
<hibernate-mapping>
    <class name="org.bookstore.model.Book" table="book" schema="dbo" catalog="bookStore">
        <id name="bookid" type="java.lang.Integer">
            <column name="bookid" />
            <generator class="native" />
        </id>
        <property name="bookname" type="java.lang.String">
            <column name="bookname" length="20" not-null="true" />
        </property>
        <property name="price" type="java.lang.Integer">
            <column name="price" not-null="true" />
        </property>
        <property name="picture" type="java.lang.String">
            <column name="picture" length="30" />
        </property>
        <many-to-one name="catalog" class="org.bookstore.model.Catalog" lazy="false">
            <column name="catalogid"></column>
        </many-to-one>
    </class>
</hibernate-mapping>
```

配置图书分类与图书的"多对一"关系，这里同时必须删除原 catalogid 属性的配置元素。

Catalog.java 代码修改如下:

```java
package org.bookstore.model;
import java.util.*;
...
public class Catalog implements java.io.Serializable {
    // Fields
    private Integer catalogid;
    private String catalogname;
    private Set books = new HashSet();          //该分类下的图书
    // Constructors
    //省略构造方法
    ...
    // Property accessors
    //省略其他属性的 getter 和 setter 方法
    ...
    //增加 books 属性的 setter 和 getter 方法
    public Set getBooks() {
        return books;
    }
    public void setBooks(Set books) {
        this.books = books;
    }
}
```

Catalog.hbm.xml 代码修改如下:

```xml
...
<hibernate-mapping>
    <class name="org.bookstore.model.Catalog" table="catalog" schema="dbo" catalog="bookStore">
        ...
        <set name="books" inverse="true">
          <key>
              <column name="catalogid" />
          </key>
          <one-to-many class="org.bookstore.model.Book" />
        </set>
    </class>
</hibernate-mapping>
```

配置图书分类与图书的"一对多"关系。

Orderitem.java 代码修改如下：

```java
...
public class Orderitem implements java.io.Serializable {
    // Fields
    private Integer orderitemid;
    private Integer quantity;
    private Orders orders;          //该订单项属于哪个订单
    private Book book;              //该订单项所对应的书籍
    //private Integer orderid;
    //private Integer bookid;
    // Constructors
    /** default constructor */
    public Orderitem() {
    }
    /** full constructor */
    public Orderitem(Integer quantity, Orders orders, Book book) {
        this.quantity = quantity;
        this.orders = orders;//
        this.book = book;//
        //this.orderid = orderid;
        //this.bookid = bookid;
    }
    // Property accessors
    //省略其他属性的 getter 和 setter 方法
    ...
/*  注销 orderid 和 bookid 属性的 getter/setter 方法
    public Integer getOrderid() {
        return this.orderid;
    }
    public void setOrderid(Integer orderid) {
        this.orderid = orderid;
    }

    public Integer getBookid() {
        return this.bookid;
```

```java
        }
        public void setBookid(Integer bookid) {
            this.bookid = bookid;
        }
*/
        //增加 orders 和 book 属性的 getter/setter 方法
        public Orders getOrders() {
            return orders;
        }
        public void setOrders(Orders orders) {
            this.orders = orders;
        }

        public Book getBook() {
            return book;
        }
        public void setBook(Book book) {
            this.book = book;
        }
}
```

Orderitem.hbm.xml 代码修改如下:

```xml
…
<hibernate-mapping>
    <class name="org.bookstore.model.Orderitem" table="orderitem" schema="dbo" catalog="bookStore">
        <id name="orderitemid" type="java.lang.Integer">
            <column name="orderitemid" />
            <generator class="native" />
        </id>
        <property name="quantity" type="java.lang.Integer">
            <column name="quantity" not-null="true" />
        </property>
        <many-to-one name="orders" class="org.bookstore.model.Orders" fetch="select">
          <column name="orderid" />
        </many-to-one>
        <many-to-one name="book" class="org.bookstore.model.Book" fetch="select">
          <column name="bookid" />
        </many-to-one>
    </class>
</hibernate-mapping>
```

配置订单项与订单、订单项与图书的"多对一"关系,同时必须删除原 orderid 和 bookid 属性的配置元素。

Orders.java 代码修改如下:

```java
package org.bookstore.model;
import java.util.*;
//import java.sql.Timestamp;
…
public class Orders implements java.io.Serializable {
```

```java
        // Fields
        private Integer orderid;
        private Users user;                              //订单输入用户
        private Date orderdate;                          //订单日期
        private Set orderitems = new HashSet();          //包含的订单项
        //private Timestamp orderdate;
        //private Integer userid;
        // Constructors
        /** default constructor */
        public Orders() {
        }
        /** full constructor */
        public Orders(Users user, Date orderdate) {
            this.user = user;
            this.orderdate = orderdate;
            //this.userid = userid;
        }
        // Property accessors
        //省略其他属性的 getter 和 setter 方法
        …
        public Date getOrderdate() {                     //改为 Date 型
            return this.orderdate;
        }
        public void setOrderdate(Date orderdate) {       //改为 Date 型
            this.orderdate = orderdate;
        }
/*      注销 userid 属性的 getter 和 setter 方法
        public Integer getUserid() {
            return this.userid;
        }

        public void setUserid(Integer userid) {
            this.userid = userid;
        }
*/
        //增加 orderitems 属性的 getter 和 setter 方法
        public Set getOrderitems() {
            return orderitems;
        }
        public void setOrderitems(Set orderitems) {
            this.orderitems = orderitems;
        }
}
```

Orders.hbm.xml 代码修改如下：

```xml
…
<hibernate-mapping>
    <class name="org.bookstore.model.Orders" table="orders" schema="dbo" catalog="bookStore">
        <id name="orderid" type="java.lang.Integer">
            <column name="orderid" />
```

```xml
                <generator class="native" />
        </id>
        <many-to-one name="user" class="org.bookstore.model.Users" fetch="select">
            <column name="userid" />
        </many-to-one>
        <property name="orderdate" type="java.util.Date">
            <column name="orderdate" length="23" not-null="true" />
        </property>
        <set name="orderitems" cascade="all" inverse="true">
            <key>
                <column name="orderid" />
            </key>
            <one-to-many class="org.bookstore.model.Orderitem" />
        </set>
    </class>
</hibernate-mapping>
```

配置订单与订单项的"一对多"关系,必须删除原 userid 属性的配置元素。将 orderdate 改为 Date 型。至此,网上购书系统的整个框架搭建完毕,接下来就开始按照前面需求分析的各功能,分模块来开发这个系统。

P.3 注册、登录和注销

1. 前端界面开发

(1) 界面布局

读者可以根据个人喜好,布局项目的界面,或应用本书的 CSS 代码。在 WebRoot 下建立文件夹 css,在其中创建 bookstore.css 文件,编写 CSS 代码如下:

```css
body {
    font-size: 12px; background: #999999; margin: 0px color:#000000
}
IMG {
    border-top-width: 0px; border-left-width: 0px; border-bottom-width: 0px; border-right-width: 0px
}
a {
    font-family: "宋体";
    color: #000000;
}
.content {
    background: #fff; margin: 0px auto; width: 972px; font-family: arial, "宋体"
}
.left {
    padding-left: 6px; float: left; width: 157px
}
.right {
    margin-left: 179px
}
.list_box {
    padding-right: 1px; padding-left: 1px; margin-bottom: 1px; padding-bottom: 1px; width: 155px;
```

```css
        padding-top: 1px;
}
.list_bk {
        border-right: #9ca5cc 1px solid; padding-right: 1px; border-top: #9ca5cc 1px solid; padding-left: 1px;
        padding-bottom: 1px; border-left: #9ca5cc 1px solid; padding-top: 1px; border-bottom: #9ca5cc 1px solid
}
.right_box {
        float: left
}
.foot {
        background: #fff; margin: 0px auto; width: 972px; font-family: arial, "宋体"
}
.foot_box {
        clear: both; border-right: #dfe0e8 3px solid; padding-right: 10px; border-top: #dfe0e8 3px solid;
        padding-left: 10px; background: #f0f0f0; padding-bottom: 7px; margin: 0px auto 5px; border-left:
        #dfe0e8 3px solid; width: 920px; color: #3d3d3c; padding-top: 7px; border-bottom: #dfe0e8 3px solid
}
.head {
        background: #fff; margin: 0px auto; width: 972px; font-family: arial, "宋体"
}
.head_left {
        float: left; width: 290px
}
.head_right {
        margin-left: 293px
}
.head_right_nei {
        float: left; width: 668px
}
.head_top {
        margin: 3px 0px 0px; color: #576976; line-height: 33px; height: 33px
}
.head_buy {
        float: right; width: 240px; color: #628fb6; margin-right: 5px
}
.head_middle {
        margin: 6px 0px; line-height: 23px; height: 23px
}
.head_bottom {
        margin: 16px 0px 0px; color: #0569ae; height: 22px
}
.title01:link {
        display: block; font-weight: bold; font-size: 13px;    float: left; color: #e6f4ff; text-decoration: none
}
.title01:visited {
        display: block; font-weight: bold; font-size: 13px;    float: left; color: #111111; text-decoration: none
}.
.title01:hover {
        text-decoration: none
}
.title01 span {
```

```
        padding-right: 7px; padding-left: 7px; padding-bottom: 0px; padding-top: 0px; letter-spacing: -1px
}
.list_title {
        padding-right: 7px; padding-left: 7px; font-weight: bold; font-size: 12px; margin-bottom: 13px;
padding-bottom: 0px; color: #fff; line-height: 23px; padding-top: 0px; height: 23px
}
.list_bk ul {
        padding-right: 7px; padding-left: 7px; padding-bottom: 0px; width: 135px; padding-top: 0px
}
.point02 li {
        padding-left: 10px; margin-bottom: 6px
}
.green14b {
        font-weight: bold; font-size: 14px; color: #5b6f1b
}
.xh5 {
        padding-right: 11px; padding-left: 11px; float: left; padding-bottom: 0px; width: 130px; padding-top: 0px;
text-align: center
}
.info_bk1 {
        border-right: #dfe0e8 1px solid; padding-right: 0px; border-top: #dfe0e8 1px solid; padding-left: 0px;
background: #fafcfe; padding-bottom: 13px; margin: 0px 0px 20px 7px; border-left: #dfe0e8 1px solid;
width: 761px; padding-top: 13px; border-bottom: #dfe0e8 1px solid
}
```

CSS 样式应用非常简单，常用的有两种：一种是定义标签样式；另一种是定义类样式。标签样式如 body、img、a 等是界面中常用到的标签，在文件中定义 CSS 样式后，在页面中该标签就使用对应的样式。例如，在 CSS 定义了 a 标签的样式如下：

```
a {
        font-family: "宋体";
        color: #000000;
}
```

那么，如果在界面中出现：

```
<a href="a.jsp">链接</a>
```

则会根据 a 标签定义的样式来显示"链接"两个字，字体为宋体、颜色为#000000。

而类样式则不同，定义一个样式的类格式如下：

```
.name{
        …                    //该类样式的属性
}
```

在界面标签中加入 class="name"属性，该标签就可以使用 CSS 中.name 定义的样式。例如：

```
<div class="name">
        …
</div>
```

表示在这个 div 块中的内容都遵循 name 样式。在定义类样式时，名称前面有"."，而调用时则不用添加。

样式表有很多属性，读者可以查阅更详细的资料，这里不再展开。

定义了样式之后，即可开始设计系统主界面。系统运行后，用户首先进入的是网上购书系统主界面，查阅图书信息。从图 P.1 可见，主界面上有诸多的图片元素，这些图片读者可以自己设计制作或上网搜集，为方便读者，本书提供现成的图片集（可以在电子工业出版社华信教育资源网下载该项目源代码获得本项目所用到的图片，存放于\WebRoot\picture 目录下）。

主界面的框架由 index.jsp 界面实现，其代码如下：

```jsp
<%@ page contentType="text/html;charset=gb2312"%>
<%@ taglib prefix="s" uri="/struts-tags"%>
<!DOCTYPE HTML PUBLIC "-//W3C//DTD HTML 4.01 Transitional//EN" "http://www.w3c.org/TR/1999/REC-html401-19991224/loose.dtd">
<html>
<head>
    <title>网上书店</title>
    <link href="css/bookstore.css" rel="stylesheet" type="text/css">
</head>
<body>
    <jsp:include page="head.jsp"></jsp:include>
    <div class=content>
        <div class=left>
            <div class=list_box>
                <div class=list_bk>
                    <s:action name="browseCatalog" executeResult="true" />
                </div>
            </div>
        </div>
        <div class=right>
            <div class=right_box>
                <font face=宋体></font><font face=宋体></font><font face=宋体></font><font face=宋体></font>
                <div class=banner></div>
                <div align="center">
                    <s:action name="newBook" executeResult="true" />
                </div>
            </div>
        </div>
    </div>
    <jsp:include page="foot.jsp"></jsp:include>
</body>
</html>
```

其中，加黑部分是对 CSS 样式文件的引用。

（2）分块界面设计

① 网页头设计。

首先在主界面的上方是网页头，对应 head.jsp，代码如下：

```jsp
<%@ page contentType="text/html;charset=gb2312"%>
<%@ taglib prefix="s" uri="/struts-tags"%>
<!DOCTYPE HTML PUBLIC "-//W3C//DTD HTML 4.01 Transitional//EN"
"http://www.w3c.org/TR/1999/REC-html401-19991224/loose.dtd">
<html>
<head>
    <title>网上书店</title>
    <link href="css/bookstore.css" rel="stylesheet" type="text/css">
```

```html
</head>
<body>
    <div class=head>
        <div class=head_left>
            <a href="#">
                <img hspace=11 src="picture/logo_dear.gif" vspace=5>
            </a>
            <br>      书店提供专业服务
        </div>
        <div class=head_right>
            <div class=head_right_nei>
                <div class=head_top>
                    <div class=head_buy>
                        <strong>
                            <a href="/bookstore/showCart.jsp">
                                <IMG height=15 src="picture/buy01.jpg" width=16> 购物车
                            </a>
                        </strong>|
                        <a href="#">用户 FAQ</a>
                    </div>
                </div>
                <div class=head_middle>
                    <a class="title01" href="index.jsp" target=_top>
                        <span>  首页  </span>
                    </a>
                    <s:if test="#session.user==null">
                        <a class=title01 href="login.jsp">
                            <span>  登录  </span>
                        </a>
                    </s:if>
                    <s:else>
                        <a class=title01 href="logout.action">
                            <span>  注销  </span>
                        </a>
                    </s:else>
                    <a class=title01 href="register.jsp" target=_top>
                        <span>  注册  </span>
                    </a>
                    <a class=title01 href="#">
                        <span class="style3">联系我们   </span>
                    </a>
                    <a class=title01 href="#" target=_top>
                        <span class="style3"> 网站地图   </span>
                    </a>
                </div>
                <div class=head_bottom>
                    <form action="searchBook" method="post">
                        <input type="text" name="bookname" size="50" />
                        <input type="image" name="submit" src="picture/search02.jpg" style="width: 48px; height: 22px" />
                    </form>
```

```
                </div>
            </div>
        </div>
    </div>
</body>
</html>
```

从上段代码中注意到，该 JSP 界面上有一些超链接（登录、注册、联系我们和网站地图），本例只实现其中的"登录"和"注册"两个链接界面，下面分别设计它们。

② 登录页设计。

登录页对应 login.jsp，代码如下：

```
<%@ page contentType="text/html;charset=gb2312"%>
<%@ taglib prefix="s" uri="/struts-tags"%>
<!doctype html public "-//w3c//dtd html 4.01 transitional//en"
"http://www.w3c.org/tr/1999/rec-html401-19991224/loose.dtd">
<html>
<head>
        <title>网上购书系统</title>
</head>
<body>
        <jsp:include page="head.jsp"></jsp:include>
        <div class=content>
            <div class=left>
                <div class=list_box>
                    <div class=list_bk>
                        <s:action name="browseCatalog" executeResult="true" />
                    </div>
                </div>
            </div>
            <div class=right>
                <div class=right_box>
                    <font face=宋体></font><font face=宋体></font><font face=宋体></font><font face=宋体></font>
                    <div class=banner></div>
                    <div class=info_bk1>
                        <div align="center">
                            <form action="login" method="post" name="login">
                                用户登录
                                <br>
                                用户名：
                                <input type="text" name="user.username" size=20 id="username">
                                <br>
                                密    码：
                                <input type="password" name="user.password" size=21      id="username">
                                <br>
                                <input type="submit" value="登录">
                            </form>
                        </div>
                    </div>
                </div>
            </div>
```

```
            </div>
            <jsp:include page="foot.jsp"></jsp:include>
    </body>
</html>
```

③ 注册页设计。

注册页对应 register.jsp，代码如下：

```
<%@ page contentType="text/html;charset=gb2312"%>
<%@ taglib prefix="s" uri="/struts-tags"%>
<!DOCTYPE HTML PUBLIC "-//W3C//DTD HTML 4.01 Transitional//EN"
"http://www.w3c.org/TR/1999/REC-html401-19991224/loose.dtd">
<html>
<head>
    <title>网上书店</title>
</head>
<body>
    <!-- 导入 head.jsp -->
    <jsp:include page="head.jsp"></jsp:include>
    <div class=content>
        <div class=left>
            <div class=list_box>
                <div class=list_bk>
                    <!-- 执行 browseCatalog 的 Action，并把结果显示在该位置，该 action 的功能
                         是显示所有的图书类型，该功能会在后面讲述，下同 -->
                    <s:action name="browseCatalog" executeResult="true" />
                </div>
            </div>
        </div>
        <div class=right>
            <div class=right_box>
                <div class=info_bk1>
                    <div align="center">
                        <form action="register" method="post" name="form1">
                            用户注册
                            <br>
                            用户名：<input type="text" id="name" name="user.username" size=20 />
                            <br>
                            密    码：
                            <input type="password" name="user.password" size=21 />
                            <br>
                            性    别：
                            <input type="text" name="user.sex" size=20 />
                            <br>
                            年    龄：
                            <input type="text" name="user.age" size=20 />
                            <br>
                            <input type="submit" value="注册">
                        </form>
                    </div>
                </div>
            </div>
        </div>
```

```
            </div>
        </div>
        <jsp:include page="foot.jsp"></jsp:include>
</body>
</html>
```

④ 网页尾设计。

foot.jsp 为界面的尾部，其实现代码非常简单，一般是版权说明等内容，如下：

```
<%@ page contentType="text/html;charset=gb2312"%>
<!Doctype html public "-//w3c//dtd html 4.01 transitional//en"
"http://www.w3c.org/tr/1999/rec-html401-19991224/loose.dtd">
<html>
<head>
        <title>网上购书系统</title>
        <link href="css/bookstore.css" rel="stylesheet" type="text/css">
</head>
<body>
        <div class=foot>
            <div class=foot_box>
                <div align=right>
                    <div align=center>
                        电子工业出版社 版权所有
                    </div>
                    <div align=center></div>
                    <div align=center>
                        Copyright &copy; 2010-2014, All Rights Reserved .
                    </div>
                </div>
            </div>
        </div>
</body>
</html>
```

（3）界面效果展示

现在，购书系统的前端界面已经设计完成，可以先运行程序看一下效果。部署项目，启动 Tomcat 服务器。

① 主界面。

在浏览器地址栏输入"http://localhost:9080/bookstore/"，显示本系统主界面，如图 P.5 所示。

图 P.5　系统主界面

由于此时尚未开发图书类别及新书展示模块，故还不能显出图 P.1 那样的完整界面。

② 登录页。

单击"登录"链接，如图 P.6 所示，进入登录界面。

图 P.6 登录页

若读者已经注册用户名和密码,即可登录系统,不过现在登录功能尚未开发,只能显示前端效果,还无法真正进入系统。

③ 注册页。

单击"注册"链接,进入注册页,界面上出现如图 P.7 所示的供用户填写个人信息的表单。

图 P.7 注册页

注册功能尚未开发,目前系统还不对外提供注册服务。

以上测试了刚刚开发出的前端用户界面,从演示的效果来看,界面设计友好、交互性强,接下来先开发注册、登录和注销功能。

2. 注册功能开发

用户如果想从网上书店购书,就必须有一个账号,所以注册功能是必需的。

在第 7 章中我们已经知道,一个 Java EE 功能的实现分为几部分,对应到各层分别有:DAO 接口、DAO 实现类(持久层);业务逻辑接口、业务逻辑实现类(业务层)以及 Action(表示层)的实现。下面分别给出这些内容,不再做过多的解释。

(1) DAO 开发

编写 BaseDAO.java,代码与【实例十】(6.6.3 节)中的完全相同。

DAO 接口 IUserDAO.java:

```
package org.bookstore.dao;
import org.bookstore.model.*;
public interface IUserDAO {
    public void saveUser(Users user);    //方法:保存注册用户信息
}
```

DAO 实现类 UserDAO.java:

```java
package org.bookstore.dao.impl;
import java.util.*;
import org.bookstore.model.*;
import org.bookstore.dao.*;
import org.hibernate.*;
public class UserDAO extends BaseDAO implements IUserDAO{
    // saveUser()方法实现
    public void saveUser(Users user){
        try{
            Session session=getSession();
            Transaction ts=session.beginTransaction();
            session.save(user);           //操作：保存注册用户信息
            ts.commit();
            session.close();
        }catch(Exception e){
            e.printStackTrace();
        }
    }
}
```

（2）业务逻辑开发

业务逻辑接口 IUserService.java：

```java
package org.bookstore.service;
import org.bookstore.model.*;
public interface IUserService {
    public void saveUser(Users user);     //服务：保存注册用户信息
}
```

业务逻辑实现类 UserService.java：

```java
package org.bookstore.service.impl;
import org.bookstore.dao.*;
import org.bookstore.model.*;
import org.bookstore.service.*;
public class UserService implements IUserService{
    private IUserDAO userDAO;             //对 IUserDAO 进行依赖注入
    public IUserDAO getUserDao(){
        return userDAO;
    }
    public void setUserDAO(IUserDAO userDAO){
        this.userDAO = userDAO;
    }

    public void saveUser(Users user){     //业务实现：保存注册用户信息
        userDAO.saveUser(user);           //调用 DAO 接口中的 saveUser()方法
    }
}
```

在 applicationContext.xml 中注册：

```xml
<bean id="baseDAO" class="org.bookstore.dao.BaseDAO">
    <property name="sessionFactory" ref="sessionFactory"/>
</bean>
```

```xml
<bean id="userDAO" class="org.bookstore.dao.impl.UserDAO" parent="baseDAO"/>
<bean id="userService" class="org.bookstore.service.impl.UserService">
    <property name="userDAO" ref="userDAO"/>
</bean>
```

(3) Action 开发

持久层和业务层方法实现完成后,就是 Action 实现了,首先在 struts.xml 中进行如下配置:

```xml
<!-- 用户注册 -->
<action name="register" class="user" method="register">
    <result name="success">/register_success.jsp</result>
</action>
```

UserAction.java 中方法如下:

```java
package org.bookstore.action;
import java.util.*;
import org.bookstore.model.*;
import org.bookstore.service.*;
import com.opensymphony.xwork2.*;
public class UserAction extends ActionSupport{
    protected Users user;
    protected IUserService userService;
    public Users getUser() {
        return this.user;
    }
    public void setUser(Users user) {
        this.user = user;
    }
    public IUserService getUserService(){
        return userService;
    }
    public void setUserService(IUserService userService) {
        this.userService = userService;
    }
    public String register() throws Exception {
        Users user1 = new Users();
        user1.setUsername(user.getUsername());
        user1.setPassword(user.getPassword());
        user1.setAge(user.getAge());
        user1.setSex(user.getSex());
        userService.saveUser(user1);        //直接使用 IUserService 业务接口中的 saveUser()方法
        return SUCCESS;
    }
}
```

把该 Action 类交由 Spring 管理,在 applicationContext.xml 中配置如下代码:

```xml
<bean id="user" class="org.bookstore.action.UserAction">
    <property name="userService" ref="userService"/>
</bean>
```

(4) 成功页

最后是注册成功后跳转的成功界面 register_success.jsp:

```jsp
<%@ page contentType="text/html;charset=gb2312"%>
<%@ taglib prefix="s" uri="/struts-tags"%>
```

```html
<html>
<head>
    <title>网上购书系统</title>
</head>
<body>
    <jsp:include page="head.jsp"></jsp:include>
    <div class=content>
        <div class=left>
            <div class=list_box>
                <div class=list_bk>
                    <s:action name="browseCatalog" executeResult="true" />
                </div>
            </div>
        </div>
        <div class=right>
            <div class=right_box>
                <font face=宋体></font><font face=宋体></font><font face=宋体></font><font face=宋体></font>
                <div class=banner></div>
                <div class=info_bk1>
                    <div align="center">
                        您好!用户 <s:property value="user.username" />  恭喜您注册成功!
                        <a href="login.jsp">登录</a>
                    </div>
                </div>
            </div>
        </div>
    </div>
    <jsp:include page="foot.jsp"></jsp:include>
</body>
</html>
```

（5）测试功能

运行程序，在注册页上填写表单后单击【注册】按钮，出现注册成功页，如图 P.8 所示。

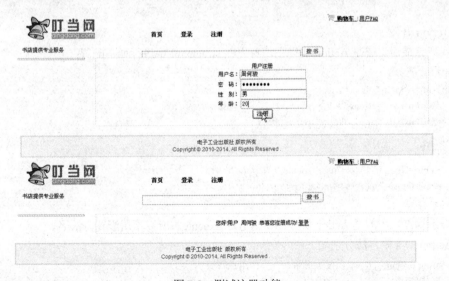

图 P.8　测试注册功能

3. 登录和注销功能开发

(1) DAO 开发

在 DAO 接口 IUserDAO.java 中加入如下方法：

```java
public Users validateUser(String username, String password);    //方法：验证登录用户信息
```

在 DAO 实现类 UserDAO.java 中加入该方法的实现：

```java
public Users validateUser(String username, String password){
    //查询 Users 表中的记录
    String hql="from Users u where u.username=? and u.password=?";
    Session session=getSession();
    Query query=session.createQuery(hql);
    query.setParameter(0, username);
    query.setParameter(1, password);
    List users=query.list();
    Iterator it=users.iterator();
    while(it.hasNext()){
        if(users.size()!=0){
            Users user=(Users)it.next();    //创建持久化的 JavaBean 对象 user
            return user;
        }
    }
    session.close();
    return null;
}
```

(2) 业务逻辑开发

在业务逻辑接口 IUserService.java 中加入如下方法：

```java
public Users validateUser(String username, String password);    //服务：验证登录用户信息
```

在业务逻辑实现类 UserService.java 中加入该业务方法的实现：

```java
public Users validateUser(String username, String password){    //业务实现：验证登录用户信息
    return userDAO.validateUser(username, password);    //调用 DAO 接口中的 validateUser()方法
}
```

(3) Action 开发

方法实现完成后，就是 Action 实现了，首先在 struts.xml 中进行如下配置：

```xml
<!-- 用户登录 -->
<action name="login" class="user">
    <result name="success">/login_success.jsp</result>
    <result name="error">/login.jsp</result>
</action>
<!-- 用户注销 -->
<action name="logout" class="user" method="logout">
    <result name="success">/index.jsp</result>
</action>
```

由于登录功能应用的是 Action 类中的默认方法 execute，所以不用配置方法名。

UserAction.java 中方法分别如下：

```java
public String execute() throws Exception {    //用户登录方法
    //直接使用 IUserService 业务接口中的 validateUser()方法
```

```java
            Users u = userService.validateUser(user.getUsername(), user.getPassword());
            if (u != null) {
                Map session = ActionContext.getContext().getSession();
                session.put("user", u);                //验证成功,用户信息存入 session
                return SUCCESS;
            }else {
                return ERROR;                          //验证失败
            }
        }
        public String logout() throws Exception{      //用户注销方法
            Map session=ActionContext.getContext().getSession();
            session.remove("user");                   //把用户对象从 session 中移除
            //session.remove("cart");
            return SUCCESS;
        }
    }
```

从 Action 方法中也可以看出,登录成功时,将用户信息保存在 session 中,而在 head.jsp 中进行判断,如果能在 session 中取到用户对象,就显示注销,而不是登录。故登录成功后,原来的"登录"超链接就变成"注销"超链接了。

（4）成功页

下面是登录成功界面 login_success.jsp 代码：

```jsp
<%@ page contentType="text/html;charset=gb2312"%>
<%@ taglib prefix="s" uri="/struts-tags"%>
<!DOCTYPE HTML PUBLIC "-//W3C//DTD HTML 4.01 Transitional//EN"
"http://www.w3c.org/TR/1999/REC-html401-19991224/loose.dtd">
<html>
<head>
    <title>网上购书系统</title>
    <link href="css/bookstore.css" rel="stylesheet" type="text/css">
</head>
<body>
    <jsp:include page="head.jsp"></jsp:include>
    <div class=content>
        <div class=left>
            <div class=list_box>
                <div class=list_bk>
                    <s:action name="browseCatalog" executeResult="true" />
                </div>
            </div>
        </div>
        <div class=right>
            <div class=right_box>
                <div class=info_bk1>
                    <div align="center">
                        您好 <s:property value="user.username" />, 欢迎光临本店!
                    </div>
                </div>
            </div>
        </div>
    </div>
```

```
        <jsp:include page="foot.jsp"></jsp:include>
    </body>
</html>
```

其中，借助 Struts 2 标签属性通过 session 在界面上显示对该用户的欢迎信息。

（5）测试功能

重新部署项目，启动 Tomcat 服务器，在登录页上输入刚才注册的用户名和密码后，单击【登录】按钮，显示如图 P.9 所示的欢迎界面。

细心的读者会注意到，登录成功后，原来的"登录"超链接就变成"注销"超链接了！（在图 P.9 中用方框标出），此时若再单击"注销"超链接，则返回起始页。

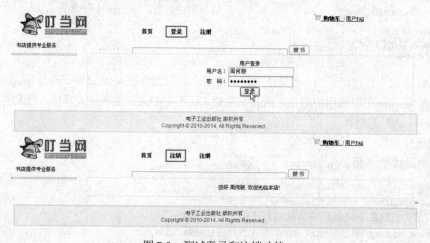

图 P.9 测试登录和注销功能

P.4 图书分类展示

项目运行的前端主界面前面已经测试过，当时显示的主页是不完整的：只有头部和尾部（见图 P.5），而左边的图书类别（menu.jsp）以及右边的新书展示（newBook_success.jsp）均未显示出来，那是因为项目后端的对应功能尚未开发。本节着重实现图书分类、新书展示及按类别显示图书这几个模块。在实现了它们之后，读者将会看到一个完整、漂亮的购书系统主页。

1. 图书分类功能开发

（1）DAO 开发

DAO 接口 ICatalogDAO.java：

```
package org.bookstore.dao;
import java.util.*;
public interface ICatalogDAO {
    public List getAllCatalogs();    //方法：获取所有图书类别
}
```

DAO 实现类 CatalogDAO.java：

```
package org.bookstore.dao.impl;
import java.util.*;
import org.bookstore.dao.*;
import org.hibernate.*;
```

```java
public class CatalogDAO extends BaseDAO implements ICatalogDAO{
    public List getAllCatalogs(){
        try{
            Session session=getSession();
            Transaction ts=session.beginTransaction();
            List catalogs=session.createQuery("from Catalog").list();    //操作：获取所有类别列表
            ts.commit();
            session.close();
            return catalogs;
        }catch(Exception e){
            e.printStackTrace();
            return null;
        }
    }
}
```

（2）业务逻辑开发

业务逻辑接口 ICatalogService.java：

```java
package org.bookstore.service;
import java.util.*;
public interface ICatalogService {
    public List getAllCatalogs();          //服务：获取所有图书类别
}
```

业务逻辑实现类 CatalogService.java：

```java
package org.bookstore.service.impl;
import java.util.*;
import org.bookstore.dao.*;
import org.bookstore.service.*;
public class CatalogService implements ICatalogService{
    private ICatalogDAO catalogDAO;                //对 ICatalogDAO 进行依赖注入
    public List getAllCatalogs(){                  //业务实现：获取所有图书类别
        return catalogDAO.getAllCatalogs();        //调用 DAO 接口中的 getAllCatalogs()方法
    }
    //省略 catalogDAO 的 getter/setter 方法
    …
}
```

在 applicationContext.xml 中注册：

```xml
<bean id="catalogDAO" class="org.bookstore.dao.impl.CatalogDAO" parent="baseDAO"/>
<bean id="catalogService" class="org.bookstore.service.impl.CatalogService">
    <property name="catalogDAO" ref="catalogDAO"/>
</bean>
```

（3）Action 开发

持久层和业务层方法实现完成后，就是 Action 实现了，首先在 struts.xml 中进行配置：

```xml
<!-- 浏览图书类别 -->
<action name="browseCatalog" class="book" method="browseCatalog">
    <result name="success">/menu.jsp</result>
</action>
```

BookAction.java 中的方法：

```java
package org.bookstore.action;
import java.util.*;
import org.bookstore.service.*;
import com.opensymphony.xwork2.*;
public class BookAction extends ActionSupport{
    protected ICatalogService catalogService;
    public ICatalogService getCatalogService(){
        return catalogService;
    }
    public void setCatalogService(ICatalogService catalogService) {
        this.catalogService = catalogService;
    }
    public String browseCatalog() throws Exception{
        //直接使用 ICatalogService 业务接口中的 getAllCatalogs()方法
        List catalogs=catalogService.getAllCatalogs();
        Map request=(Map)ActionContext.getContext().get("request");
        request.put("catalogs",catalogs);
        return SUCCESS;
    }
}
```

把该 Action 类交由 Spring 管理，在 applicationContext.xml 中配置如下代码：

```xml
<bean id="book" class="org.bookstore.action.BookAction">
    <property name="catalogService" ref="catalogService"/>
</bean>
```

（4）成功页

最后是成功后跳转的成功界面 menu.jsp：

```jsp
<%@ page contentType="text/html;charset=gb2312"%>
<%@ taglib prefix="s" uri="/struts-tags"%>
<!DOCTYPE HTML PUBLIC "-//W3C//DTD HTML 4.01 Transitional//EN"
"http://www.w3c.org/TR/1999/REC-html401-19991224/loose.dtd">
<html>
<head>
    <title>网上购书系统</title>
    <link href="css/bookstore.css" rel="stylesheet" type="text/css">
</head>
<body>
    <ul class=point02>
        <li>
            <strong>图书分类</strong>
        </li>
        <s:iterator value="#request['catalogs']" id="catalog">
            <li>
                <a href="browseBookPaging.action?catalogid=<s:property value="#catalog.catalogid"/>" target=_self>
                    <s:property value="#catalog.catalogname" />
                </a>
            </li>
        </s:iterator>
    </ul>
</body>
</html>
```

该界面的超链接实现获取该类别图书的功能，它将在后面的功能模块中实现。

(5) 测试功能

运行程序，打开主页，界面左部显示出图书分类列表，如图 P.10 所示。

图 P.10 测试图书分类功能

2. 新书展示功能开发

(1) DAO 开发

DAO 接口 IBookDAO.java：

```
package org.bookstore.dao;
import java.util.*;
import org.bookstore.model.*;
public interface IBookDAO {
      public List getNewBook();              //方法：获取新书列表
}
```

DAO 实现类 BookDAO.java：

```
package org.bookstore.dao.impl;
import java.util.*;
import org.bookstore.model.*;
import org.bookstore.dao.*;
import org.hibernate.*;
public class BookDAO extends BaseDAO implements IBookDAO{
      public List getNewBook(){
            Session session=getSession();
            Query query=session.createQuery("from Book b");
            query.setFirstResult(0);
            query.setMaxResults(5);
            List books=query.list();        //操作：获取新书列表
            session.close();
            return books;
      }
}
```

(2) 业务逻辑开发

业务逻辑接口 IBookService.java：

```
package org.bookstore.service;
import java.util.*;
import org.bookstore.model.*;
```

```java
public interface IBookService {
    public List getNewBook();                //服务：获取新书列表
}
```

业务逻辑实现类 BookService.java：

```java
package org.bookstore.service.impl;
import java.util.*;
import org.bookstore.model.*;
import org.bookstore.dao.*;
import org.bookstore.service.*;
public class BookService implements IBookService{
    protected IBookDAO bookDAO;              //对 IBookDAO 进行依赖注入
    //省略 bookDAO 的 getter/setter 方法
    …
    public List getNewBook(){                //业务实现：获取新书列表
        return bookDAO.getNewBook();         //调用 DAO 接口中的 getNewBook()方法
    }
}
```

在 applicationContext.xml 中进行注册：

```xml
<bean id="bookDAO" class="org.bookstore.dao.impl.BookDAO" parent="baseDAO"/>
<bean id="bookService" class="org.bookstore.service.impl.BookService">
    <property name="bookDAO" ref="bookDAO"/>
</bean>
```

（3）Action 开发

持久层和业务层方法实现完成后，就是 Action 实现了，首先在 struts.xml 中进行配置：

```xml
<!-- 新书展示 -->
<action name="newBook" class="book" method="newBook">
    <result name="success">/newBook_success.jsp</result>
</action>
```

在 BookAction.java 中加入 newBook 方法及业务逻辑属性：

```java
protected IBookService bookService;
public IBookService getBookService(){
    return bookService;
}
public void setBookService(IBookService bookService) {
    this.bookService = bookService;
}
public String newBook() throws Exception{
    List books=bookService.getNewBook();    //直接使用 IBookService 业务接口中的 getNewBook()方法
    Map request=(Map)ActionContext.getContext().get("request");
    request.put("books", books);
    return SUCCESS;
}
```

该 Action 类在上面的图书分类功能开发中已经配置交由 Spring 管理，但是由于添加了新的 set 注入属性，所以在原配置的基础上要加入新的属性（加黑部分）：

```xml
<bean id="book" class="org.bookstore.action.BookAction">
    <property name="catalogService" ref="catalogService"/>
    <property name="bookService" ref="bookService"/>
</bean>
```

（4）成功页

最后是成功后跳转的成功界面 newBook_success.jsp：

```jsp
<%@ page contentType="text/html;charset=gb2312" %>
<%@ taglib prefix="s" uri="/struts-tags" %>
<link href="css/bookstore.css" rel="stylesheet" type="text/css">
<h1><span class="green14b">新书展示</span></h1>
<br>
<div class=info_bk1>
    <s:iterator value="#request['books']" id="book">
        <div class=xh5>
            <img height=105 width=80 src="/bookstore/picture/<s:property value="#book.picture"/>"/><BR>
            <s:property value="#book.bookname"/>
            <br>价格:<s:property value="#book.price"/>元<br>
            <form action="addToCart" method="post">
                数量:<input type="text" name="quantity" id="quantity" value="0" size="4"/>
                <input type="hidden" value="<s:property value="#book.bookid"/>" name="bookid">
                <input type="image" name="submit" src="/bookstore/picture/buy.gif"/>
            </form>
        </div>
    </s:iterator>
</div>
```

在该界面中，可以填写购书的数量，然后单击【购买】按钮购买书籍，该功能将在后面的模块中实现。

（5）测试功能

运行程序，打开主页，界面右部出现"新书展示"区，显示出书店最新上架的畅销书，如图 P.11 所示。

图 P.11　测试新书展示功能

3．按类别显示图书功能开发

（1）分页功能

由于一种类别的图书可能比较多，所以要采用分页显示方式。把 Pager 类放在该项目 org.bookstore.util 包中，在 Action 类中导入该类就可以直接应用了。

实现 Pager.java 类的代码如下：

```java
package org.bookstore.util;              //该文件放在这个包中
public class Pager {
    private int currentPage;             //当前页数
```

```java
        private int pageSize=3;                //每页显示3本书籍
        private int totalSize;                  //一共有多少记录
        private int totalPage;                  //共有多少页
        private boolean hasFirst;               //是否有首页
        private boolean hasPrevious;            //是否有前一页
        private boolean hasNext;                //是否有下一页
        private boolean hasLast;                //是否有最后一页
        public Pager(int currentPage,int totalSize){
            //利用构造方法为变量赋值
            this.currentPage=currentPage;
            this.totalSize=totalSize;
        }

        public int getCurrentPage() {
            return currentPage;
        }
        public void setCurrentPage(int currentPage) {
            this.currentPage = currentPage;
        }

        public int getPageSize() {
            return pageSize;
        }
        public void setPageSize(int pageSize) {
            this.pageSize = pageSize;
        }

        public int getTotalSize() {
            return totalSize;
        }
        public void setTotalSize(int totalSize) {
            this.totalSize = totalSize;
        }

        public int getTotalPage() {
            totalPage=totalSize/pageSize;       //一共多少页的算法
            if(totalSize%pageSize!=0)
                totalPage++;
            return totalPage;
        }
        public void setTotalPage(int totalPage) {
            this.totalPage = totalPage;
        }

        public boolean isHasFirst() {
            if(currentPage==1){                 //如果当前为第一页就没有首页了
                return false;
            }
            return true;
        }
        public void setHasFirst(boolean hasFirst) {
```

```java
        this.hasFirst = hasFirst;
    }

    public boolean isHasPrevious() {
        if(isHasFirst())                    //如果有首页就有前一页,因为有首页则表明其不是第一页
            return true;
        else
            return false;
    }
    public void setHasPrevious(boolean hasPrevious) {
        this.hasPrevious = hasPrevious;
    }

    public boolean isHasNext() {
        if(isHasLast())                     //如果有尾页就有下一页,因为有尾页则表明其不是最后一页
            return true;
        else
            return false;
    }
    public void setHasNext(boolean hasNext) {
        this.hasNext = hasNext;
    }

    public boolean isHasLast() {
        if(currentPage == getTotalPage())   //如果不是最后一页就有尾页
            return false;
        else
            return true;
    }
    public void setHasLast(boolean hasLast) {
        this.hasLast = hasLast;
    }
}
```

(2) DAO 开发

在 DAO 接口 IBookDAO.java 中加入方法:

```java
//方法:分页查询
public List getBookByCatalogidPaging(Integer catalogid,int currentPage,int pageSize);
//方法:得到该类别的图书的总数
public int getTotalByCatalog(Integer catalogid);
```

两个方法在 DAO 实现类 BookDAO.java 中的代码如下:

```java
//实现:分页查询
public List getBookByCatalogidPaging(Integer catalogid,int currentPage,int pageSize){
    Session session=getSession();
    //查询特定分类号的图书
    Query query=session.createQuery("from Book b where b.catalog.catalogid=?");
    query.setParameter(0, catalogid);
    int startRow=(currentPage-1)*pageSize;
    query.setFirstResult(startRow);
    query.setMaxResults(pageSize);
```

```
        List books=query.list();         //操作：获取查询返回书的列表
        session.close();
        return books;
}
//实现：得到该类别图书的总数
public int getTotalByCatalog(Integer catalogid){
    try{
        Session session=getSession();
        Transaction ts=session.beginTransaction();
        //查询特定分类号的图书
        Query query=session.createQuery("from Book b where b.catalog.catalogid=?");
        query.setParameter(0, catalogid);
        List books=query.list();         //操作：获取查询返回书的列表
        ts.commit();
        session.close();
        return books.size();             //返回列表中书的数目（列表大小）
    }catch(Exception e){
        e.printStackTrace();
        return 0;
    }
}
```

(3) 业务逻辑开发

在业务逻辑接口 IBookService.java 中加入方法：

```
//服务：分页查询
public List getBookByCatalogidPaging(Integer catalogid,int currentPage,int pageSize);
//服务：得到该类别的图书的总数
public int getTotalByCatalog(Integer catalogid);
```

业务逻辑实现类 BookService.java 代码如下：

```
//业务实现：分页查询
public List getBookByCatalogidPaging(Integer catalogid,int currentPage,int pageSize){
    //调用 DAO 接口中的 getBookByCatalogidPaging()方法返回查询到的图书列表
    return bookDAO.getBookByCatalogidPaging(catalogid, currentPage, pageSize);
}
//业务实现：得到该类别的图书的总数
public int getTotalByCatalog(Integer catalogid){
    //调用 DAO 接口中的 getTotalByCatalog()方法返回查询到的列表中书的数目
    return bookDAO.getTotalByCatalog(catalogid);
}
```

以上接口和服务均已在 applicationContext.xml 中注册，这里不再重复。

(4) Action 开发

持久层和业务层方法实现完成后，就是 Action 实现了，首先在 struts.xml 中进行配置：

```
<!-- 显示指定类别图书 -->
<action name="browseBookPaging" class="book" method="browseBookPaging">
    <result name="success">/browseBookPaging.jsp</result>
</action>
```

在 BookAction.java 中加入相应的方法及分页功能要用到的属性：

```
    protected Integer catalogid;            //获得图书类别的 ID
```

```
        private Integer currentPage=1;                //当前页
        //生成当前页的 get 和 set 方法
        public Integer getCurrentPage() {
            return currentPage;
        }
        public void setCurrentPage(Integer currentPage) {
            this.currentPage = currentPage;
        }
        //生成图书 ID 的 get 和 set 方法
        public Integer getCatalogid() {
            return catalogid;
        }
        public void setCatalogid(Integer catalogid) {
            this.catalogid = catalogid;
        }
        //方法实现
        public String browseBookPaging() throws Exception{
            //使用 IBookService 业务接口中的 getTotalByCatalog()方法获取该类书的总数
            int totalSize=bookService.getTotalByCatalog(catalogid);
            Pager pager=new Pager(currentPage,totalSize);
            //使用 IBookService 业务接口中的 getBookByCatalogidPaging()方法获取该类别的所有图书
            List books=bookService.getBookByCatalogidPaging(catalogid, currentPage, pager.getPageSize());
            Map request=(Map)ActionContext.getContext().get("request");
            request.put("books", books);           //图书列表存入 request 请求中返回
            request.put("pager",pager);
            //购物车要返回继续购买时，需要记住返回的地址
            Map session=ActionContext.getContext().getSession();
            request.put("catalogid",catalogid);
            return SUCCESS;
        }
}
```

（5）成功页

最后是成功后跳转的成功界面 browseBookPaging.jsp，代码如下：

```jsp
<%@ page contentType="text/html;charset=gb2312"%>
<%@ taglib prefix="s" uri="/struts-tags"%>
<!DOCTYPE HTML PUBLIC "-//W3C//DTD HTML 4.01 Transitional//EN"
"http://www.w3.org/TR/1999/REC-html401-19991224/loose.dtd">
<html>
<head>
    <title>网上书店</title>
    <link href="css/bookstore.css" rel="stylesheet" type="text/css">
</head>
<body>
    <jsp:include page="head.jsp"></jsp:include>
    <div class=content>
        <div class=left>
            <div class=list_box>
                <div class=list_bk>
                    <s:action name="browseCatalog" executeResult="true" />
                </div>
            </div>
```

```html
                </div>
                <div class=right>
                    <div class=right_box>
                        <s:iterator value="#request['books']" id="book">
                            <table width=600 border=0>
                                <tr>
                                    <td width=200 align="center">
                                        <img src="/bookstore/picture/<s:property value="#book.picture"/>" width="100">
                                    </td>
                                    <td valign="top" width=400>
                                        <table>
                                            <tr>
                                                <td>
                                                    书名:<s:property value="#book.bookname" /><br>
                                                </td>
                                            </tr>
                                            <tr>
                                                <td>
                                                    价格:<s:property value="#book.price" />元
                                                    <form action="addToCart" method="post">
                                                        数量:<input type="text" name="quantity" value="0" size="4" />
                                                        <input type="hidden" value="<s:property value="#book.bookid"/>" name="bookid"/>
                                                        <input type="image" name="submit" src="/bookstore/picture/buy.gif" />
                                                    </form>
                                                </td>
                                            </tr>
                                        </table>
                                    </td>
                                </tr>
                            </table>
                        </s:iterator>
                        <s:set name="pager" value="#request.pager" />
                        <s:if test="#pager.hasFirst">
                            <a href="browseBookPaging.action?currentPage=1">首页</a>
                        </s:if>
                        <s:if test="#pager.hasPrevious">
                            <a href="browseBookPaging.action?currentPage=<s:property value="#pager.currentPage-1"/>">上一页</a>
                        </s:if>
                        <s:if test="#pager.hasNext">
                            <a href="browseBookPaging.action?currentPage=<s:property value="#pager.currentPage+1"/>">下一页</a>
                        </s:if>
                        <s:if test="#pager.hasLast">
                            <a href="browseBookPaging.action?currentPage=<s:property value="#pager.totalPage"/>">尾页</a>
                        </s:if>
                        <br>
                        当前第<s:property value="#pager.currentPage" />页,总共<s:property value="#pager.totalPage" />页
                    </div>
                </div>
```

```
        </div>
        <jsp:include page="foot.jsp"></jsp:include>
</body>
</html>
```

该界面表单的提交功能，将在后面的添加书籍到购物车中实现。

（6）测试功能

运行程序，打开主页，单击左边"图书分类"栏下的超链接，就会在右边显示对应类别的图书。例如，单击图书类别为"数据库"图书，出现如图 P.12 所示的界面，界面上显示了所有库存的数据库类书籍。

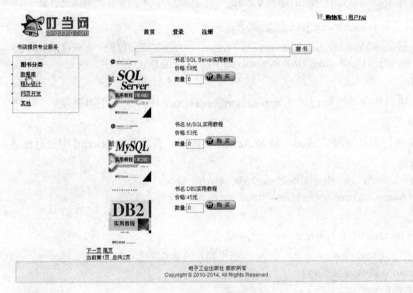

图 P.12 显示所有数据库类图书

本程序设计为每页显示 3 本书，若是一页显示不下，会自动分页显示。例如，库存数据库类图书共 5 本，分两页显示。

4．图书查询功能开发

在主页头部，不只有登录、注销和注册功能，在它们的下面还有图书搜索查询功能，如在搜书输入框中输入书名关键字，就会显示符合条件的图书信息，下面来开发这个功能。

（1）DAO 开发

在 DAO 接口 IBookDAO.java 中加入方法：

```
public List getRequiredBookByName(String name);    //方法：根据书名获取图书信息
```

在 DAO 实现类 BookDAO.java 代码如下：

```
public List getRequiredBookByName(String name){
    try{
        Session session=getSession();
        Transaction ts=session.beginTransaction();
        Query query=session.createQuery("from Book where bookname like ?"); //根据书名模糊查询
        query.setParameter(0, "%"+name+"%");
        List books=query.list();          //操作：获取符合条件的图书列表
        ts.commit();
```

```
            session.close();
            return books;
        }catch(Exception e){
            e.printStackTrace();
            return null;
        }
    }
}
```

（2）业务逻辑开发

在业务逻辑接口 IBookService.java 中加入方法：

```
public List getRequiredBookByName(String name);          //服务：根据书名获取图书信息
```

业务逻辑实现类 BookService.java 代码如下：

```
public List getRequiredBookByName(String name) {         //业务实现：根据书名获取图书信息
    return bookDAO.getRequiredBookByName(name);          //调用 DAO 接口中的方法
}
```

以上 DAO 接口和业务组件已经在 applicationContext.xml 中注册，不再重复。

（3）Action 开发

持久层和业务层方法实现完成后，就是 Action 实现了，首先在 struts.xml 中进行配置：

```
<!-- 图书查询 -->
<action name="searchBook" class="book" method="searchBook">
    <result name="success">/searchBook_result.jsp</result>
</action>
```

在 BookAction.java 中加入方法：

```
        private String bookname;                          //根据输入的书名或部分书名查询
        public String getBookname() {
            return bookname;
        }
        public void setBookname(String bookname) {
            this.bookname = bookname;
        }
        public String searchBook() throws Exception {
            //使用 IBookService 业务接口中的 getRequiredBookByName()方法获取所要查找的书
            List books = bookService.getRequiredBookByName(this.getBookname());
            Map request = (Map)ActionContext.getContext().get("request");
            request.put("books",books);
            return SUCCESS;
        }
```

（4）成功页

最后是成功后跳转的成功界面 searchBook_result.jsp，如果找到就显示出图书信息，否则在界面输出"对不起，没有您要找的图书！"。

```
<%@ page contentType="text/html;charset=gb2312"%>
<%@ taglib prefix="s" uri="/struts-tags"%>
<!DOCTYPE HTML PUBLIC "-//W3C//DTD HTML 4.01 Transitional//EN"
"http://www.w3c.org/TR/1999/REC-html401-19991224/loose.dtd">
<html>
<head>
    <title>网上书店</title>
```

```html
        <link href="css/bookstore.css" rel="stylesheet" type="text/css">
</head>
<body>
        <jsp:include page="head.jsp"></jsp:include>
        <div class=content>
                <div class=left>
                        <div class=list_box>
                                <div class=list_bk>
                                        <s:action name="browseCatalog" executeResult="true" />
                                </div>
                        </div>
                </div>
                <div class=right>
                        <div class=right_box>
                                <s:set name="books" value="#request.books" />
                                <s:if test="#books.size!=0">
                                        <h3><font color="blue">所有符合条件的图书</font></h3>
                                        <br />
                                        <s:iterator value="#books" id="book">
                                                <table width=600 border=0>
                                                        <tr>
                                                                <td width=200 align="center">
                                                                        <img src="/bookstore/picture/<s:property value=
                                                                                "#book.picture"/>" width="100">
                                                                </td>
                                                                <td valign="top" width=400>
                                                                        <table>
                                                                                <tr>
                                                                                        <td>
                                                                                                书名:<s:property value="#book.bookname"/><br>
                                                                                        </td>
                                                                                </tr>
                                                                                <tr>
                                                                                        <td>
                                                                                                价格:<s:property value="#book.price" />元
                                                                                                <form action="addToCart" method="post">
                                                                                                        数量:
                                                                                                        <input type="text" name="quantity"
                                                                                                                value="0" size="4" />
                                                                                                        <input type="hidden" value=
                                                                                                                "<s:property value="#book.
                                                                                                                bookid"/>"name="bookid" />
                                                                                                        <input type="image" name="submit" src=
                                                                                                                "/bookstore/picture/buy.gif" />
                                                                                                </form>
                                                                                        </td>
                                                                                </tr>
                                                                        </table>
                                                                </td>
                                                        </tr>
                                                </table>
                                        </s:iterator>
```

```
                    </s:if>
                    <s:else>
                        对不起，没有您要找的图书！
                    </s:else>
                </div>
            </div>
        </div>
        <jsp:include page="foot.jsp"></jsp:include>
    </body>
</html>
```

（5）测试功能

部署运行程序，在搜书框中输入"SQ"，单击【搜书】按钮，就会出现如图 P.13 所示的界面，界面上显示了所有符合条件的图书。

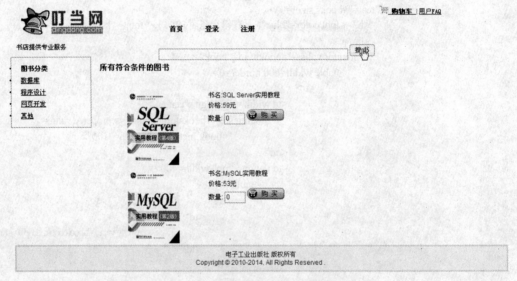

图 P.13　测试查询图书功能

P.5　购书与结账

1．添加图书到购物车的功能开发

（1）创建购物车模型

首先，创建一个购物车模型，把一些关于购物车的方法封装进去，以便用到时直接调用，方便维护及扩展。在 org.bookstore.tool 包中创建 Cart.java：

```
package org.bookstore.tool;
import java.util.*;
import org.bookstore.model.*;
public class Cart {
    protected Map<Integer,Orderitem> items;          //属性 item
    //构造函数
    public Cart(){
        if(items==null)
```

```java
            items=new HashMap<Integer,Orderitem>();
    }
    //添加图书到购物车
    public void addBook(Integer bookid,Orderitem orderitem){
        //是否存在，如果存在，更改数量；如果不存在，添加入集合
        if(items.containsKey("bookid")){
            Orderitem _orderitem=items.get(bookid);
            orderitem.setQuantity(_orderitem.getOrderitemid()+orderitem.getQuantity());
            items.put(bookid,_orderitem);
        }else{
            items.put(bookid,orderitem);
        }
    }
    //更新购物车的购买书籍数量
    public void updateCart(Integer bookid,int quantity){
        Orderitem orderitem=items.get(bookid);
        orderitem.setQuantity(quantity);
        items.put(bookid, orderitem);
    }
    //计算总价格
    public int getTotalPrice(){
        int totalPrice=0;
        for(Iterator it=items.values().iterator();it.hasNext();){
            Orderitem orderitem=(Orderitem)it.next();
            Book book=orderitem.getBook();
            int quantity=orderitem.getQuantity();
            totalPrice+=book.getPrice()*quantity;
        }
        return totalPrice;
    }
    //属性 items 的 getter/setter 方法
    public Map<Integer, Orderitem> getItems() {
        return items;
    }
    public void setItems(Map<Integer, Orderitem> items) {
        this.items = items;
    }
}
```

购物车模型创建完成后，就可以用我们以前的思路，完成该模块。首先把想购买的书籍添加到购物车中，需要先找到该书籍。也许读者已经发现，在每个显示图书界面中，在数量的下面都有这样的代码：

`<input type="hidden" value="<s:property value="#book.bookid"/>" name="bookid">`

这是写在界面的一个隐藏表单，在界面上不显示，但是可以传值到后台，也就是 Action 类，该表单中存放的是当前书籍的 ID，所以单击【购买】按钮时，就可以在 Action 类中取出该值。然后根据 ID 得到该图书对象，故需要有这样的方法。下面是具体实现。

（2）DAO 开发

在 DAO 接口 IBookDAO.java 中加入方法：

`public Book getBookById(Integer bookid);      //方法：根据表单 ID 获取相应的图书`

在 DAO 实现类 BookDAO.java 代码如下：

```
public Book getBookById(Integer bookid){
    Session session=getSession();
    Transaction ts=session.beginTransaction();
    return (Book)session.get(Book.class, bookid);        //操作：返回根据ID获取的图书对象
}
```

(3) 业务逻辑开发

在业务逻辑接口 IBookService.java 中加入方法：

```
public Book getBookById(Integer bookid);        //服务：根据表单ID获取相应的图书
```

业务逻辑实现类 BookService.java 代码如下：

```
public Book getBookById(Integer bookid){        //业务实现：根据表单ID获取相应的图书
    return bookDAO.getBookById(bookid);         //调用DAO接口中的方法
}
```

以上接口和业务组件已在 applicationContext.xml 中注册，不再重复。

(4) Action 开发

持久层和业务层方法实现完成后，就是 Action 实现了，首先在 struts.xml 中进行配置：

```xml
<!-- 添加到购物车 -->
<action name="addToCart" class="shop" method="addToCart">
    <result name="success">/addToCart_success.jsp</result>
</action>
```

新建 ShopAction.java，其方法实现如下：

```java
package org.bookstore.action;
import java.util.*;
import org.bookstore.model.*;
import org.bookstore.service.*;
import org.bookstore.tool.*;
import com.opensymphony.xwork2.*;
public class ShopAction extends ActionSupport{
    private int bookid;
    private int quantity;
    private IBookService bookService;
    //省略bookid、quantity和bookService的getter/setter方法
    …
    public String addToCart() throws Exception{
        //用业务逻辑接口IBookService中的方法得到要购买的图书
        Book book=bookService.getBookById(bookid);
        //创建一个订单项
        Orderitem orderitem=new Orderitem();
        //把要购买的书籍添加到订单项
        orderitem.setBook(book);
        //设置要购买图书数量
        orderitem.setQuantity(quantity);
        Map session=ActionContext.getContext().getSession();
        //获得购物车对象
        Cart cart=(Cart)session.get("cart");
        //如果没有就创建一个
        if(cart==null){
            cart=new Cart();
```

```
            }
            //把图书的 ID 和订单项加入购物车
            cart.addBook(bookid, orderitem);
            //把购物车放入 session 中
            session.put("cart",cart);
            return SUCCESS;
        }
}
```

把该 Action 类交由 Spring 管理,在 applicationContext.xml 中配置如下代码:

```xml
<bean id="shop" class="org.bookstore.action.ShopAction">
    <property name="bookService" ref="bookService"/>
</bean>
```

(5) 成功页

最后是成功后的跳转的界面 addToCart_success.jsp,代码如下:

```jsp
<%@ page contentType="text/html;charset=gb2312"%>
<%@ taglib prefix="s" uri="/struts-tags"%>
<!doctype html public "-//w3c//dtd html 4.01 transitional//en"
"http://www.w3c.org/tr/1999/rec-html401-19991224/loose.dtd">
<html>
<head>
    <title>网上购书系统</title>
    <link href="css/bookstore.css" rel="stylesheet" type="text/css">
</head>
<body>
    <jsp:include page="head.jsp"></jsp:include>
    <div class=content>
        <div class=left>
            <div class=list_box>
                <div class=list_bk>
                    <s:action name="browseCatalog" executeResult="true"></s:action>
                </div>
            </div>
        </div>
        <div class=right>
            <div class=right_box>
                <font face=宋体>图书添加成功!</font>
                <form action="browseBookPaging" method="post">
                    <input type="hidden" value="<s:property value="#session['catalogid']"/>" />
                    <input type="image" name="submit" src="/bookstore/picture/continue.gif" />
                </form>
            </div>
        </div>
    </div>
    <jsp:include page="foot.jsp"></jsp:include>
</body>
</html>
```

该界面有一个表单,该表单上按钮的功能是返回继续购买。可以看出,它转至显示指定类别图书模块,这里就不再重复列举了。

（6）测试功能

主界面"新书展示"中的图书、单击"图书分类"栏下的超链接显示出来的图书，以及输入关键字搜索出来的图书，都可以在界面上填写数量后单击【购买】按钮，把它添加到购物车中。例如，将图 P.13 中搜索出来的图书各买 1 本，单击【购买】按钮，即把它们添加到了购物车中，如图 P.14 所示。

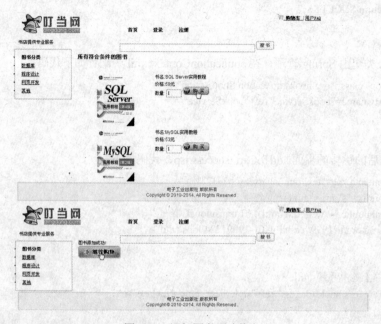

图 P.14　添加图书到购物车

2. 显示购物车功能开发

在购书系统主页右上角还有一个"购物车"超链接，单击它可列出购物车中的所有图书，如果购物车中没有图书，则会显示"对不起，您还没有选购任何书籍！"。在上面测试功能时，我们买了两本书：《SQL Server 实用教程》（单价 59 元）和《MySQL 实用教程》（单价 53 元），现在单击"购物车"超链接，显示购书情况，如图 P.15 所示。

图 P.15　显示购物车信息

在图中，系统显示出购书列表，并计算出当前总的消费金额为 112 元（59＋53）。

该界面 showCart.jsp 代码实现如下：

```
<%@ page contentType="text/html;charset=gb2312"%>
<%@ taglib prefix="s" uri="/struts-tags"%>
```

```html
<!DOCTYPE HTML PUBLIC "-//W3C//DTD HTML 4.01 Transitional//EN"
"http://www.w3c.org/TR/1999/REC-html401-19991224/loose.dtd">
<html>
<head>
    <title>网上购书系统</title>
    <link href="css/bookstore.css" rel="stylesheet" type="text/css">
</head>
<body>
    <jsp:include page="head.jsp"></jsp:include>
    <div class=content>
        <div class=left>
            <div class=list_box>
                <div class=list_bk>
                    <s:action name="browseCatalog" executeResult="true" />
                </div>
            </div>
        </div>
        <div class=right>
            <div class=right_box>
                <s:set name="items" value="#session.cart.items" />
                <s:if test="#items.size != 0">
                    <h3><font color="blue">您购物车中图书</font></h3>
                    <div class="info_bk1">
                        <s:iterator value="items" id="item">
                            <s:form action="updateCart" method="post">
                                <table width="600" border="0">
                                    <tr align="left">
                                        <td width="50">书名：</td>
                                        <td width="100">
                                            <s:property value="value.book.bookname" />
                                        </td>
                                        <td width="50">价格：</td>
                                        <td width="50">
                                            <s:property value="value.book.price" />
                                        </td>
                                        <td width="50">数量：</td>
                                        <td width="50">
                                            <input type="text" name="quantity" value="<s:property
                                                value="value.quantity"/>" size="4" />
                                            <input type="hidden" name="bookid" value="<s:property
                                                value="value.book.bookid"/>" />
                                        </td>
                                        <td width="50">
                                            <input type="submit" value="更新" />
                                        </td>
                                    </tr>
                                </table>
                            </s:form>
                        </s:iterator>
                    </div>
                    消费金额:<s:property value="#session.cart.totalPrice" />元   
```

```
                    <a href="checkout.action"><img src="/bookstore/picture/count.gif" /></a>
                </s:if>
                <s:else>
                    对不起，您还没有选购任何书籍！
                </s:else>
            </div>
        </div>
    </div>
    <jsp:include page="foot.jsp"></jsp:include>
</body>
</html>
```

在该界面中，可以更新购买图书的数量，该功能在购物车类的模型中已经实现，只要在 Action 类中调用方法就可以了。

在 struts.xml 中 Action 配置如下：

```
<!-- 显示购物车 -->
<action name="updateCart" class="shop" method="updateCart">
    <result name="success">/showCart.jsp</result>
</action>
```

ShopAction 类中的实现方法如下：

```
public String updateCart() throws Exception{
    Map session=ActionContext.getContext().getSession();
    Cart cart=(Cart)session.get("cart");
    //直接调用购物车模型中的方法实现修改图书数量
    cart.updateCart(bookid, this.getQuantity());
    session.put("cart", cart);
    return SUCCESS;
}
```

将购物车中《MySQL 实用教程》（单价 53 元）一书的购买数量修改为 2 后，单击【更新】按钮，下方的消费金额自动刷新为 165 元，如图 P.16 所示。

图 P.16　更新购书数量

3. 结账功能开发

（1）DAO 开发

DAO 接口 IOrderDAO.java：

```java
package org.bookstore.dao;
import org.bookstore.model.*;
public interface IOrderDAO {
    public Orders saveOrder(Orders order);          //方法：保存订单
}
```

DAO 实现类 OrderDAO.java：

```java
package org.bookstore.dao.impl;
import org.bookstore.dao.*;
import org.bookstore.model.*;
import org.hibernate.*;
public class OrderDAO extends BaseDAO implements IOrderDAO{
    public Orders saveOrder(Orders order) {
        try{
            Session session=getSession();
            Transaction ts=session.beginTransaction();
            session.save(order);                    //操作：保存订单
            ts.commit();
            session.close();
            return order;
        }catch(Exception e){
            e.printStackTrace();
            return null;
        }
    }
}
```

（2）业务逻辑开发

业务逻辑接口 IOrderService.java：

```java
package org.bookstore.service;
import org.bookstore.model.*;
public interface IOrderService {
    public Orders saveOrder(Orders order);          //服务：保存订单
}
```

业务逻辑实现类 OrderService.java：

```java
package org.bookstore.service.impl;
import org.bookstore.dao.*;
import org.bookstore.service.*;
import org.bookstore.model.*;
public class OrderService implements IOrderService{
    private IOrderDAO orderDAO;                     //对 IOrderDAO 进行依赖注入
    //省略 orderDAO 的 getter/setter 方法
    …
    public Orders saveOrder(Orders order) {         //业务实现：保存订单
        return orderDAO.saveOrder(order);           //调用 DAO 接口中的 saveOrder()方法
    }
}
```

在 applicationContext.xml 中进行注册：

```xml
<bean id="orderDAO" class="org.bookstore.dao.impl.OrderDAO" parent="baseDAO"/>
<bean id="orderService" class="org.bookstore.service.impl.OrderService">
```

```xml
    <property name="orderDAO" ref="orderDAO"/>
</bean>
```

(3) Action 开发

持久层和业务层方法实现完成后，就是 Action 实现了，首先在 struts.xml 中进行配置：

```xml
<!-- 结账 -->
<action name="checkout" class="shop" method="checkout">
    <result name="success">/checkout_success.jsp</result>
    <result name="error">/login.jsp</result>
</action>
```

在 ShopAction.java 中实现如下方法：

```java
public String checkout() throws Exception{
    Map session=ActionContext.getContext().getSession();
    Users user=(Users)session.get("user");
    Cart cart=(Cart)session.get("cart");
    if(user==null || cart ==null)
        return ActionSupport.ERROR;            //如果没有登录返回登录界面
    Orders order=new Orders();
    order.setOrderdate(new Date());
    order.setUser(user);
    for(Iterator it=cart.getItems().values().iterator();it.hasNext();){
        Orderitem orderitem=(Orderitem)it.next();
        orderitem.setOrders(order);
        order.getOrderitems().add(orderitem);
    }
    orderService.saveOrder(order);             //直接使用 IOrderService 业务接口中的方法保存订单
    Map request=(Map)ActionContext.getContext().get("request");
    request.put("order",order);
    return SUCCESS;
}
```

由于该方法调用了 IOrderService 对象，故需要在该 Action 中加入如下属性及 getter/setter 方法：

```java
private IOrderService orderService;
public IOrderService getOrderService() {
    return orderService;
}
public void setOrderService(IOrderService orderService) {
    this.orderService = orderService;
}
```

故对应必须在 appilicationContext.xml 的 id 为 "shop" 的 bean 中注入属性配置：

```xml
<bean id="shop" class="org.bookstore.action.ShopAction">
    <property name="bookService" ref="bookService"/>
    <property name="orderService" ref="orderService"/>
</bean>
```

(4) 成功页

最后是结账成功后跳转的成功界面 checkout_success.jsp：

```jsp
<%@ page contentType="text/html;charset=gb2312"%>
<%@ taglib prefix="s" uri="/struts-tags"%>
<!DOCTYPE HTML PUBLIC "-//W3C//DTD HTML 4.01 Transitional//EN"
```

```
"http://www.w3c.org/TR/1999/REC-html401-19991224/loose.dtd">
<html>
<head>
        <title>网上购书系统</title>
        <link href="css/bookstore.css" rel="stylesheet" type="text/css">
</head>
<body>
        <jsp:include page="/head.jsp"></jsp:include>
        <div class=content>
                <div class=left>
                        <div class=list_box>
                                <div class=list_bk>
                                        <s:action name="browseCatalog" executeResult="true" />
                                </div>
                        </div>
                </div>
                <div class=right>
                        <div class=right_box>
                                <div align="center">
                                        <h3>订单添加成功</h3>
                                        <s:property value="#session.user.username" />
                                        ,您的订单已经下达,订单号<s:property value="#request.order.orderid" />
                                        ,我们会在三日内寄送图书给您!<br><br>
                                        <a href="logout.action">退出登录</a>
                                </div>
                        </div>
                </div>
        </div>
        <jsp:include page="/foot.jsp"></jsp:include>
</body>
</html>
```

（5）测试功能

从图 P.16 所示购物车界面可以看出，下面有【进入结算中心】按钮，单击它进入结账功能模块。在该模块中，首先验证用户是否已经登录，如果没有登录，就跳转到登录界面，让用户登录；如果用户已经登录，就把订单项添加到订单中，并保存该订单，如图 P.17 所示。

图 P.17　订单添加成功界面

单击界面上"退出登录"超链接，交给 logout.action 退出登录，该功能前面已经实现，不再重复开发。

P.6 用 Ajax 为注册添加验证

注册用户时，如果注册的信息条目比较多，需用很长时间才能填写完毕，一旦仅仅因用户名存在重名就要求重填，用户是非常不情愿的。本例通过 Ajax 实现注册用户名的验证功能，当用户填写完用户名后失去焦点，填写其他信息时，即时验证。本例采用 DWR 应用框架来完成。

1. 配置 web.xml

配置 web.xml，在 web.xml 中加入下面一段代码：

```xml
<!-- 开始 DWR 配置 -->
<servlet>
    <servlet-name>dwr-invoker</servlet-name>
    <servlet-class>org.directwebremoting.servlet.DwrServlet</servlet-class>
    <init-param>
        <param-name>debug</param-name>
        <param-value>true</param-value>
    </init-param>
    <!-- 新加 crossDomainSessionSecurity 参数 -->
    <init-param>
        <param-name>crossDomainSessionSecurity</param-name>
        <param-value>false</param-value>
    </init-param>
</servlet>
<servlet-mapping>
    <servlet-name>dwr-invoker</servlet-name>
    <url-pattern>/dwr/*</url-pattern>
</servlet-mapping>
<!-- 结束 DWR 配置 -->
```

上面代码其实是在配置 DWR 框架，请读者将下载的 dwr.jar 复制到项目\WebRoot\WEB-INF\lib 目录下，并刷新项目。

2. 编写实现的方法

在 IUserDAO.java 中加入方法：

```java
public boolean existUser(String username);        //方法：检查用户名是否已存在
```

在 UserDAO.java 中实现该方法：

```java
    public boolean existUser(String username){
        String hql="from Users where username=?";
        Session session=getSession();
        Query query=session.createQuery(hql);     //操作：查询有没有用户名重名的用户
        query.setParameter(0, username);
        List users=query.list();
        if(users.size()>0)         //有重名
            return true;
        else                       //无重名
            return false;
    }
```

在 IUserService.java 中加入方法：

```java
public boolean existUser(String username);        //服务：检查用户名是否已存在
```

在 UserService.java 中实现该方法：

```java
public boolean existUser(String username){        //业务实现：检查用户名是否已存在
    return userDAO.existUser(username);           //调用 DAO 接口中的 existUser()方法
}
```

3. 配置 dwr.xml

在 WEB-INF 文件夹下建立 dwr.xml 文件，代码如下：

```xml
<!DOCTYPE dwr PUBLIC
"-//GetAhead Limited//DTD Direct Web Remoting 1.0//EN"
"http://www.getahead.ltd.uk/dwr/dwr10.dtd">
<dwr>
    <allow>
        <create javascript="UserDAOAjax" creator="spring">
            <param name="beanName" value="userService"></param>
            <include method="existUser"/>
        </create>
    </allow>
</dwr>
```

4. 在 register.jsp 中调用

在 register.jsp 中加入下面的 JavaScript 代码：

```html
<script type="text/javascript" src="dwr/engine.js"></script>
<script type="text/javascript" src="dwr/util.js"></script>
<script type="text/javascript" src="dwr/interface/UserDAOAjax.js"></script>
<script type="text/javascript">
    function show(boolean){
        if(boolean){
            alert("用户已经存在!");
        }
    }
    function validate(){
        var name=document.all.name.value;
        if(name == ""){
            alert("用户名不能为空!");
            return;
        }
        UserDAOAjax.existUser(name,show);
    }
</script>
```

然后在填写用户名表单中调用，代码修改如下：

```html
用户名：<input type="text" id="name" name="user.username" size=20 onblur="validate()" />
```

读者可以自己进行测试，如果再注册时故意填写一个已经存在的用户名，如"周何骏"，会弹出如图 P.18 所示的消息框。

至此，一个完整的"网上购书系统"就全部开发完成了，通过这个实习可见，采用模块化方式开发 Java EE 系统，可以在开发阶段就对每一个子功能单独地运行和进行测试，在保证已开发完成的功能可以成功运行的基础上，再逐步地向系统中添加集成进新的功能模块，而 Java EE 的框架组件化架构保证了这种系统的高扩展性和易维护性。

图 P.18　Ajax 实时验证界面输入

附录A SQL Server 2008 / 2012 学生成绩管理系统数据库

创建学生成绩数据库，命名为"XSCJ"。数据库包含以下基本表。

A.1 学生信息表

1. 学生信息表结构

创建学生信息表，表名为"XSB"，表结构如表 A.1 所示。

表 A.1 学生信息表（XSB）结构

项目名	列名	数据类型	可空	默认值	说明
学号	XH	定长字符串型（char6）	×	无	主键
姓名	XM	定长字符串型（char8）	×	无	
性别	XB	tinyint 型	×	无	值约束：1/0 1 表示男，0 表示女
出生时间	CSSJ	日期型（date）	√	无	
专业 Id	ZY_ID	int 型	×	无	
总学分	ZXF	整数型（int）	√	0	0≤总学分<160
备注	BZ	不定长字符串型（varchar500）	√	无	
照片	ZP	image	√	无	

2. 学生信息表样本数据

学生信息表样本数据（照片列除外）如表 A.2 所示。

表 A.2 学生信息表样本数据

学号	姓名	性别	出生时间	专业	总学分	备注
081101	王林	男	1990-2-10	1	50	
081102	程明	男	1991-2-01	1	50	
081103	王燕	女	1989-10-06	1	50	
081104	韦严平	男	1990-8-26	1	50	
081106	李方方	男	1990-11-20	1	50	
081107	李明	男	1990-5-01	1	54	提前修完《数据结构》，并获学分
081108	林一帆	男	1989-8-05	1	52	已提前修完一门课
081109	张强民	男	1989-8-11	1	50	
081110	张蔚	女	1991-7-22	1	50	三好生
081111	赵琳	女	1990-3-18	1	50	
081113	严红	女	1989-8-11	1	48	有一门功课不及格，待补考
081201	王敏	男	1989-6-10	2	42	
081202	王林	男	1989-1-29	2	40	有一门功课不及格，待补考
081203	王玉民	男	1990-3-26	2	42	
081204	马琳琳	女	1989-2-10	2	42	

续表

学 号	姓 名	性 别	出生时间	专 业	总 学 分	备 注
081206	李计	男	1989-9-20	2	42	
081210	李红庆	男	1989-5-01	2	44	已提前修完一门课,并获得学分
081216	孙祥欣	男	1989-3-09	2	42	
081218	孙研	男	1990-10-09	2	42	
081220	吴薇华	女	1990-3-18	2	42	
081221	刘燕敏	女	1989-11-12	2	42	
081241	罗林琳	女	1990-1-30	2	50	转专业学习

A.2 课程信息表

1. 课程信息表结构

创建课程信息表,表名为"KCB",表结构如表 A.3 所示。

表 A.3 课程信息表(KCB)结构

项 目 名	列 名	数据类型	可空	默认值	说 明
课程号	KCH	定长字符型(char3)	×	无	主键
课程名	KCM	定长字符型(char12)	√	无	
开学学期	KXXQ	整数型(smallint)	√	无	只能为 1~8
学时	XS	整数型(int)	√	0	
学分	XF	整数型(int)	√	0	

2. 课程信息表样本数据

课程信息表样本数据如表 A.4 所示。

表 A.4 课程信息表样本数据

课 程 号	课 程 名	开 学 学 期	学 时	学 分
101	计算机基础	1	80	5
102	程序设计与语言	2	68	4
206	离散数学	4	68	4
208	数据结构	5	68	4
210	计算机原理	5	85	5
209	操作系统	6	68	4
212	数据库原理	7	68	4
301	计算机网络	7	51	3
302	软件工程	7	51	3

A.3 学生成绩表

1. 学生成绩表结构

创建学生成绩表,表名为"CJB",表结构如表 A.5 所示。

表 A.5 学生成绩表（CJB）结构

项 目 名	列 名	数 据 类 型	可空	默认值	说明
学号	XH	定长字符型（char6）	×	无	主键
课程号	KCH	定长字符型（char3）	×	无	主键
成绩	CJ	整型（int）	√	0	
学分	XF	整型（int）	√		

2. 学生成绩信息表样本数据

学生成绩信息表样本数据如表 A.6 所示。

表 A.6 学生成绩信息表样本数据

学号	课程号	成绩	学号	课程号	成绩	学号	课程号	成绩
081101	101	80	081107	101	78	081111	206	76
081101	102	78	081107	102	80	081113	101	63
081101	206	76	081107	206	68	081113	102	79
081103	101	62	081108	101	85	081113	206	60
081103	102	70	081108	102	64	081201	101	80
081103	206	81	081108	206	87	081202	101	65
081104	101	90	081109	101	66	081203	101	87
081104	102	84	081109	102	83	081204	101	91
081104	206	65	081109	206	70	081210	101	76
081102	102	78	081110	101	95	081216	101	81
081102	206	78	081110	102	90	081218	101	70
081106	101	65	081110	206	89	081220	101	82
081106	102	71	081111	101	91	081221	101	76
081106	206	80	081111	102	70	081241	101	90

A.4 专 业 表

1. 专业表结构

创建专业信息表，表名为"ZYB"，表结构如表 A.7 所示。

表 A.7 专业信息表（ZYB）结构

项 目 名	列 名	数 据 类 型	可空	默认值	说明
Id	ID	int		增1	主键
专业名	ZYM	定长字符型（char12）			
人数	RS	整型（int）	√	0	
辅导员	FDY	定长字符型（char8）	√		

2. 专业信息表样本数据

专业信息表样本数据如表 A.8 所示。

表 A.8 专业信息表样本数据

专 业	人 数	辅 导 员
计算机	150	黄日升
通信工程	131	赵 红

A.5 登录表

1. 登录表结构

创建登录表,表名为"DLB",表结构如表 A.9 所示。

表 A.9 登录表(DLB)结构

项目名	列名	数据类型	可空	默认值	说明
标志	ID	整数型(int)	×		主键,是标志
登录号	XH	定长字符型(char6)	×	无	与 XSB 表学号关联
口令	KL	定长字符型(char20)	√	无	可以加密,长度为 8~20

2. 登录表样本数据

可以根据情况设置。

A.6 连接表

1. 连接表结构

创建连接表,表名为"XS_KCB",表结构如表 A.10 所示。

表 A.10 连接表(XS_KCB)结构

项目名	列名	数据类型	可空	默认值	说明
学号	XH	定长字符串型(varchar6)			主键
课程号	KCH	定长字符串型(varchar3)			主键

2. 连接表样本数据

连接表样本数据如表 A.11 所示。

表 A.11 连接表样本数据表

学号	课程号	学号	课程号	学号	课程号
081101	101	081103	206	081102	206
081101	102	081104	101	081106	101
081101	206	081104	102	081106	102
081103	101	081104	206	081106	206
081103	102	081102	102		

附录 B Java EE 开发的基本操作

在 Java EE 的开发中，有一些基本的通用操作是最常使用的，如加载配置 Struts 2 包、添加 Hibernate 框架、添加 Spring 开发能力……本书都给出了详细的操作步骤，为方便读者集中查阅，特在这里专门摘要列出。望学习 Java EE 的读者能经常复习，熟练掌握这些最基本的操作。

B.1 创建 Java EE 项目

在 MyEclipse 2014 中，选择主菜单【File】→【New】→【Web Project】，出现如图 B.1 所示的 "New Web Project" 窗口，填写 "Project Name" 栏为所开发的项目名。在 "Java EE version" 下拉列表中选择 "JavaEE 7-Web 3.1"，在 "Java version" 下拉列表中选择 "1.7"。

单击【Next】按钮后，在 "Web Module" 窗口勾选 "Generate web.xml deployment descriptor"（自动生成项目的 web.xml 配置文件），如图 B.2 所示。

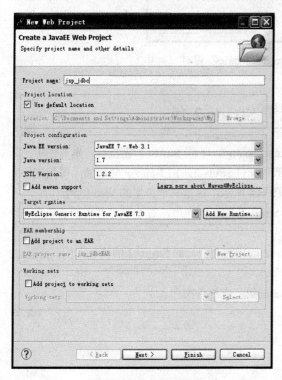

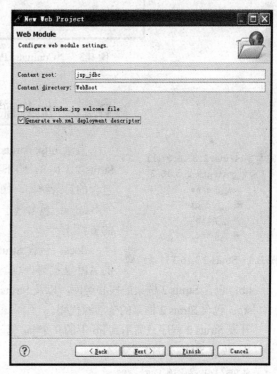

图 B.1 创建 Java EE 项目   图 B.2 "Web Module" 窗口

单击【Next】按钮，在 "Configure Project Libraries" 窗口勾选 "JavaEE 7.0 Generic Library"，同时取消选择 "JSTL 1.2.2 Library"，如图 B.3 所示。如此选择的目的是为了只加载项目开发需要的库，除去不必要的类库，使项目的结构清晰、避免臃肿。

设置完成后，单击【Finish】按钮，MyEclipse 就会自动生成一个 Java EE 项目。

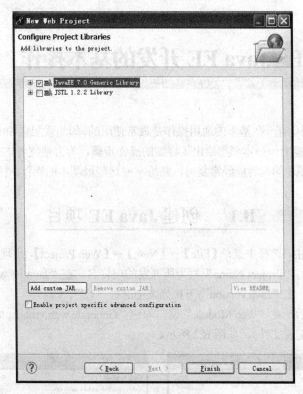

图 B.3　"Configure Project Libraries" 窗口

B.2　加载配置 Struts 2 包

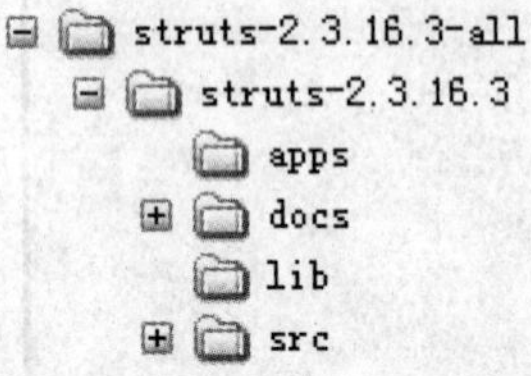

登录 http://struts.apache.org/，下载 Struts 2 完整版，本书使用的是 Struts-2.3.16.3。将下载的文件 struts-2.3.16.3-all.zip 解压缩，得到文件夹包含的目录结构，如图 B.4 所示，这是一个典型的 Web 结构。

apps：包含基于 Struts 2 的示例应用，对于学习者来说是非常有用的资料。

docs：包含 Struts 2 的相关文档，如 Struts 2 的快速入门、Struts 2 的 API 文档等内容。

图 B.4　Struts-2.3.16.3 目录结构

lib：包含 Struts 2 框架的核心类库，以及 Struts 2 的第三方插件类库。

src：包含 Struts 2 框架的全部源代码。

开发 Struts 2 程序只需用到 lib 下的 9 个 jar 包。

① 传统 Struts 2 的 5 个基本类库。

```
struts2-core-2.3.16.3.jar
xwork-core-2.3.16.3.jar
ognl-3.0.6.jar
commons-logging-1.1.3.jar
freemarker-2.3.19.jar
```

② 附加的 4 个库。

commons-io-2.2.jar
commons-lang3-3.1.jar
javassist-3.11.0.GA.jar
commons-fileupload-1.3.1.jar

③ 数据库驱动。

sqljdbc4.jar

加上数据库驱动一共是 10 个 jar 包，将它们一起复制到项目的\WebRoot\WEB-INF\lib 路径下。大部分时，使用 Struts 2 的 Java EE 应用并不需要用到 Struts 2 的全部特性。

右击项目名，选择【Build Path】→【Configure Build Path…】，出现如图 B.5 所示的窗口。单击【Add External JARs…】按钮，将上述 10 个 jar 包添加到项目中，这样 Struts 2 包就加载成功了。

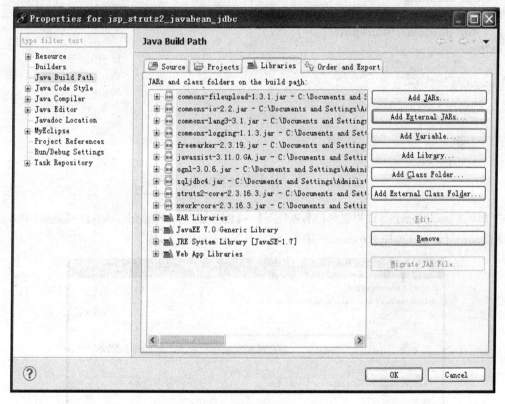

图 B.5　加载 Struts 2 包

其中，主要类描述如下。

struts2-core-2.3.16.3.jar：Struts 2 框架核心类库。
xwork-core-2.3.16.3.jar：Xwork 项目，Struts 2 就是在它的基础上构建的。
ognl-3.0.6.jar：OGNL 表达式语言。
commons-logging-1.1.3.jar：用于能够插入任何其他的日志系统。
freemarker-2.3.19.jar：所有的 UI 标记模板。

配置 Struts 2，修改项目的 web.xml 文件：

```xml
<?xml version="1.0" encoding="UTF-8"?>
```

```xml
<web-app xmlns:xsi="http://www.w3.org/2001/XMLSchema-instance" xmlns="http://xmlns.jcp.org/xml/ns/javaee" xsi:schemaLocation="http://xmlns.jcp.org/xml/ns/javaee  http://xmlns.jcp.org/xml/ns/javaee/web-app_3_1.xsd" id="WebApp_ID" version="3.1">
    <filter>
        <filter-name>struts2</filter-name>
        <filter-class>org.apache.struts2.dispatcher.ng.filter.StrutsPrepareAndExecuteFilter</filter-class>
        <init-param>
            <param-name>actionPackages</param-name>
            <param-value>com.mycompany.myapp.actions</param-value>
        </init-param>
    </filter>
    <filter-mapping>
        <filter-name>struts2</filter-name>
        <url-pattern>/*</url-pattern>
    </filter-mapping>
    <display-name>jsp_struts2_javabean_jdbc</display-name>
    <welcome-file-list>
        <welcome-file>login.jsp</welcome-file>
    </welcome-file-list>
</web-app>
```

B.3 添加 Hibernate 框架

右击项目 jsp_hibernate，选择菜单【MyEclipse】→【Project Facets [Capabilities]】→【Install Hibernate Facet】启动向导，出现如图 B.6 所示的窗口，选择 Hibernate 版本为 4.1。

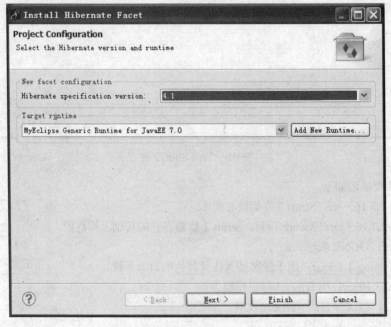

图 B.6 选择使用 Hibernate 4.1 版

单击【Next】按钮，进入如图B.7所示的界面，用于创建Hibernate配置文件，同时创建SessionFactory类，类名默认HibernateSessionFactory，存放于org.easybooks.test.factory包中。

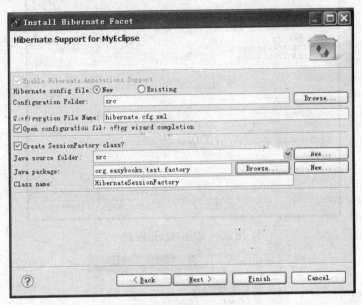

图B.7 创建配置文件和SessionFactory类

单击【Next】按钮，进入如图B.8所示的界面，指定Hibernate所用数据库连接的细节。可以选择已经建好的现成数据连接的驱动。

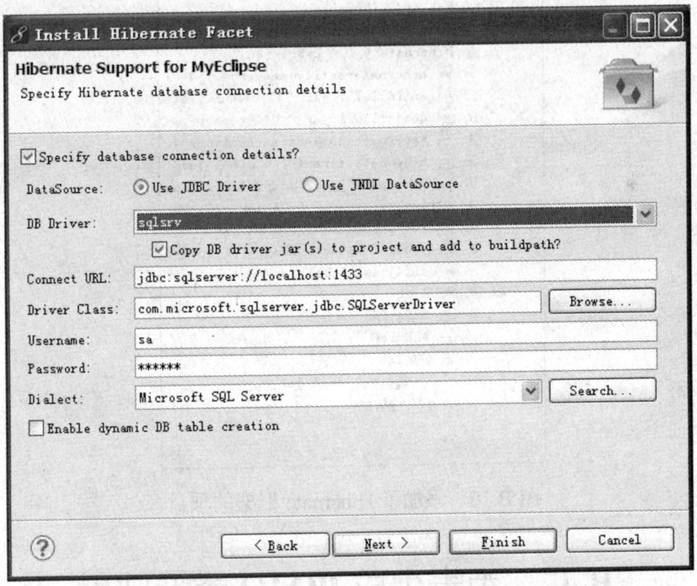

图B.8 选择Hibernate所用的连接

单击【Next】按钮，选择Hibernate框架所需要的类库（这里仅取必需的Core库），如图B.9所示。

单击【Finish】按钮完成添加。通过以上一系列步骤，项目中新增了一个Hibernate库目录、一个hibernate.cfg.xml配置文件、一个HibernateSessionFactory.java类，另外，数据库驱动也被自动载入进来，此时项目目录树呈现类似如图B.10所示的状态。

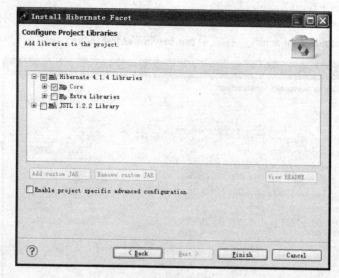

图 B.9　添加 Hibernate 库

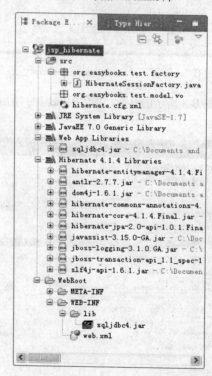

图 B.10　添加了 Hibernate 框架的项目

B.4　为表生成 POJO 类及映射

选择主菜单【Window】→【Open Perspective】→【MyEclipse Database Explorer】，打开 MyEclipse Database Explorer 窗口。打开已经创建的数据库连接，选中数据库表并右击，选择菜单【Hibernate Reverse Engineering...】，如图 B.11 所示，将启动"Hibernate Reverse Engineering"向导，用于完成从已有数据库表生成对应的 POJO 类和相关映射文件的配置工作。

如图 B.12 所示，选择生成的类及映射文件所要存放的位置。

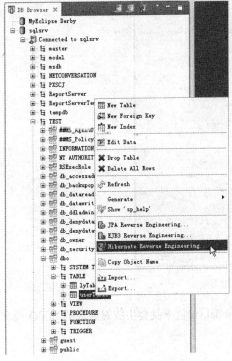

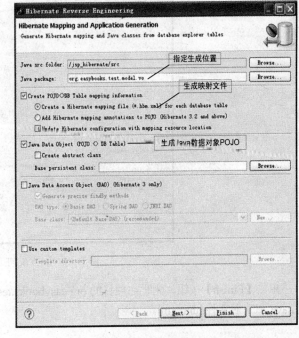

图 B.11　Hibernate 反向工程菜单　　　　图 B.12　生成 Hibernate 映射文件和 JavaBean

单击【Next】按钮，进入如图 B.13 所示的界面，配置映射文件的细节。

单击【Next】按钮，进入如图 B.14 所示的界面，主要用于配置反向工程的细节，这里保持默认配置即可。

图 B.13　配置映射文件细节

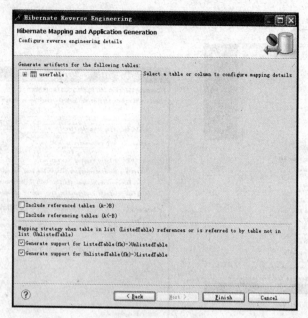

图 B.14　配置反向工程细节

单击【Finish】按钮，此时在项目的 org.easybooks.test.model.vo 包下就会生成对应表的 POJO 类文件.java 和映射文件.hbm.xml。

B.5　添加 Spring 开发能力

右击项目名，选择【MyEclipse】→【Project Facets [Capabilities]】→【Install Spring Facet】菜单项，将出现如图 B.15 所示的对话框，选中要应用的 Spring 的版本（本书使用最新的 Spring 3.1）。

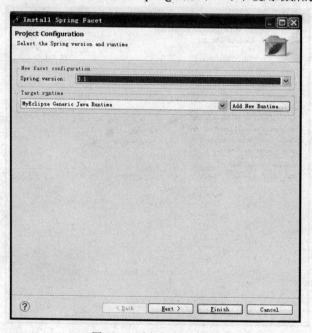

图 B.15　选择 Spring 版本

选择结束后，单击【Next】按钮，出现如图 B.16 所示的界面，用于创建 Spring 的配置文件，配置文件默认存放在项目 src 文件夹下，名为"applicationContext.xml"。

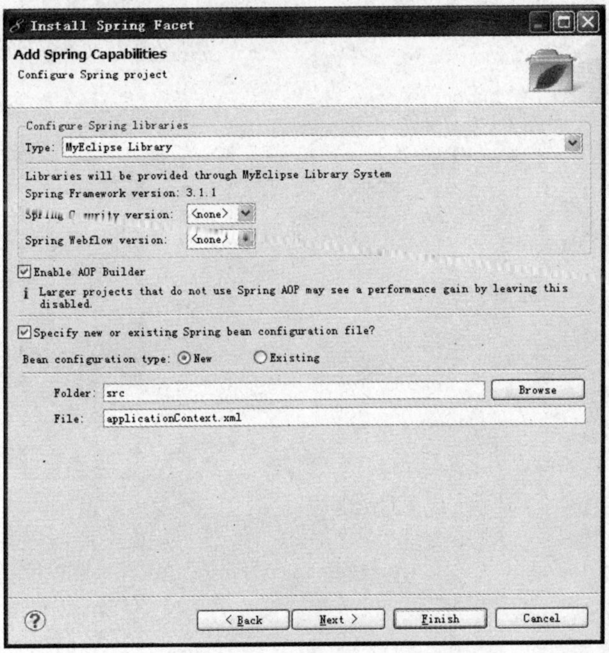

图 B.16　创建 Spring 的配置文件

单击【Next】按钮，出现如图 B.17 所示的界面，选择 Spring 的核心类库，单击【Finish】按钮完成。

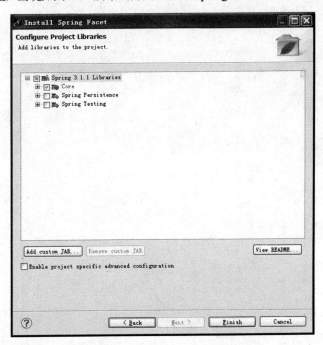

图 B.17　选择 Spring 核心类库

这样，就为项目添加了 Spring 开发能力，在编程中即可应用 Spring 的功能。

反侵权盗版声明

电子工业出版社依法对本作品享有专有出版权。任何未经权利人书面许可，复制、销售或通过信息网络传播本作品的行为；歪曲、篡改、剽窃本作品的行为，均违反《中华人民共和国著作权法》，其行为人应承担相应的民事责任和行政责任，构成犯罪的，将被依法追究刑事责任。

为了维护市场秩序，保护权利人的合法权益，我社将依法查处和打击侵权盗版的单位和个人。欢迎社会各界人士积极举报侵权盗版行为，本社将奖励举报有功人员，并保证举报人的信息不被泄露。

举报电话：（010）88254396；（010）88258888
传　　真：（010）88254397
E-mail：dbqq@phei.com.cn
通信地址：北京市万寿路173信箱
　　　　　电子工业出版社总编办公室
邮　　编：100036